杭州模式

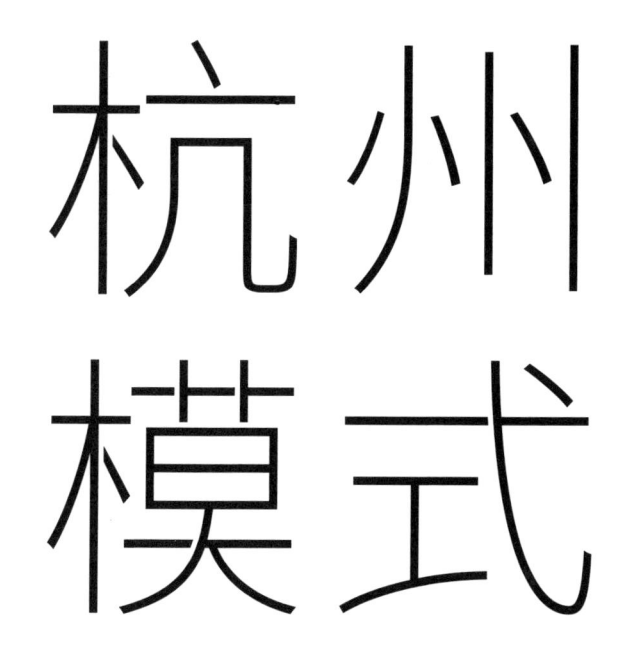

DeepSeek与中国算谷

刘典 胡宇东 著

图书在版编目（CIP）数据

杭州模式 / 刘典，胡宇东著 . -- 北京：中信出版社，2025. 5. -- ISBN 978-7-5217-7551-8
Ⅰ . G322.755.1
中国国家版本馆 CIP 数据核字第 202554S0C4 号

杭州模式
著者： 刘典　胡宇东
出版发行：中信出版集团股份有限公司
　　　　（北京市朝阳区东三环北路 27 号嘉铭中心　邮编　100020）
承印者： 嘉业印刷（天津）有限公司

开本：787mm×1092mm　1/16　　　印张：24.25　　字数：260 千字
版次：2025 年 5 月第 1 版　　　　　印次：2025 年 5 月第 1 次印刷
书号：ISBN 978-7-5217-7551-8
定价：79.00 元

版权所有·侵权必究
如有印刷、装订问题，本公司负责调换。
服务热线：400-600-8099
投稿邮箱：author@citicpub.com

《杭州模式》这本书以 DeepSeek 及其创新生态为观察对象，在实际调研的基础上，对杭州在科技创新与数字治理领域的探索进行了细致的阐述，为我们提供了客观而翔实的新经济发展田野观察和实证分析。作者提出的"科技创新 ×（有效市场＋有为政府＋有机社会）"的多维框架，符合当前技术变革的逻辑，对理解中国式现代化的浙江实践具有一定启示意义。

薛澜
清华大学文科资深教授，清华大学苏世民书院院长，
清华大学人工智能国际治理研究院院长

DeepSeek 的崛起充分说明：第一，颠覆式创新不是计划出来的；第二，中国年轻的人工智能人才拥有世界级创新能力；第三，开源开放的力量。在全球数字经济加速发展的今天，中国需要探索具有自身特色的创新路径。《杭州模式》一书通过对杭州模式的系统解读，为我们思考如何构建以技术创新为驱动、以数据要素为核心的现代产业体系提供了有益启示。推荐给所有关注数字经济与创新发展的读者。

张亚勤
清华大学智能产业研究院（AIR）院长，
中国工程院外籍院士

不是从预设的调研方案出发，而是从最顽强的事实出发；不

是行走于完美的思维路线之上,而是深入最鲜活的现实生活之中;不是从俯瞰的视角提出问题,而是在面对面的交谈中发现问题;不是基于以往经验采集重点信息(数据),而是采取全景式扫描方式摄取尽可能详尽的第一手信息(数据)——这既是"五六七八九"调研团的"科学方法",也是调研团的"调研活动写真"。

科学的本质是"求真",科学的方法是"选择"透过现象捉到本质的"道路和手段",科学的任务就是"揭示"真相。因此,科学研究的第一步是搜集和占有尽可能多的资料(信息与数据),为发现真相奠定事实基础;第二步是对已有的资料进行由此及彼、由表及里、去粗取精、去伪存真的处理(抽象或提纯);第三步是"阐明"真相,即给出调查研究的报告。

"五六七八九"调研团通过上述三个步骤,实现了对科学技术企业(家)群体现象形态的重塑、对科技创新与产业创新之间内在逻辑和外化路径的明确与明晰、对科技创新创业企业"共同特征和成长规律"的揭示与阐发。"五六七八九"调研团发现:迎时代难题而上,选无路之路前行,择创新赛道不放,在新质生产力转化为现实生产力全过程的每个环节中做"创造性转变、创新性发展",这才是由"杭州六小龙"现象背后所承载的科技型企业家、服务型政府官员的精神特质。

还有一点需要提及,"五六七八九"调研团成员,从年龄跨度半个世纪的不同视角,竟然聚焦到同一个画面,那就是在藏在"数字员工、具身智能"的新形态背后的,也就是与新质生产力相适应的制度安排的新形态。实际上，新杭州人正在构建的是一个更有时代价值的新创造，即"科技创新×（有效市场＋有为政府＋有机社会）"的有机整体。调研团试图将这一发现在《杭州模式》一书中给予理论化的表达，为深刻理解习近平新时代中国特色社会主义经济思想提供诠释与案例。

杨志

中国人民大学风险资本与网络经济研究中心主任、教授，

中国东方文化研究会红色文化传承发展专业委员会主任，

中国老教授协会社会科学专业委员会主任，

"五六七八九"调研团团长

《杭州模式》是一部极具现实意义和前瞻性的研究著作。这本书巧妙地将杭州的历史文脉与当代科技创新实践相融合，以"我运即国运"的紧迫感，凸显了人工智能发展的战略意义，通过对浙江"八八战略"的深入分析和中国算谷建设的实地调研，全面展现了杭州在人工智能领域的创新实践和探索。特别值得关注的是，这本书并非简单描述科技发展的表象，而是深入挖掘了杭州模式背后的制度创新和文化基因。它将 DeepSeek 等企业的发展置于共同富裕的时代背景下，展现了科技创新如何服务于更广泛的、可持续的社会发展目标。这种将科技创新与社会进步相结合的视角，既彰显了时代的要求，也刻画了杭州模式所展现的企业家、创新者对科技发展本质的深刻理解，同时展示了科技创新与

经济发展的良性互动。这种多维度的考察视角，使此书不仅是一部科技创新的实践总结，更是一份关于城市发展与社会进步的深度报告。

段永朝

苇草智酷创始合伙人，信息社会 50 人论坛执行主席

在当前全球数字经济加速变革的背景下，《杭州模式》作者通过实地调研，客观展现了杭州如何在 DeepSeek 等领军企业的带动下，构建科技创新和"有效市场、有为政府与有机社会"相结合的数字生态。杭州通过科技创新与治理创新的有机结合，为我国产业升级和数字化转型提供了可复制、可推广的实践智慧。这本书不仅有助于各地政府和产业人士理解数字经济新质生产力发展规律，更为中国式现代化进程中的产业重构提供了富有启发性的思考框架。

李国斌

工业和信息化部原政策法规司巡视员

《杭州模式》一书以分析 DeepSeek 在杭州的快速崛起经验为基础，总结了打造高水平科创城市的新模式——杭州模式。在"八八战略"的指引下，杭州深化服务型政府改革，充分发挥民营科技企业的创新争先精神，大力加强世界一流大学的建设，努力配备创新友好的金融环境。我相信，杭州模式将具有很强

的示范效应，能为我国科技强国建设和区域高质量发展做出更多的贡献。

陈劲

清华大学经济管理学院教授，

中国科学学与科技政策研究会副理事长

在浙江这片神奇的土地上，你可以发现政府与市场关系的历史性演化。从早期的温州模式、不断续新的义乌模式到如今的杭州模式，在跨世纪的时空中，演化出了不同的多元形态，为我们理解"充分发挥市场在资源配置中的决定性作用，更好发挥政府作用"提供了最佳的经验注脚。就国家与社会关系而言，杭州模式又是政府回应和公共服务的典范。"一身而二任"，杭州的成功经验令人敬佩，也值得做系统的理论总结。在此为《杭州模式》一书点赞。

景跃进

清华大学社会科学学院政治学系教授

在杭州调研过程中，我深切感受到杭州在培育科技企业家精神方面所散发出的独特魅力。杭州的科技企业家凭借敏锐的洞察力、卓越的管理能力和深厚的技术素养，成为推动创新的核心力量。杭州通过"耐心资本"和长期主义投资理念，为企业家提供了试错的空间和成长的土壤，这种包容失败、鼓励创新的文化，正是杭州能够孕育出"六小龙"等现象级企业的重要原因。

杭州市政府的"店小二"服务态度也令人印象深刻。从"最多跑一次"的政务体系到"亲清在线"政策兑付平台,杭州通过高效政务服务和精准政策支持,为企业提供了坚实保障。同时,杭州在数字经济领域的完整产业链布局和产业集群效应,也为创新企业提供了强大的发展引擎。通过调研杭州的创新生态模式,我深刻感受到杭州在科技创新与产业发展方面的独特优势和成功经验。

杭州的成功并非偶然,而是长期坚持"八八战略"和"数字浙江"理念的结果。其核心在于构建了一个完整的创新生态系统,涵盖政策支持、资本助力、人才会聚、技术创新和市场需求等多个方面,形成了包含"阳光、空气、水、土壤"的适宜环境。这种多要素的生态系统,不仅为企业提供了全方位保障,也为区域经济高质量发展注入了强大动力。

刘勇

中关村互联网金融研究院院长,"五六七八九"调研团成员

目 录

序　言　从区域到全球科技持续创新的典范 / 朱嘉明　　　3

引　言　"五六七八九"调研团手记　　　15

第一章　杭州模式
　　　　DeepSeek 现象与科技创新高地战略　　　001

第二章　文化根源
　　　　历史底蕴与科技精神的延续　　　045

第三章　制度赋能
　　　　有为政府与有效市场的共振机制　　　093

第四章　双轮驱动
　　　　信息效率与价值共识的融合突破　　　127

第五章　协同进化
　　　　"杭州六小龙"与有机社会的良性互动　　　167

第六章　中国算谷
　　全球视野下的杭州新坐标　　　　　　　　215

第七章　战略竞争
　　中美创新竞赛与杭州角色　　　　　　　　253

第八章　预见未来
　　杭州模式重塑全球创新版图　　　　　　　285

结　语　创新无界：杭州模式的未来与世界的选择　　313
跋　　　杭州未来发展的战略选择 / 仇保兴　　　325
后　记　我运即国运　　　　　　　　　　　　　349

序　言

从区域到全球科技持续创新的典范

朱嘉明

经济学家、横琴粤澳深度合作区
数链数字金融研究院学术与技术委员会主席

2025年春节前后，在中国发生了一桩现象级事件：一家成立于2023年7月，仅仅有一年半历史的大语言模型研发公司DeepSeek（深度求索）于2024年12月26日发布通用的大型语言模型DeepSeek-V3，且于2025年1月20日发布了用于处理复杂逻辑推理任务的DeepSeek-R1，在数周之内，形成了人工智能理念、体验与应用的大智慧和普及化冲击波，DeepSeek这个英文名字几乎做到了大众皆可正确发音的地步。2025年的春节因此深深打下了DeepSeek的烙印。几乎与此同时，全球人工智能领域形成了对DeepSeek的群体性关注，因为其大模型影响了人工智能产业的格局和生态。

人们很快意识到，这桩现象级的事件发源地是杭州。"杭州六小龙"的名字进而出现在人们的视野中：除了DeepSeek之外，还有游戏科学，最为人知的产品是《黑神话：悟空》；宇树科技，专注人形机器人开发；云深处科技，聚焦四足机器人和全地形越野机器人开发；强脑科技，致力于非侵入式脑机接口技术解决方案；群核科技，以GPU（图形处理单元）集群和人工智能技术为底座的空间智能企业。

于是，一个事实上早已形成并得到深度发展的杭州模式，很快成为各界关注和思考的新热点。正是在这样的背景下，中信出版社推出刘典和胡宇东合著的《杭州模式》一书，该书基于充满生命力的"杭州六小龙"等案例，全方位和系统性阐释了处于科技前沿的杭州模式。这本书因时代呼唤得以问世。

· · ·

探讨杭州模式，需要先重新理解"模式"这一概念的复杂特征。一般来说，模式既可以从哲学和科学角度抽象描述，如各类经典物理模型；也可以通过经验归纳形成具备现实指导意义的框架，如经济发展模式或多元政治模式。无论是抽象性的理论模式，还是经验性的实践模式，都是特定元素的集合体，并在理论与实践、现象与本质的互动中不断被检验、修正与演化。因此，模式具有可重复、可复制的基本特征与应用价值。

这本书试图揭示其纵深结构，呈现五个嵌套层级：全球创新体系、国家竞争格局、杭州模式本身、城市战略路径，以及微观企业行为。在这一结构中，杭州不仅是承载国家战略的城市单元，也是在全球竞争中谋求突破的创新节点。因此，认识杭州模式，既需要宏观视野，也离不开微观层面的观察，二者结合，方能理解其内在逻辑与演化动力。

第一，这本书从宏观视角解构杭州模式。杭州模式是一个涵盖文化基因、制度创新、信息效率革命、科技生态、全球坐标、科技竞争和模式出海等要素的综合性经济社会系统，这样的经济社会系统框架突破了传统经济模式研究中局限于政策组合或产业扶持的同质化思维。不仅如此，这本书特别强调了杭州模式各要素间的相互作用与系统演进，"不是简单的线性过程，而是一种复杂的系统演化。它需要多元主体的协同参与，需要技术、制度和文化的有机融合，也需要在实践中不断调整和优化"。因此，在杭州模式的深层结构背后，是一个具有历史底蕴与发展张力的"杭州逻辑"，它支撑着从"杭州制造"到"杭州创造"的跃迁，推动其成为中国数字经济的重要枢纽与制度创新的前沿。

第二，这本书基于企业生态，对杭州模式做了独特微观透视。微观经济学的分析对象主要是企业。杭州是中国科技企业密度最高和数量增加最快的地区。企业调查数据显示，截至2025年2月，杭州现存企业102.5万家，其中民营企业现存量达100.3万家，在杭州企业总量中占比超过97%。近10年来杭州民营企业存量稳步提升，已从2015年末的41.2万家提升至目前的100.3万家。杭州科技型企业现存量约为1.9万家，其中科技型民营企业存量约为1.8万家,占比达93.25%。^①基于这样的企业生态,以DeepSeek为代表的"杭州六小龙"脱颖而出,完全符合"大数定理"。"DeepSeek的技术突破源自三大核心要素的协同创新:一是算法架构的创新,例如HAI-LLM并行框架(高效且轻量级的框架);二是算力的优化,依托城西科创大走廊的超算支持;三是数据应用的深入挖掘,聚焦垂直领域场景。""DeepSeek是在算法上实现了重大突破,通过提升大模型的训练和推理效率,打破了原有的'算力堆积思维'。"

在现代经济体系中,没有由成熟企业集群构成的坚实微观基础,就难以支撑健康而有韧性的宏观经济运行;同样,缺乏战略性的宏观制度设计与政策支持,也无法催生持续涌现的微观经济创新。杭州模式正是这两者良性互动的典范,它不仅在微观层面孕育出大量富有活力的创新型企业,也在宏观层面展现出清晰的战略定位与制度优势,进而实现了宏观与微观维度的深度耦合与协同演化。

• • •

杭州模式的本质是创新。杭州模式就是杭州创新模式,更确切地说,杭州模式就是高科技创新模式。因此,这本书对杭州

---

① 企查查数据研究院.杭州六小龙出圈背后:杭州科技型企业逼近2万家,民企占93.25%[EB/OL].(2025-02-19)[2025-04-04].https://news.qq.com/rain/a/20250219A073H100.

模式进行了具有历史深度的拓展，展现了杭州模式的动态演进过程。

第一，构建价值共识体系。在杭州模式中，价值体系是前提和基石。杭州模式不仅关注技术和制度层面，还深入探讨了价值共识体系如何为创新提供思想基础和精神动力，包括"创新驱动、绿色发展、包容共享和长期主义"等维度。这种将价值观层面纳入创新系统的视角，体现了对创新内在驱动力的深刻洞察。此书明确写道："DeepSeek 的成功在于它建立了一个被广泛认可的价值体系。"

第二，坚持信息效率革命的中心地位。信息效率被视为创新速度决定性变量。因为杭州实现了"三化一智能"（数据透明化、流程标准化、决策可视化和服务智能化），建立了完备的公共数据基础设施和数据治理体系，所以可以不断开拓杭州特有的产业创新的时空维度，进而通过"杭州的数据共享体系使信息能够更加完整、及时地触达需求方，将信息从封闭的'孤岛'转变为开放的'湖泊'，为创新决策提供更加充分的信息基础"。

第三，推动数据要素的市场化。在数据产权制度方面，《杭州模式》记录的数据收益分配机制创新，构建了要素市场化改革的"杭州方案"。如根据杭州市数据资源管理局发布的公共数据开放目录，杭州市数据资源管理局将开放交通、医疗、教育等 12 大类 132 小类脱敏数据，企业可通过杭州数据交易所申请使用，形成数据供给者、处理者、应用者的价值共享链条，这种制度设计既规避了完全公有化陷阱，又防止了平台垄断弊端，为构建数据要素驱动的创新系统提供了制度样板。

第四，创新生态的自组织机制。杭州创新系统的生命力具有"热带雨林"式自组织特征，其主体协同网络并非均匀结构，而是"在政府主导的创新基础设施上，市场主体自发形成多元共生的创新群落"。这种非均衡演化模式，"通过硬科技突破形成产业链闭环，通过建立五大产业生态圈的'5+X'产业政策体系，促进资源要素保障加快推进，不断用政策助力战略性新兴产业可持续发展"。这解释了为何头部企业（如阿里云）的技术溢出能产生"一技术多场景"的裂变效应，为区域创新系统的异质性发展提供了新的理论注脚，与深圳模式强调的强产业规划形成鲜明对比。

第五，形成动态平衡的政府角色观。杭州模式突破了政府与市场的二元对立思维，提出"有效市场、有为政府与有机社会三元互动"的协同治理模式，强调"有效市场提供基础性的激励和资源配置机制，有为政府提供必要的制度保障和战略引导，有机社会则提供多元化的关系网络和自组织能力。三者相互支撑、相互制约、相互促进，形成了一个动态平衡的协同系统"。作者通过实证研究，刻画了政府角色在杭州模式中的三阶段演进路径：从制度供给者转变为生态维护者，再演变为风险防控者与价值引导者。这一动态视角不仅展现了地方政府在产业治理中的角色转型，而且进一步揭示了政企关系随创新阶段推进而变化的规律。

若从理论视角切入，杭州模式可以被视作"区域创新系统"理论的一种创造性实践。该理论由英国经济学家菲利普·库克于1992年提出，历经三个发展阶段。① 第一阶段，区域创新系统研究专注于在区域内建立和加强知识与创新网络，涵盖企业、大学和政府之间的互动，目标是增强区域创新能力和竞争力，通过技术知识和创新成果的溢出效应推动经济增长。第二阶段，区域创新系统的概念和实践在全球范围内扩展和深化，涵盖发达国家和发展中国家，强调根据不同地区的独特特征与需求量身定制并实施创新政策。第三阶段，区域创新系统完成向解决重大社会挑战和促进相关区域转型的转变，突出了区域创新系统在社会技术变革中的作用，以及在不同尺度上整合资源以促进区域可持续性和包容性发展。②

杭州模式无疑彰显了上述三个阶段的核心特征：在地方范围内构建了企业、政府、大学与社会多方参与的创新网络，实施了符合自身特色的制度性政策支持体系，同时肩负起引领数字化转型的重任。然而，它并未止步于此，在理念、机制与实践路径

---

① COOKE P. Regional innovation systems: Competitive regulation in the new Europe [J/OL]. Geoforum, 1992, 23（3）：365–382.
② BAI C, CHU H, HASSINK R. Regional Innovation Systems: Evolution, Transition, and Future Agenda [EB/OL].（2024–10–26）[2025–03–30]. https://www.researchgate.net/publication/385203216_Regional_Innovation_Systems_Evolution_Transition_and_Future_Agenda.

上，已经对区域创新系统理论构成了多维度拓展与超越。

第一，杭州模式和重构创新要素配置。基于信息时代逻辑、数字经济规律和人工智能技术，杭州通过数据平台实现日均500万条数据的实时交换，构建起覆盖长三角的"数字创新走廊"，其"数字穿透性"能力使创新要素的流动半径从传统的50千米扩展至300千米，重新定义了区域创新系统的空间边界。

第二，杭州模式和跨域网络。支撑杭州模式的是一个密集的产学研合作网络。该网络的基础设施是算力体系。"截至2023年6月，杭州已建算力规模占浙江全省的52.6%"，"杭州还与阿里云合作开发'算力银行'等，通过允许企业按需租用闲置算力，促进了剩余算力的充分利用"。该网络涵盖政府、企业、家庭和个人，维系不同领域协调发展，如党建、医改、数字媒体、创业支持、各类公共设施以及应急响应系统。在杭州的跨域网络中，资本网络地位尤其重要，杭州模式所呈现出的创新特质得益于资本网络所提供的稳定资金支持。

第三，杭州模式和制度创新。传统区域创新系统理论强调地理邻近性和制度厚度的决定作用。杭州模式将制度创新放在与技术创新同等重要的战略地位上，通过持续的政策和制度改革，跨越多个层次，形成从市政府倡议到区级执行，再到研究机构运作、企业参与以及个人创业者融入的机制，构建新型政商关系，平衡创新活力与风险防控，超越对于制度的单一层面理解，丰富了制度厚度的理论和实践。

···

对于杭州模式的独特优势,这本书也做了相当接地气的探讨。杭州模式具有以下几个独特优势。

第一,文化基因。杭州的文化基因主要追溯到南宋。"南宋时期的商业文化基因,深刻影响着现代杭州的发展轨迹。从古代的丝绸、茶叶贸易,到如今的电子商务、数字科技,创新的源泉往往藏在文化价值共识的根脉里。"特别是,"而今杭州集聚浙江大学、西湖大学等学术殿堂,正是千年崇文传统的现代延续"。

第二,区域位置优势。"杭州地处长三角南翼,地理位置具有显著的优越性。从空间布局来看,杭州与长三角核心城市上海、南京距离适中,形成了一个紧密联系又各有特色的经济三角。这种恰到好处的距离,使杭州既能充分承接上海作为国际经济、金融、贸易、航运中心的辐射带动作用,又能与南京的科教资源优势形成互补。"

第三,文化基因与地理区位的耦合。这种耦合有两种方式。其一,来自杭州历史的自然进化的耦合,形成特有的浙江商业文化和浙商精神。长期主义就是浙江商业文化和浙商精神融合的一种典型体现。"长期主义文化是杭州价值共识的重要特征。不同于短期利益驱动的投机文化,杭州的企业家和创新者普遍表现出对长期价值的追求和战略耐心。"其二,来自国家及地方政府发展政策所形成的耦合。例如,2019年,《长江三角洲区域一体化发展规划纲要》将长三角一体化发展上升为国家战略,为杭州在长三角一体化进程中找准定位、发挥优势提供了政策依据，凸显了杭州的区位优势。杭州也因此正在成长为长三角区域创新发展的关键增长极，以及国家区域发展格局中的重要支点城市。

…

在2025年的全球大环境下，全面认识杭州模式的价值与面临的挑战具有重要意义。

第一，杭州模式的独特性和价值。在过去的二三十年间，中国和世界不断出现以地区命名的模式。仅以中国为例，就有过"温州模式""苏州模式""深圳模式""合肥模式"，各具特征，彼此竞逐。这本书对杭州模式的独特性做了如下的总结："合肥、深圳、杭州在产业政策方面的差异在于，合肥以政府资本驱动战略性产业，深圳以国有资本市场化机制运作快速响应需求，杭州则以长期主义政策的可持续性与透明度构建平台以实现企业的自由发展和持续创新。"杭州长期构建的"制度－平台－生态"三位一体和"信息效率＋价值共识"的创新体系，实现从电商兴起、数字经济壮大到科技创新引领的多阶段跃迁，成长为中国数字技术和人工智能技术重镇的成功经验，不仅为中国其他城市提供了路径样本，还为全球科技创新生态的制度设计与政策选择贡献了具有现实意义的中国经验。

第二，杭州模式在全球科技领域的定位。在人工智能的带领下，全球科技领域开始形成全新的分工体系，形成与传统产业不同的科技产业供应链和价值链。以数字技术和人工智能技术为支柱产业的杭州模式，必须选择在全国和全球高科技分工中形成比较优势。这本书描述了杭州在半导体产业链的布局，揭示了新兴科技城市的"非对称竞争"策略。杭州通过对RISC-V架构（开源指令集架构）开源生态的培育，在物联网芯片设计领域形成差异化优势。这种基于开源指令集的创新模式，正在重塑全球半导体价值链，而这种"架构级创新"，使杭州绕过了传统技术路径依赖，在边缘计算芯片市场获得更多的全球份额。

第三，杭州模式所面临的压力和挑战。2025年，全球科技发展正处于一个前所未有的转型期。人工智能和接踵而至的量子科技的加速发展，以及对医疗、教育和金融等行业的重塑，通过增强决策能力和提供个性化服务来推动创新和增长，推动人类社会向更高效、更可持续的未来迈进。在这一背景下，如何开拓并维系在不断推进的科技前沿领域的分工优势，如何应对科技领域日益加剧的严酷竞争，是杭州模式要面临的压力和挑战。这本书的可贵之处就是，分析了全球科技竞争加剧和国内创新环境变化对杭州模式的挑战，尤其关注美国对高性能计算资源与先进半导体的出口管制政策如何影响中国科技企业发展。在全球范围内，20世纪70年代已经全面崛起的美国"硅谷模式"无疑提供了一个参照体系，对此，这本书提出，杭州模式不同于硅谷模式那种极端自由市场下的"自然演化"，而是一种以制度稳态为土壤、以平台驱动为主干、以生态演化为枝叶的"温室型"创新系统，可以在技术浪潮中及时适配和稳定进化。在如此不确定的时代，杭州模式最终需要经历时间的检验，唯有在持续演化中保持开放性、韧性与系统灵活性，方能在下一轮科技周期中延续其领先地位。

…

在当下这个充满不确定性与系统性风险的时代，唯有相信和践行长期主义，正视科技加速主义的现实逻辑，将技术创新置于一个关系国家未来发展的高度，才能在更广阔的"技术－经济－社会"系统中，构建起多层次、多维度的创新协同机制。这种机制不仅是对区域创新系统理论的深度延展，更构成了一个全面、深刻、富有洞见的区域创新系统研究范式，进而实现了基于创新的真正价值共创。正如经济学家詹·法格博格所言："我们表明，对于成功来说，最重要的是一个运作良好的创新系统和良好的治理。"

《杭州模式》一书的价值正是，在关键时刻揭示了杭州在推动中国式现代化进程中的引领作用，也为全球区域创新生态系统的理论探索与制度建设提供了一个观察样本。杭州不仅属于浙江，也属于中国和这个瞬息万变、奔涌向前的时代，正是"接天莲叶无穷碧，映日荷花别样红"。

2025 年 4 月 6 日于重庆

引　言

"五六七八九"调研团手记

2025年乙巳新春,《哪吒之魔童闹海》和DeepSeek（深度求索）的横空出世震动全球,紧随其后的"杭州六小龙"[①]腾飞而起,搅动着全球科技领域的格局,一时间,举世目光都聚焦在杭州这座千年古城上。

杭州,古称临安,是华夏文明的重要发祥地。跨湖桥遗址的发掘显示,早在8 000多年前就有人类在此地繁衍生息。距今5 000多年前的良渚文化被称为"中华文明的曙光"。五代吴越国和南宋都曾在杭州建都。民间早有"上有天堂,下有苏杭"之说。悠久的历史和文脉,也让杭州这座城市精英荟萃、人才辈出。

民国时期,杭州的传统产业发展迅速,茶叶和餐饮驰名全

---

① "杭州六小龙",指在杭州崛起的六家前沿企业,分别是游戏科学、DeepSeek、宇树科技、云深处科技、强脑科技和群核科技。

国。新中国成立之初，两句顺口溜道出了那时杭州的典型产业："张小泉、王星记，驰名刀剪檀香扇；都锦生、奎元馆，丝绸织锦片儿川。"新中国工业化初期，杭州的重工业、机械工业、轻工业、电子工业和汽车零部件制造业都开始迅速发展，到改革开放后，杭州的高新技术产业和现代服务业异军突起，民营经济突飞猛进，涌现出万向、传化、华立、娃哈哈等一批龙头企业。到了 2000 年以后，一大批高新技术企业在杭州崛起，阿里巴巴、网易、海康威视开始崭露头角，并快速成长为全球知名企业。2005 年，杭州有 59 家民营企业入围"中国民营企业 500 强"榜单，上榜企业数量不仅位居全省第一，也位居全国第一。2014 年，杭州获评"中国软件名城"称号。

科技创新大潮风起云涌，杭州始终没有缺席，到今天杭州再次闪现在以人工智能为代表的第四次科技革命的潮头，我们在感到惊喜之余，也感觉这在情理之中。

相较于北京的贵气、上海的洋气、广州的烟火气、深圳的硬气，杭州以其清新温润的地气厚培一方、滋养万物。但如今强城林立、各有所长，为何这一次又是杭州绽放异彩？对经历了不短的转型之痛和难熬的博弈重压的国人，这一问，如破晓之光，备受瞩目。

在 AI（人工智能）写作普及的当下，面对围绕"杭州六小龙"层出不穷的解读和分析，我们坚信"现场有神明"，只有在第一线倾听最真实的声音，感受环境的细节，才能发现杭州科创生态健康发展背后的秘密。在 2025 年 2 月 17 日举办民营企业座谈会的第二天清晨，一支年龄跨度达半个世纪的"五六七八九"调研团启程赴杭，期盼能见微知著，揭开杭州模式的灵魂一角。调研团中有"50后"的资深经济学家，有"60后"的出版行业翘楚，有"70后"的头部投资机构代表，有"80后"的科创战略研究者，有"90后"的产业政策智库专家，不同观察者从各自不同的视角和专业背景出发，对杭州的科创生态进行了一次立体式扫描。

在密集的行程安排中，几十位新老杭州人与我们一见如故，大家促膝长谈，有欢笑、有争论、有歌声、有泪水。当我们最终踏上归途时，朦朦胧胧好像已经抓住了什么，但又感觉过于浅尝辄止，乃至不敢下笔。"路漫漫其修远兮，吾将上下而求索。"行路则得其乐，求索则诉诸君。思量再三，我们还是斗胆将所见所闻、所思所悟呈于诸君，正误得失，自有时间与后人为判。我们更希望抛砖引玉，由此推动大家就中国式现代化的城市样本做更多、更深的思考和讨论。

· · ·

杭州给人怎样的观感？为什么创业者喜欢投入杭州的怀抱？这里说说我们感受到了怎样的一座城。

首先，这是一座鱼水之城：民为鱼，政为水。

在杭州，无论是大厂高层还是小微创业者，无论是职场人士还是出租车司机，言语中总透露出对政府的赞誉和信赖。在调研的第一站，一位如今已经是上市公司首席财务官的创业者回顾自己初到杭州安家的经历：杭州各区域的小区都有一些政府规定比例的房子出租给新到杭州的年轻人，政府给的补贴覆盖了几乎全部租房成本。

在杭州，"无事不扰"让你几乎忘掉了"父母官"的存在，"随叫随到"又让你猛然忆起爸爸妈妈无私无我的爱。调研中有来自其他省份的创业者特别讲到，在有的地方创业，相关监管部门的领导时不时过来看看，使他们不得不进行各种接待和应对，但在杭州创业，大家有一种潜移默化的共识——做实事才是正确的事。

在杭州，无论大事小情都可以在"伴你一生大小事"的"浙里办"轻松搞定。在高新区（滨江）政务服务中心，大厅屏幕上最显眼的是平均等待时长、平均办理时长，24小时无人服务区体现了科技和效率的融合，越来越多的行政窗口融合在一起，在化繁为简的同时也化平凡为神奇。这座城市如同一条清澈见底的河流，让鱼儿可以畅通无阻地游动。

其次，这是一座幸福之城：有尊严，有温度。

在杭州，人才卡时刻提示着你，你是一个备受尊重的人才；车让人时刻提示着你，强大应该谦让和保护弱小；开放的西湖时刻提示着你，再苦再累再焦虑，也有碧波和莲子给你去去火，滋养你的心灵。路上的出租车司机听到我们在讨论杭州调研，热情地分享了自己的切身感受。作为来杭州30年的新杭州人，他由衷地为这座城市的文明和包容而骄傲："在杭州生活不容易焦虑，有苦恼就去西湖边上走一走、看一看，青山绿水与和煦的微风很快会让你豁然开朗。"

最后，这是一座守诺之城：诺千金，法有情。

在杭州，"最多跑一次"背后是无数壁垒森严的突破和对权力的舍弃。看似简单的"最多跑一次"，是无比鲜明的衡量标准，背后是各级各部门政府数据、机制、流程的改革和创新。一位已是龙头上市企业核心高层的朋友分享了一件让他一直记忆犹新的事：来杭州给孩子办理户口手续时，妻子因为二胎待产无法到现场办理，工作人员竟然主动提议用现场视频连线的方式完成认证，因此一次就办完了所有手续。

在杭州，政府招商更多想的是如何延伸优势产业链和培育参天大树，而不是这个月或者这一年的短期业绩。杭州一位区商务局的领导不仅可以对全杭州各区的经济数据和产业优势如数家珍，更是把自己的招商工作与本区龙头企业的采购部门、供应链部门工作融为一体，不是追着热门产业目录跑，而是沿着产业链上下游实实在在地帮助企业提高协作效率。以人民为中心和为人民服务仿佛已经是约定俗成的共识。

· · ·

杭州做到了什么？如何衡量其他城市是否已经学到了杭州模式的精髓？

我们现在看到太多的城市在复制粘贴类似杭州的各种政策和

行动，但其实以下三条是最实在的尺子。第一，这座城市能否做到让老百姓大事小情办理手续"最多跑一次"？第二，这座城市能否落实各种补贴和政策，凡涉及资源和利益分配的流程机制和标准全透明？第三，这座城市能否做到各级官员只要无私无损，就敢于突破创新和担当责任？

杭州模式的发展和扩散意味着什么？它对国内经济和世界将会有哪些影响？

我们看到了突破政府与市场二元结构的新契机，这将极大地释放第四次科技革命的潜力，真正推进强国建设、民族复兴。良好的科创生态使创新如雨后春笋，"杭州六小龙"只是冰山一角，更多生龙活虎的团队也在飞速成长。我们看到了新质生产力大革命与新型生产关系大变革的新范式，星火燎原，这将牵引和催化全国乃至全球的生产生活方式与文化文明的升级。人工智能开启了更多场景和新机遇，无论是生产还是生活，都在发生深刻而持久的变革，而生产力的进步也在改变组织协作和社会运行的方式。我们看到了共同富裕乃至人类命运共同体的新前景，杭州不仅在浙江这个全国首个共同富裕示范区发挥了表率作用，也将在政府与市场关系的探索中开辟崭新的道路，这也将鼓舞和吸引更多拥有青春和梦想的人为之不懈奋斗。

· · ·

这些看似宏大的影响其实并不虚渺，而是源自杭州最朴素细微的事实。杭州也注定并不完美，但我们愿将所撷取的美好提炼并放大，以引发更多和更好的探索。很多人说杭州模式不能复制，我们也认为榜首学子的学习经验永远不可能让全校学生获得满分，我们甚至不知道下一次考试谁能拔得头筹，但作为时代的观察者和变革的呼号者，我们愿以最真诚的心，将我们的观察与思考分享给大家。

其实，最好的城市评判者，是基层的老百姓；最好的城市发动机，是普通的创业者。当一座城市的主政者上上下下都把他们放在心尖儿上时，那么，哪里都是杭州，到处都是天堂。

当中国城市皆为沃土时，自有林木参天、虎踞龙盘。

2025 年 3 月

第一章

杭州模式

DeepSeek 现象与科技创新高地战略

DeepSeek 的技术突破源自三大核心要素的协同创新：一是算法架构的创新，例如 HAI-LLM 并行框架（高效且轻量级的框架）；二是算力的优化，依托城西科创大走廊的超算支持；三是数据应用的深入挖掘，聚焦垂直领域场景。杭州通过"数字浙江"战略，推动从电商到 AI 的产业升级，形成"基础研究—应用开发—场景落地"的完整创新闭环。这座城市的独特优势来自多个方面。创新要素在未来科技城高度集聚，政策延续性强，如"八八战略"已持续推进 20 年。此外，完善的产学研转化机制以及高校与企业联合实验室的建设，加速了技术成果的落地应用。这种渐进式发展战略，使技术积累逐步转化为系统性竞争力，验证了"有限资源 + 深度创新"的发展范式。

在 2024 年 6 月召开的全国科技大会、国家科学技术奖励大会、两院院士大会上，习近平总书记发表重要讲话强调，"科技兴则民族兴，科技强则国家强"。[①] 在全球科技竞争日益激烈的背景下，新兴技术企业的崛起往往成为衡量一国或一个地区创新能力的关键指标。DeepSeek 作为迅速崭露头角的技术先锋，以其在算法优化、计算能力提升以及数据处理方面的卓越成就，成为这一趋势中的佼佼者。通过 DeepSeek 的崛起不难发现，作为中国数字经济的重要枢纽，杭州并未因孕育出了阿里巴巴这样的知名企业而止步于此，反而出台了更丰富的科技企业支持政策，旨在吸引更多初创企业来杭州发展。从阿里巴巴到"杭州六小龙"的崛起，再到杭州新一轮产业支持政策的出台，这些举措无一不彰显杭州在推动人工智能及相关领域方面的战略布局与决心。

---

① 习近平：在全国科技大会、国家科学技术奖励大会、两院院士大会上的讲话［EB/OL］.（2024-06-24）［2025-04-12］. https://www.gov.cn/yaowen/liebiao/202406/content_6959120.htm.

一、DeepSeek 的崛起与杭州的战略意图

在当今数字化浪潮汹涌澎湃、全球科技竞争日益白热化的时代大幕之下，杭州宛如一颗璀璨夺目的明珠，在中国乃至世界的科技创新版图中熠熠生辉。这座充满活力与智慧的城市，正凭借着独有的发展模式，在数据、算力与人工智能的浩瀚海洋中破浪前行，勾勒出一幅宏伟壮丽的科技发展新画卷。

（一）DeepSeek 的技术路径与产业支撑

2025 年刚刚拉开序幕，中国就在 AI 领域掀起了一场前所未有的浪潮。DeepSeek 异军突起，以"低成本＋开源"的优势横扫全球 AI 市场，势头盖过 ChatGPT（聊天机器人模型），在苹果应用商店与谷歌应用商店实现双端登顶。DeepSeek 在人工智能

效率领域的重大突破，打破了全球科技格局以及人工智能竞赛原有的力量平衡，正有力地冲击着美国在该领域的传统主导地位。这一现象表明，以往美国通过控制高性能计算资源与先进半导体的获取渠道，实施出口管制政策来遏制中国创新的方法出现巨大漏洞。全球科技竞争没有就此告一段落，而是进一步加剧。

DeepSeek凭借大幅降低计算成本的方式，通过自主研发算法框架、优化算力资源配置以及多维度数据融合应用，开发出了强大的人工智能模型。总体而言，可以从算法、算力和数据应用三个方面来观察DeepSeek的技术路径。

DeepSeek是在算法上实现了重大突破，通过提升大模型的训练和推理效率，打破了原有的"算力堆积思维"。它采用了高效的Transformer（处理序列数据的深度学习模型架构）变体，结合混合专家（MoE）等架构，使模型在计算资源有限的情况下仍能保持强大的推理能力。同时，为了让训练过程更稳定、收敛速度更快，DeepSeek在优化器、正则化策略以及并行计算方法上都做了大量改进，确保大模型可以在更短时间内达到高性能。除了底层架构的优化，DeepSeek也使生成的文本更符合人类的直接需求，例如通过引入更先进的对齐技术，提升模型的可控性和输出质量。

受限于美国对GPU芯片的管控，DeepSeek还整合自身芯片资源，在算力方面构建了一套高度优化的分布式计算框架，使大规模模型训练能够高效进行。它不仅充分利用了现有的GPU计算资源，还针对AI训练的特殊需求，对硬件架构进行了深度优化。比如，在进行模型训练时，DeepSeek结合了数据并行、模型并行和流水线并行等多种策略，最大限度地提高了计算效率，避免了算力浪费。此外，它还在存储和调度系统上做了针对性优化，以减少不同计算节点之间的通信开销，提高整体吞吐量，使上千亿参数规模的模型训练变得更为可行。

DeepSeek也并未止步于前两者，其还在数据应用方面进行优化，通过构建庞大的数据处理和优化系统，来确保训练数据的质量和多样性。它不仅依赖于大规模的文本数据，还积极拓展多模态数据，包括图像、音频等，使模型具备更广泛的理解和生成能力。在数据清洗方面，DeepSeek建立了一套自动化的数据筛选流程，去除低质量、重复和噪声数据，保证输入模型的内容质量尽可能高。同时，它结合人类反馈强化学习（RLHF）技术，让模型在训练过程中不断优化，逐步学习如何更好地理解人类意图，生成更符合预期的内容。此外，DeepSeek还在数据增强方面下了不少功夫，通过各种策略扩展训练数据，使模型在应对新场景时具备更强的泛化能力，从而提升在实际应用中的表现。

实际上，DeepSeek在算力和算法方面的突破性发展，是杭州产业生态和科技战略长期发力的结果，也是杭州市政府主导的"算力新基建"战略发挥作用的体现。截至2023年6月，杭州已建算力规模占浙江全省的52.6%（见表1-1）。[①] 杭州还与阿里云合作开发"算力银行"等，通过允许企业按需租用闲置算力，促

---

① 2023年浙江省算力产业发展报告［R］.浙江省经济和信息化厅，2023.

进了剩余算力的充分利用。

表1-1 浙江省各市已建算力规模占比

地市	已建算力规模占比（%）
杭州	52.6
宁波	8.9
温州	3.8
嘉兴	13.7
湖州	8.8
绍兴	1.5
金华	6.2
衢州	0.4
舟山	0.5
台州	1.3
丽水	2.5

注：数据为四舍五入。
资料来源：《2023年浙江省算力产业发展报告》。

技术的崛起从来不是孤军奋战，背后是政策与资源的精准协同。DeepSeek的成就也绝非一人一企之功，其背后庞大的产业支撑和政策支持发挥了至关重要的作用。例如，杭州于2019年发布的《杭州市建设国家新一代人工智能创新发展试验区若干政策》为DeepSeek等企业提供了全方位支持，这一政策旨在通过系统性政策工具，推动本地人工智能企业技术突破、产业升级与全球化布局。

根据《杭州市建设国家新一代人工智能创新发展试验区若干政策》，杭州在市重大科技创新项目中设立人工智能专项，支持企事业单位开展关键核心技术研究，按项目研发投入的20%给予补助，最高不超过500万元，其中，对市人工智能战略咨询专家委员会专家审定推荐的人工智能芯片、核心算法、操作系统等基础核心技术攻关项目，给予最高不超过2 000万元的补助。[①]

另外根据杭州公布的数据，自2023年以来，杭州的公司享受了制造业企业研发费用加计扣除5 323.92万元、高新技术企业所得税减免1 130.08万元的税收优惠。针对初创的小微企业，杭州对年应纳税所得额不超过300万元的部分，按5%征收企业所得税，企业对超过300万元的部分，全额按25%进行缴纳。[②]

杭州近年来大力推动数据开放与共享，形成了完备的公共数据基础设施和数据治理体系，这一制度性保障为DeepSeek的大模型训练、优化及应用提供了坚实的支持。根据杭州市数据资源管理局发布的《杭州市公共数据开放工作实施细则》，如果有企业需要使用相关数据，可以通过开放平台提出开放需求申请，如判定结果为允许开放，会由公共数据开放主体在10个工作日内发布相应的开放目录。[③] 考虑到DeepSeek等人工智能企业高度

---

① 杭州市人民政府. 杭州市人民政府关于印发杭州市建设国家新一代人工智能创新发展试验区若干政策的通知［EB/OL］.（2019-12-19）［2025-03-11］. https://www.hangzhou.gov.cn/art/2019/12/19/art_1229063381_460950.html.

② 杭州市人民政府办公厅. 杭州市人民政府办公厅关于印发实施"春晖计划"进一步降低企业成本若干措施的通知［EB/OL］.（2024-06-28）［2025-03-11］. https://z.hangzhou.com.cn/sdx/content/content_8751547.html.

③ 杭州市数据资源管理局. 杭州市数据资源管理局关于印发《杭州市公共数据开放工作实施细则》的通知［EB/OL］.（2024-07-29）［2025-03-11］. https://www.hangzhou.gov.cn/art/2024/7/29/art_1229063383_1845012.html.

依赖于高质量、大规模、多样化的数据，杭州的政府数据开放、企业数据合作、产业数据共享机制，使这些企业能够在训练语料丰富度、模型应用广度和行业适配性等方面获得巨大优势。

杭州不仅开放了数据资源，还建设了完善的数据基础设施，包括城市数据大脑、政府开放数据平台、产业数据交易所等，这使杭州形成了全国领先的数据流通体系。早在2020年，习近平总书记参观杭州城市大脑运营指挥中心时就曾指出："城市大脑是建设'数字杭州'的重要举措。通过大数据、云计算、人工智能等手段推进城市治理现代化，大城市也可以变得更'聪明'。"[1]这些设施为DeepSeek等企业在数据访问、存储、计算和交易方面提供了极大的便利，使其能够更高效地利用政府、企业和社会数据进行模型训练和优化，合法合规地获取高质量数据，同时减少数据合规风险，从而专注于技术创新和产业应用。

在人才引进方面，杭州通过建立全球化、多元化引才机制，为在杭企业的招贤纳士做好保障。杭州希望通过更加精准、高效的人才扶持措施，吸引和留住全球高端人才，推动杭州成为"创新策源地、创业首选地、人才向往地"。与之前的招才相比，升级后的人才引进计划更加注重对高层次人才、青年人才和产业人才的精准支持，尤其聚焦数字经济、新一代信息技术、生命健康、智能制造等战略性新兴产业。

---

[1] 张晓松，杨维汉，朱基钗. 习近平：运用信息化让城市变得更"聪明"[EB/OL].（2020-04-01）[2025-04-12］. https://www.gov.cn/xinwen/2020-04/01/content_5497852.htm.

杭州还通过与民营资本进行联动，扶持预期上市企业。为了尽可能降低企业经营风险以及减少企业融资约束，杭州建立了"政府+金融"联动的风险共担机制，通过财政引导、政策性担保、风险补偿等方式，帮助企业解决融资难、融资贵的问题。

杭州的创新从来不是短跑，而是耐力赛、马拉松。既然是长跑，那就需要提供足够的支持，拥有足够的耐心，用长期主义的眼光悉心培育企业由小变大、由弱变强。这一点就体现在对初创企业的支持上，杭州不仅鼓励创业，还愿意为创业者的失败兜底。

2022年2月，在国家发展改革委举行的新闻发布会上，浙江省人力资源和社会保障厅副厅长在答记者问中介绍，高校毕业生到浙江工作，可以享受2万~40万元的生活补贴或购房租房补贴。大学生想创业，可贷款10万~50万元，如果创业失败，贷款10万元以下的由政府代偿，贷款10万元以上的部分，由政府代偿80%。[1]在解决了融资问题和风险问题后，杭州无疑打消了大学生创业的大部分顾虑，使创新创业呈现勃勃生机。

（二）从现象到模式：DeepSeek背后的杭州逻辑

DeepSeek的崛起，本质上是信息效率革命的具象化呈现。

---

[1] 张慕琛.浙江：高校毕业生到浙江工作可享受2万到40万不等补贴［EB/OL］.（2022-02-17）［2025-03-12］. https://economy.gmw.cn/2022-02/17/content_35525044.htm.

它通过开源策略构建了一个全球性的创新网络，使技术研发的边际成本趋近于零。通过开放模型权重与代码，DeepSeek吸引了超过20万开发者参与迭代，形成了类似Linux（开源电脑操作系统内核）的自组织创新模式。这种模式打破了传统封闭架构下的"信息孤岛"，使技术演进速度迅速提升。成功的现象背后，往往隐藏着更深层次的战略逻辑。杭州创新环境中信息效率的提升，也为DeepSeek的崛起提供了重要支撑。

杭州市政府积极推动产学研合作，出台了一系列政策措施来促进科技成果的转移转化。政府通过构建完善的科技创新生态圈（见图1-1），建立了多个国家级和省级重点实验室、工程技术研究中心以及创新创业基地。例如，云栖小镇是集云计算、大数据、人工智能于一体的高科技产业园区，[①] 这种特色小镇的建立提高了杭州自身信息流通的效率，为DeepSeek提供了理想的孵化环境和发展空间。

从价值共识的角度来看，DeepSeek的成功在于它建立了一个被广泛认可的价值体系，并围绕这一核心理念构建了强大的生态系统。在这个生态系统中，所有参与者都遵循共同的价值观，即追求创新、尊重知识产权以及实现共赢发展。具体而言，DeepSeek鼓励不同背景的企业和个人参与技术创新的过程，无论是大型跨国公司还是初创企业，都能够在这里找到属于自己

[①] 谢吴艳，任路瑶.云栖小镇 打造全国数字经济第一镇［EB/OL］.（2022-10-14）［2025-03-11］.https://hznews.hangzhou.com.cn/chengshi/content/2022/10/14/content_8374859.htm.

的位置。通过举办各种形式的技术研讨会、创业大赛等活动，DeepSeek营造了一种充满活力和创造力的社区氛围，激发了社会各界对于科技创新的热情。价值共识的凝聚得益于杭州独特的"创新雨林"生态。政府通过"揭榜挂帅"机制开放城市治理场景，如将交通信号优化、水质监测等传统政府职能转化为技术验证场域，使企业技术创新与社会公共价值实现深度耦合。

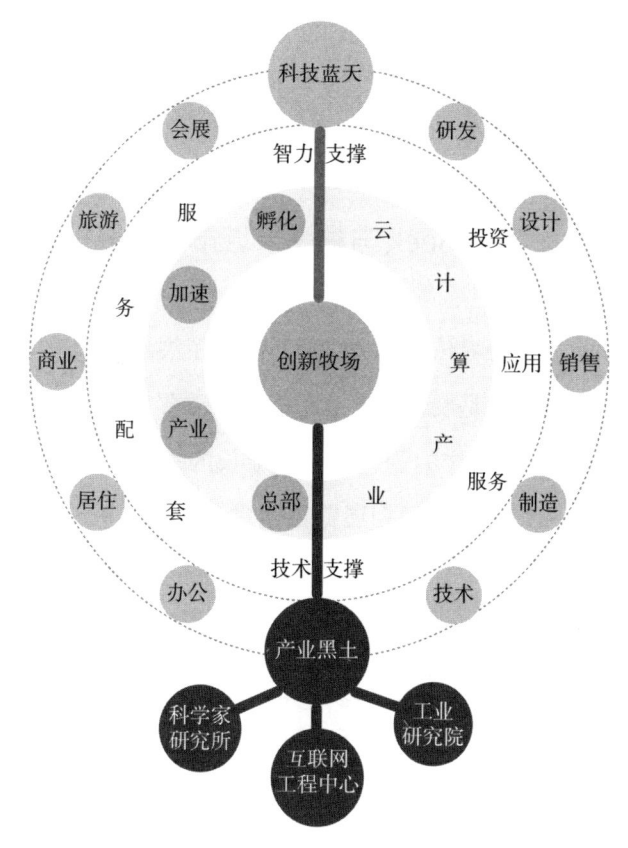

图1-1 "创新牧场—产业黑土—科技蓝天"创新生态圈

资料来源：亿翰智库。

政府在 DeepSeek 的成功中扮演了至关重要的服务型角色。一方面，政府通过制定相关政策法规，为 DeepSeek 提供了坚实的法律保障和支持环境。比如，在数据隐私保护方面，政府出台了严格的法律法规，既保证了用户的个人信息安全，又促进了数据的有效利用。更重要的是，政府积极投入资源，支持基础设施建设和人才培养，采取了灵活多样的扶持措施，如税收减免、财政补贴等，降低了企业的运营成本，提升了市场竞争力。这些举措充分体现了政府作为"服务者"的定位，有效地促进了 DeepSeek 及其相关产业的健康发展。

（三）战略：DeepSeek 与杭州市城市规划展览馆的联系

杭州也为向外界传递其战略愿景提供了展示窗口。杭州市城市规划展览馆不仅是展示城市未来蓝图的重要窗口，也是激励和引导像 DeepSeek 这样的创新型企业成长的关键平台。作为杭州科技发展的缩影，城市规划展览馆通过详尽的展览与互动体验，展示了从政策扶持、科研投入到产业孵化等一系列支持科技创新的具体措施。这不仅为公众提供了了解城市发展方向的机会，也为 DeepSeek 等初创企业描绘了一幅清晰的发展路径图。

杭州市城市规划展览馆还通过展示成功案例，如 DeepSeek 的成长历程，来激发更多年轻人投身科技创新事业，营造了浓厚的创新创业氛围。这种正面示范效应，进一步巩固了杭州内部空前高涨的创新氛围，也为 DeepSeek 等企业的持续发展注入了源源不断的活力。因此，杭州市城市规划展览馆不仅是展示城市形象的窗口，更是DeepSeek等科技企业茁壮成长的重要推手。

步入杭州市城市规划展览馆，首先映入眼帘的便是展馆的"时间轴投影"与"战略沙盘"互动装置，这一装置清晰展现了从2003年"八八战略"到《浙江省数字经济发展白皮书（2024年）》的完整政策脉络。例如，杭州数字经济核心产业增加值从2017年的2 859亿元增长至2024年的6 305亿元，占全市GDP（国内生产总值）比重达28.8%；[①]城西科创大走廊历经15年建设，形成"1+2+18+N"创新体系（1个国家实验室、2个大科学装置、18个全国重点实验室、N个高能级创新平台）；政策工具从"四张清单一张网"改革演进至"全域数字化改革"，构建起覆盖企业全生命周期的服务体系。这种历史成就的总结，除了可以展现杭州发展的累累功绩，还可以凸显杭州城市发展战略规划的长期性，以及市政府立足长久的前瞻性。

杭州国家高新技术产业开发区在杭州科技发展中发挥着重要作用。水滴石穿非一日之功，孕育了众多高新技术产业集群的杭州国家高新技术产业开发区（滨江）成立于1990年，是国务院批准的首批国家级高新区之一，是由高新技术产业开发区与滨江区行政城区合二为一而成的。长期以来，杭州国家高新技术产业开发区一直奋力推进世界一流高科技园区建设，以"发展高科

---

① 杭州市统计局.2024年全市数字经济核心产业增加值增长7.1%［EB/OL］.（2025-02-21）［2025-03-11］.https://www.hangzhou.gov.cn/art/2025/2/21/art_1229063407_4333442.html.

技+实现产业化+建设科技新城"为目标，打造网络信息技术产业的全产业链和千亿元级智慧经济产业。

规划不仅是蓝图，更是行动的指南。除了发展规划的长远，杭州国家高新技术产业开发区还在改革政府服务方面大下苦功。早在2018年，杭州国家高新技术产业开发区就启动了"知识产权一件事"改革，设立了全国首个全门类知识产权综合服务中心。从那一年开始，在杭州国家高新技术产业开发区，知识产权事务就实现了"最多跑一次"。一年后，杭州国家高新技术产业开发区又提出"每年将安排不少于1亿元预算，用于提升区域知识产权创造、运用、保护和服务能力"。[1] 正是30年来的久久为功，才使杭州国家高新技术产业开发区涌现出了如阿里巴巴、士兰微电子、恒生电子、信雅达等一批国内科技人员创办的上市企业。

从企业的成长轨迹中，可以读出城市的战略心跳。杭州的新兴科技产业能有今日之发展，还与市政府前瞻性打造充满活力、适宜创新的发展环境有关。为了打造适宜的营商环境，杭州通过深化所有制改革，建设民营经济强市，出台"杭改十条"，推进全面深化改革；通过大力建设国家新一代人工智能创新发展试验区和大江东产业集聚区、城西科创产业集聚区，积极争创中国（杭州）跨境电子商务综合试验区，打造创新驱动大平台；通过深入推进"四张清单一张网""最多跑一次"改革，率先实行

---

[1] 林建安，汤晨琛. 一份"北高峰观察数据智库"报告 带你读懂杭州的科技创新实力[EB/OL].（2022-12-15）[2025-03-11]. https://hwyst.hangzhou.com.cn/z/kjcgzyzh/content/content_8427263_0.html.

企业开办"分钟制"和项目审批"小时制";为了优化创新生态,杭州还通过围绕创新强市、人才强市战略,实施"四换三名"工程、"一号工程",不断提升城西科创大走廊创新策源能级。

在上述前瞻性布局的不断发力下,2023年杭州全社会研发经费投入强度已达3.92%,连续4年获浙江省"科技创新鼎"。[①]杭州还新布局概念验证中心15家,技术交易额突破1 500亿元。[②]同年,杭州的有效发明专利拥有量达15.3万件,位居省会城市第一,新增国家知识产权优势示范企业48家、浙江省级知识产权示范企业64家。[③]

二、全球科技竞争与杭州的战略抉择

杭州作为中国新型城镇化与数字化转型的标杆城市,其战略规划不仅承载着"人间天堂"与"数字经济第一城"的双重象征意义,更通过杭州市城市规划展览馆这一空间载体,将抽象的政策逻辑转化为可感知的视觉叙事。从2003年"西湖时代"向

[①] 杭州日报.四"圈"齐发,杭州驶入创新"快车道"[EB/OL].(2024-10-17)[2025-03-11].https://www.hangzhou.gov.cn/art/2024/10/17/art_812262_59103820.html.

[②] 浙江省科技厅.浙江经视报道:杭州打造概念验证中心 破题科技成果转化"最初一公里"[EB/OL].(2023-11-15)[2025-03-11].https://kjt.zj.gov.cn/art/2023/11/15/art_1229225188_59009951.html.

[③] 奚金燕,蓝伊旎.杭州有效发明专利拥有量15.3万件 助力发展新质生产力[EB/OL].(2024-04-30)[2025-03-11].https://www.zj.chinanews.com.cn/jzkzj/2024-04-30/detail-ihczyumm6271906.shtml.

"钱塘江时代"的跨越，到 2025 年"全球创新策源地"的蓝图擘画，杭州以"多规合一"改革为核心，构建了覆盖全域全要素的国土空间治理体系。

这种视觉化实践的本质，是杭州将"战略定力"转化为"空间语言"的尝试。通过数据可视化与场景模拟，杭州市城市规划展览馆不仅成为政策传播的终端，更成为市民参与城市治理的数字界面，印证了"一张蓝图绘到底"的制度韧性。本节将根据对杭州市城市规划展览馆的调研走访，展示杭州在科技创新、产业布局与政策执行上的长期路径。

（一）杭州城市发展的整体规划

杭州作为中国改革开放与创新驱动的典型样本，其产业布局、科技创新与政策演进展现出鲜明的战略定力与长期主义思维。城市战略规划不仅是城市形象的展示窗口，更是战略思维的立体投影。从 2003 年提出"从西湖天堂转向高科技天堂"的转型构想，到 2025 年锚定"全球创新策源地"目标，杭州以"十年磨一剑"的韧劲，构建了"数字经济＋先进制造＋未来产业"协同发展的现代产业体系，为城市能级跃升提供了核心动能。

2003 年，时任浙江省委书记习近平提出"数字浙江"战略，为杭州的未来发展埋下了关键伏笔。同年 7 月，浙江省委十一届四次全体（扩大）会议将"数字浙江"建设上升为"八八战略"的重要内容。也就是在这一年，杭州开始对传统发展模式进行反思，突破"风景旅游城市"的路径依赖，首次提出建设"高科技天堂"的战略方向，通过"一号工程"将数字经济确立为城市发展主引擎。[①] 杭州响应"八八战略"（见图1-2），积极推动数字经济与制造业高质量融合发展，努力在统筹产业协调发展上做好示范。同时，坚持把制造业作为强市之基，推进制造业高端化、绿色化、集约化，坚持把扩大消费作为拉动经济增长的核心引擎，推动商业重塑、实体复兴，努力为构建全新的现代产业体系注入硬核力量。此后的10余年间，杭州以"有所为而有所不为"的辩证思维，逐步剥离低效产能：一方面淘汰纺织、化工等传统产业中的落后产能，另一方面以"腾笼换鸟"政策推动产业升级。

自2003年浙江省提出"八八战略"以来，杭州以其独特的实践路径，将这一战略转化为城市发展的制度性支柱，逐步形成以创新驱动、体制改革、生态优先、开放协同为核心的杭州模式。这一模式不仅在经济领域实现了跨越式发展，更在治理体系、社会生态、文化传承等方面构建了系统性支撑，其制度逻辑可从以下几个维度深入剖析。

首先，"八八战略"将体制机制优势作为撬动发展的核心杠杆。杭州通过持续深化市场化改革，激活了民营经济的活力。数据显示，杭州有36家企业进入"2024中国民营企业500强"榜单，杭州上榜企业数占全国的7.20%，占浙江省（106家）的33.96%，

[①] 马富春. 从"西湖天堂"到"高科技天堂" 这场讨论解码"数字杭州"[N]. 中国青年报，2025-03-10.

时间	战略	内容
		浙江省委全面启动实施"千村示范、万村整治"工程，开展以改善农村生态环境、提高农民生活质量为重点的村庄整治建设大行动
2003年3月	接轨大上海，融入长三角	习近平同志提出要加快对内对外开放步伐，"接轨大上海，融入长三角"，使浙江经济既能走出去，又能引进来
2003年6月	千万工程	
2003年7月	八八战略	在浙江省委十一届四次全体（扩大）会议上，时任浙江省委书记习近平全面系统阐释了浙江发展的"八个优势"，提出了指向未来的"八项举措"
		《浙江省国民经济和社会发展第十三个五年规划纲要》提出，集中力量发展信息经济、节能环保、健康、旅游、时尚、金融、高端装备制造与新材料等万亿级产业。2017年浙江省政府工作报告增加文化产业，提出发展八大万亿级产业
2017年1月	八大万亿级产业	
2017年6月	四个强省，六个浙江	浙江省第十四次党代会报告中指出，在工作导向上突出改革强省、创新强省、开放强省、人才强省，努力建设富强浙江、法治浙江、文化浙江、平安浙江、美丽浙江、清廉浙江
		温州成功获批创建新时代"两个健康"（非公有制经济健康发展和非公有制经济人士健康成长）先行区
2018年8月	两个健康先行区建设	
2020年11月	五大历史使命	浙江省委十四届八次全会提出新发展阶段浙江必须肩负起的五大历史使命，即书写忠实践行"八八战略"的新篇章、展示奋力打造"重要窗口"的新成果、展现探索构建新发展格局有效路径的新担当、开启争创社会主义现代化先行省的新征程、提升党员干部队伍推进现代化建设的新能力
		《浙江省数字赋能促进新业态新模式发展行动计划（2020—2022年）》提出实施企业"上云用数赋智"促进、智能制造新模式培育、数字生活场景推广、线上创业就业激励、数据要素增值、数字化治理提升六大行动和26项具体举措
2020年12月	"数字赋能626"行动	
2023年1月	"415X"先进制造业集群培育工程	浙江深入实施"415X"先进制造业集群培育工程，加快建设全球先进制造业基地，构建完善"省级—国家级—世界级"产业集群梯度培育体系，统筹推进"新星"产业群、中小企业特色产业集群培育

图1-2 杭州发展战略时间轴

已连续22年蝉联全国城市第一。①这一成就源于杭州对"非禁即入"原则的落实，以及"亲清在线""最多跑一次"等政务服务的创新，极大地降低了制度性交易成本。例如，杭州率先探索的数字化改革使政务服务水平位居全国第一，营商环境连续4年获民营企业评价榜首。这种以企业需求为导向的制度设计，既体现了有效市场与有为政府的协同，也形成了民营经济与国有经济共生共荣的生态系统。

其次，创新驱动的制度架构成为高质量发展的引擎。杭州以城西科创大走廊为轴心，构建了"1+2+11+7"实验室体系，集聚了全省绝大多数国家科技奖项和高层次人才，研发强度远超全国平均水平。这种创新生态的构建，既得益于"人才带技术、技术变项目"的转化机制，也依托于数字经济与制造业的深度融合。例如，2024年杭州数字经济核心产业增加值达6 305亿元，同比增长7.1%，占全市GDP比重达28.8%，②而"未来工厂"等智能制造模式，则推动传统产业突破"低端锁定"。这种"数字产业化"与"产业数字化"的双向赋能，形成了以创新要素集聚、产业链协同为特征的制度性竞争优势。

再次，生态优先的发展理念被制度化为可持续增长的内生动

---

① 杭州网.杭州36家企业上榜2024中国民营企业500强 22年蝉联全国城市第一［EB/OL］.（2024-10-13）［2025-04-10］. https://hznews.hangzhou.com.cn/chengshi/content/2024-10/13/content_8799448.htm.
② 杭州市统计局.2024年全市数字经济核心产业增加值增长7.1%［EB/OL］.（2025-02-21）［2025-04-10］. https://tjj.hangzhou.gov.cn/art/2025/2/21/art_1229279240_4333457.html.

力。杭州将"绿水青山就是金山银山"理念融入城市治理体系，通过森林覆盖率保持副省级城市首位、市控断面水质100%达标等硬指标，构建生态保护刚性约束机制。在实践层面，萧山梅林村与淳安下姜村的转型案例，揭示了生态价值转化的制度创新：前者作为"千万工程"起源地，通过生态产业化实现共富；后者从贫困山村蜕变为"绿富美"，探索出生态补偿与绿色经济的协同路径。这种将生态效益纳入政绩考核、建立跨区域生态补偿机制的做法，使生态保护从理念升华为可操作的制度安排。

此外，开放协同的战略思维塑造了全域联动的制度网络。杭州通过融入长三角一体化、自贸试验区建设等国家战略，形成"多中心、网络化"空间格局。钱江新城与钱江世纪城的崛起，不仅是物理空间的扩展，更是制度性开放平台的搭建，荣盛集团、恒逸集团等世界500强企业落地于此，以及全球数字贸易博览会的举办，等等，均凸显了制度型开放的优势。在区域协同上，杭州以"一区多园"模式推动产业共富，通过缩小城乡收入比、基本公共服务普惠化等制度设计，破解了城乡二元结构难题。这种内外联动的制度网络，使杭州在全球化与本地化之间找到了动态平衡点。

更深层的制度逻辑在于治理能力的现代化转型。杭州通过"民呼我为""公述民评"等基层民主实践，将社会治理转化为多方参与的共治体系。街道居民议事会覆盖率达100%，安全感指数多年领跑全国，体现了制度设计中对"人本导向"的坚守。干部队伍建设则通过容错纠错、监督问责等机制创新，塑造了"鼓励创新、宽容失败"的政治生态，为制度执行提供了组织保障。这种将治理效能嵌入制度运行的逻辑，使政策落地不再停留于文本，而是转化为可感知的民生改善。

20余年的实践表明，"八八战略"在杭州的创造性转化，本质上是一场制度创新的系统性工程。它通过释放体制机制活力、重构创新生态系统、固化生态价值转化路径、构建开放协同网络、升级治理能力，形成了环环相扣的制度支柱。这些制度不仅支撑了2002—2024年杭州经济总量从1 799亿元到2.19万亿元的跨越，更重要的是构建了发展动能持续迭代、社会价值动态平衡的深层逻辑。未来，随着"十大攀登行动"等新举措的推行，杭州模式的制度韧性将在数字经济、共同富裕等新命题中继续接受检验，但其以战略引领制度、以制度固化优势的逻辑主线，已然为中国式现代化城市实践提供了鲜活样本。

在杭州，规划不是形式，而是城市发展的底层逻辑。杭州市城市规划展览馆的展示资料显示，杭州实施数字经济"一号工程"，扎实推进数字化改革，全力推进新型智慧城市建设，充分发挥数字经济及资源禀赋优势，对标国际先进水平，把浙江自贸试验区杭州片区建成以数字经济为核心特色的数字自贸区。此外，杭州加快发展先进制造业集群，出台高端装备、新材料、绿色能源、合成生物等专项政策。2023年，杭州围绕高水平重塑全国数字经济第一城，奋力推进数字经济创新提质"一号发展工程"，全年数字经济核心产业增加值5 675亿元，比上年增长8.5%，占全市GDP比重达28.3%，创历史新高，主引擎作用更加凸显；全市数字经济核心产业实现营收 18 737 亿元，比上年增长 7.9%。[①]

进入"十四五"时期，杭州进一步提出"415X"先进制造业集群培育工程，聚焦智能物联、生物医药、高端装备等五大生态圈，同步布局通用人工智能、低空经济等未来产业。[②]这种"分层分类、梯度培育"的产业体系，既保持了战略连续性，又通过动态调整适应技术变革。杭州经济技术开发区就通过"链长制"精准服务产业链，推动吉利集团新能源汽车研发中心、万向集团智能出行产业园等重大项目落地。

杭州的科技创新实践体现了"基础研究—应用转化—产业化落地"的全链条思维，以及鲜明的"热带雨林"特征：在政府主导的创新基础设施上，市场主体自发形成多元共生的创新群落。2016 年二十国集团峰会后，杭州将"创新活力之城"纳入城市定位，通过超重力离心模拟与实验装置、极弱磁场大科学装置等大科学设施建设，夯实科研基础设施。[③]目前，杭州已形成"2+3"创新平台体系：以浙江大学、西湖大学为引领，以之江实验室、良渚实验室等省实验室为支撑，以企业研究院为补充，实

---

① 杭州市统计局，杭州市社会经济调查队.2023 年数字经济核心产业增加值增长 8.5%［EB/OL］.（2024-02-09）［2025-03-11］.https://tjj.hangzhou.gov.cn/art/2024/2/9/art_1229279240_4239907.html.

② 杭州市人民政府.杭州市人民政府印发关于推动经济高质量发展的若干政策（2025 年版）的通知［EB/OL］.（2025-03-03）［2025-03-11］.https://www.hangzhou.gov.cn/art/2025/3/3/art_1229819195_7991.html.

③ 马富春.从"西湖天堂"到"高科技天堂" 这场讨论解码"数字杭州"［N］.中国青年报，2025-03-10.

现"15分钟产学研转化圈"。

在创新生态构建中，杭州的"耐心资本"模式尤为突出。2015年杭州推出"创新创业新天堂"计划，率先将政府引导基金从财政预算单列，允许最高30%的亏损容忍度。杭州还提出"3+N"杭州产业基金集群架构，明确三大母基金规模、管理主体、具体执行主体、功能定位、投资方向和投资阶段。其中，杭州科创基金以初创期的科创投资为主，重点为全市人才创业、中小企业创新、专精特新企业发展、科技成果转化提供政策性投融资服务；杭州创新基金以成长期私募股权投资为主，重点支持杭州五大产业生态圈规模化发展；杭州并购基金以成熟期的产业并购为主，重点支持杭州五大产业生态圈开展以补链、强链、拓链为目标的产业并购与协同投资。[1] 正是这种独具魄力又全周期培育的产业扶持计划，让宇树科技在研发"机器狗"时，获得了政府基金2 000万元的风险注资，并最终得以大放异彩。[2]

杭州的政策设计以"战略定力"为核心，通过制度创新破解创新要素配置难题。在人才政策上，突破学历门槛，实施"西湖明珠工程"，对领军团队给予最高500万元补助，并建立"产业

---

[1] 杭州市人民政府办公厅.杭州市人民政府办公厅关于印发杭州"创新创业新天堂"行动实施方案的通知（杭政办函〔2015〕151号）[EB/OL].（2015-12-17）[2025-03-11]. https://www.hangzhou.gov.cn/art/2015/12/17/art_1007554_3624.html.

[2] 浙江省金融控股有限公司.省产业基金"群英谱"丨人形机器人开拓者宇树科技完成B2轮融资[EB/OL].（2024-03-22）[2025-03-11]. https://www.zjfh.cn/building_detail_1537.html.

教授""科技副总"互聘机制，推动产学研人才双向流动。[①] 游戏科学团队在初创期享受 3 年房租全免，杭州市政府主动协调解决版号申请等事务，形成了"无事不扰，有事必应"的服务文化。

2023 年，杭州新增上市公司 22 家，总数达 302 家，19 家企业入选省首批雄鹰企业，"中国民营企业 500 强"数量连续 21 年居全国城市首位，新增专精特新"小巨人"企业 117 家，总数达 321 家，"中国软件名城"复评全国第二。现代产业体系持续完善，实现了从"杭州制造"到"杭州创造"的转变。杭州的实践表明，战略定力源于文化基因与制度设计的双重支撑。

（二）产业蓝图与技术路线：从电商到人工智能

从电商到人工智能，杭州的转型是一场规划先行的革命。杭州的产业升级路径清晰可见。早期的杭州以电商经济闻名，阿里巴巴等企业的崛起奠定了这座城市在数字经济领域的领先地位。随着全球科技竞争的加剧，杭州开始向人工智能等高技术产业转型。这一转型并非偶然，而是基于长期的战略布局。早在 2010 年前后，随着云计算和大数据技术的成熟，杭州便开始布局人工智能产业。在此期间，杭州市政府还通过发布《关于加快推进人工智能产业创新发展的实施意见》，明确将人工智能列为重要产

---

① 杭州市人民政府. 杭州市人民政府印发关于推动经济高质量发展的若干政策（2025 年版）的通知［EB/OL］.（2025-03-03）［2025-03-11］. https://www.hangzhou.gov.cn/art/2025/3/3/art_1229819195_7991.html.

业，规划到2025年基本形成"高算力+强算法+大数据"的产业生态，将杭州打造成全国算力成本洼地、模型输出源地、数据共享高地，人工智能创新应用水平全国领先、国际先进。[①]如今火遍全国的"杭州六小龙"，便受益于杭州的产业布局和产业升级带来的资源倾斜。

仅有规划远远不够，技术迭代和技术路线的选择决定了规划能否被落实，甚至在某种程度上讲，技术路线的选择，决定了城市产业升级的天花板。杭州坚持实事求是、脚踏实地的原则，其技术路线选择聚焦实际应用场景。例如，阿里巴巴通过淘宝、天猫等电商平台的发展，利用菜鸟网络革新了物流行业，使商品能够快速高效地到达消费者手中。杭州积极推广新技术的应用，如大数据分析用于精准营销、AI客服提高服务质量等，进一步优化用户体验。

杭州的战略规划不仅促进了电商产业的升级，也推动了技术的迭代更新。政府出台了一系列扶持政策，鼓励中小企业数字化转型，这使更多传统零售企业能够借助电商平台拓展市场。同时，杭州还积极探索新兴模式，比如直播带货和社会化电商，创造了新的消费场景。这些举措共同推动了电商行业的持续繁荣，同时也加速了相关技术的进步，为整个行业的持续发展提供了动力。

杭州在人工智能领域的产业发展路径强调产学研用相结合，

[①] 杭州市人民政府办公厅. 杭州市人民政府办公厅关于加快推进人工智能产业创新发展的实施意见[EB/OL].（2023-07-27）[2025-03-11]. https://www.hangzhou.gov.cn/art/2023/7/27/art_1229063382_1834100.html.

通过建立高水平的研究机构和实验室，促进科技成果转化为实际生产力。根据《杭州市构筑科技成果转移转化首选地实施方案（2022—2026年）》，杭州将锚定"四大目标"打造科技成果转移转化首选地，打造全国颠覆性技术转移先行地、全国科技成果概念验证之都、全国创新创业梦想实践地，构建万亿级科技大市场（见图1-3）。①

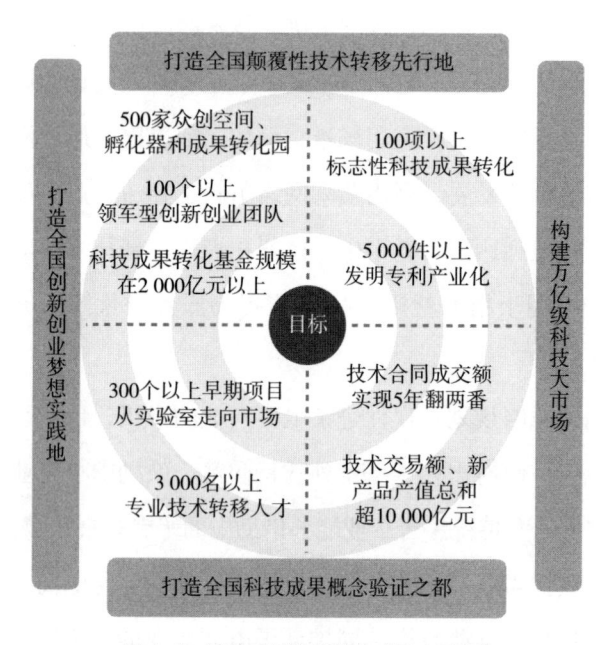

图1-3 科技成果转移转化"四大目标"

资料来源：《杭州市构筑科技成果转移转化首选地实施方案（2022—2026年）》。

---

① 中共杭州市委办公厅，杭州市人民政府办公厅. 中共杭州市委办公厅 杭州市人民政府办公厅关于印发《杭州市构筑科技成果转移转化首选地实施方案（2022—2026年）》的通知[EB/OL].（2023-01-06）[2025-03-11]. https://www.hangzhou.gov.cn/art/2023/1/6/art_1345197_59071582.html.

"问渠那得清如许？为有源头活水来。"与此同时，杭州还积极营造有利于创新创业的良好环境，吸引了一批优秀的人工智能初创企业落户，形成了一定规模的人工智能产业集群。政府还出台了多项扶持政策，旨在培养更多专业人才，推动产业升级。

杭州还聚焦于视觉识别、语音识别、深度学习等关键领域，不断提升自身的核心竞争力。通过长期支持，海康威视凭借在视频监控领域的深厚积累，开发出了一系列基于人工智能的安防产品，有效提升了公共安全水平。[①] 得益于杭州对新一代人工智能的战略布局，科大讯飞浙江总部专注于语音语义处理技术的研发，推出了多款智能语音助手，广泛应用于智能家居、汽车导航等多个场景。此外，杭州还在积极探索人工智能与其他新兴技术的融合，如物联网、区块链等，力求打造更加智能化的城市治理体系和社会服务体系。

在云计算领域，杭州走出了独具特色的产业发展路径，依托于本地强大的科研力量和丰富的应用场景，构建起涵盖 IaaS（基础设施即服务）、PaaS（平台即服务）、SaaS（软件即服务）的完整服务体系。云栖小镇的成功案例展示了如何将传统工业园区转变为集研发、孵化于一体的创新基地，吸引了包括阿里云在内的

[①] 杭州市经济和信息化局，杭州市发展和改革委员会. 杭州市经济和信息化局 杭州市发展和改革委员会关于印发杭州市人工智能产业发展"十四五"规划的通知［EB/OL］.（2021-12-23）［2025-03-11］. https://jxj.hangzhou.gov.cn/art/2021/12/23/art_1229234096_3983023.html.

众多高科技企业入驻，形成了良好的产业集群效应。[①]此外，杭州积极推动云计算与其他行业的深度融合，如制造业中的智能制造、医疗健康领域的远程诊疗等，进一步拓宽了云计算的应用场景和发展空间。

杭州注重核心技术的研发投入，特别是在分布式计算、容器化部署等方面取得了显著成果。阿里云自主研发的飞天操作系统，实现了大规模分布式计算资源的有效管理和调度，为各行各业提供了强有力的技术支撑。[②]基于对前沿技术的持续追踪与应用，杭州的企业还在边缘计算、量子计算等领域展开了前瞻性布局，力求在未来的技术竞争中占据有利位置。这不仅有助于提升城市整体创新能力，而且可以促进相关产业向高端迈进。

产业路径需以技术底座为支撑，技术迭代需以战略规划做牵引。杭州的战略规划通过"顶层设计—生态构建—场景开放"的系统性布局，实现了从电商之都到科技高地的跃迁。这种"一张蓝图绘到底，技术路线统全局"的发展思维，推动了杭州科技新兴产业在电商、云计算、人工智能等领域的差异化发展，为城市产业升级提供了可供复制的新范式。

[①] 朱言，赵路，郑少曼，等.创新不止！特色小镇之"云栖"路径［EB/OL］.（2018-09-18）［2025-03-10］.https://hangzhou.zjol.com.cn/jrsd/bwzg/201809/t20180918_8297098.shtml.

[②] 同上。

（三）长期主义的战略执行力

战略的价值，不在于短期见效，而在于长期托底。长期主义战略的本质在于构建超越短期贴现偏好的跨期决策框架，其效能体现为通过时序嵌套的制度设计对冲不确定性风险。杭州科技创新战略突破了传统增长理论中静态资源配置模型，以动态能力理论为基础，构建"战略锚点－路径生成"的双层架构：顶层设计层面，通过锚定"互联网+"全球创新创业中心的战略极点，形成基于资源基础观的非平衡增长范式；实施路径层面，依托"2035年科技强省"目标的制度承诺，创建包含技术轨道跃迁、制度矩阵迭代和知识资本累积的正反馈回路。该战略框架在复杂适应系统理论视角下展现出显著的前瞻性——不仅通过模块化创新生态系统消解技术路径依赖的锁定效应，更借助社会技术愿景建构，将资源约束、环境承载力阈值等外生冲击内化为战略调适的触发机制，从而在技术经济范式的代际更替中维持战略柔性与发展韧性的动态平衡。

此外，杭州的战略规划还注重基础研究与应用开发之间的平衡。为了实现这一目标，杭州积极建设国家级实验室和技术创新中心，比如之江实验室和阿里巴巴达摩院，这些机构专注于前沿科学问题的研究，为未来技术革新奠定理论基础。[1] 同时，杭

---

[1] 陈心妍. 打造全球创新策源地 杭州城西科创大走廊交出高分答卷[EB/OL]. (2022-04-14)[2025-03-10]. https://kjt.zj.gov.cn/art/2022/4/14/art_1229441961_59001530.html.

州通过设立专项基金支持初创企业和中小企业的发展,鼓励它们进行风险投资和技术探索,从而形成一个从基础研究到产品转化,再到市场推广的完整创新链条。① 这样的战略布局确保了在未来即使面临不确定性,杭州也能凭借深厚的技术积累保持竞争力。

杭州科技创新战略规划的持续性表现在其对既有政策的有效延续和发展上。从早期提出的"八八战略"到近年来实施的"315"科技创新体系建设工程,杭州始终保持着对科技创新的高度关注和支持。② 每届政府都坚持沿着既定的道路前行,不断深化和完善相关政策。例如,在推进数字经济发展的过程中,杭州不仅加大了对人工智能、区块链等新兴技术的研发投入,还积极推动传统产业的数字化转型,力求在各个行业领域内实现全面覆盖。③

与此同时,杭州注重加强不同部门间的协作配合,避免出现政策冲突或重复建设的情况。市政府通过定期召开跨部门会议,协调各方利益,共同解决遇到的问题。此外,杭州还建立了

---

① 傅晓岚. 杭州"AI创新之城"崛起的创新启示[EB/OL].(2025-02-23)[2025-03-11]. https://tech.gmw.cn/2025-02/23/content_37865422.htm.
② 浙江省科技厅. 浙江省科技厅关于印发《浙江省中长期科技创新战略规划》的通知[EB/OL].(2021-05-27)[2025-03-10]. https://m.thepaper.cn/baijiahao_13316074.
③ 国家发展和改革委员会创新和高技术发展司. 杭州市战略性新兴产业发展情况分析[EB/OL].(2019-11-19)[2025-03-10]. https://www.ndrc.gov.cn/fggz/cxhgjsfz/dfjz/201911/t20191119_1203925.html.

严格的绩效评估机制，定期检查各项政策措施的执行效果，并根据实际情况做出相应调整。这种动态调整机制使杭州能够及时响应外部环境的变化，保证科技创新战略规划的有效性和适应性。①

政策执行的稳定性和一贯性是杭州打造独特创新生态系统的关键因素之一。2003年"八八战略"的提出标志着杭州开始了一条持续且稳定的政策路径，这种连续性的政策环境，为企业和个人提供了足够的信心去投资新技术研发和市场拓展。特别是在数字经济领域，杭州凭借其前瞻性的政策布局，吸引了包括阿里巴巴在内的众多高科技企业落户，形成了强大的产业集聚效应。

政策的一贯性还体现在政府对于科技创新的支持力度上。杭州设立了自然科学基金专项资金，并成立了浙江省自然科学基金杭州联合基金，用于支持基础研究工作。② 此外，杭州市政府还制定了支持企业技术创新的具体措施，鼓励企业参与国家重大科研项目。这些举措共同构成了一个有利于创新创业的政策框架，极大地激发了市场主体的积极性和创造性。更重要的是，杭州建立了一个开放包容的创业文化氛围，这里不仅有良好的硬件设

---

① 杭州市科学技术局. 杭州市科学技术局2024年法治政府建设年度报告［R/OL］.（2025-01-26）［2025-03-10］. https://kj.hangzhou.gov.cn/art/2025/1/26/art_1228972114_58927984.html.

② 陈心妍. 打造全球创新策源地 杭州城西科创大走廊交出高分答卷［EB/OL］.（2022-04-14）［2025-03-10］. https://kjt.zj.gov.cn/art/2022/4/14/art_1229441961_59001530.html.

施，更有尊重知识、鼓励尝试的社会风气，这对于吸引全球顶尖人才至关重要。

可以发现，杭州的成长，不是偶然，而是长期主义的必然。正是由于政策执行过程中的稳定性和一贯性，杭州得以建立起一个充满活力的创新生态系统，该系统不仅促进了本地经济的快速增长，也为全国乃至全世界提供了宝贵且可借鉴的经验。通过持续优化政策环境，杭州正逐步建设成为全球领先的科技创新中心。

三、战略落地的路径与机制

战略的实施离不开具体的路径和机制，本节将先介绍"最多跑一次"改革、产业孵化器与政务服务的具体案例，解析规划的执行路径与效果，再从杭州产业政策落地、产业发展孵化和政策反馈机制修正的角度，深入探讨杭州的战略规划是如何从蓝图变为现实的。

（一）"最多跑一次"改革的执行逻辑

"最多跑一次"改革是杭州政务服务创新的典型案例。"最多跑一次"，不只是行政提速，更是治理升级，因为此项改革的核心目标是消除行政冗余，通过技术赋能和制度重构实现政务服务的高效化。其执行逻辑可分为三个层面：流程再造、数据共享、服务转型。

政务服务的改造，关键在于政务流程的改造，而流程再造的关键在于打破部门壁垒——杭州市政府为此专门成立"最多跑一次"专班，强制要求各部门开放审批权限，并建立"首问责任制"，首个受理部门需全程协调后续流程。[①] 在该项改革推出之前，企业办理施工许可证涉及规划、环保、消防等12个部门，提交材料超过100份，平均耗时180天。改革后，政府将审批流程整合为"立项—设计—施工"三个阶段，材料精简至30份。此外，政府通过在线联审平台实现了多部门并联审批，极大地简化了审批流程，避免了申请企业反反复复递交材料的低效形式。以杭州市余杭区某生物医药产业园项目为例，企业通过平台上传电子图纸后，系统自动分发给相关部门同步审核，消防验收意见直接嵌入电子证照，最终审批时间压缩至45天。

"数据孤岛"曾是杭州政务服务创新的最大障碍，为打破"数据孤岛"，更好地服务民众，杭州市数据资源管理局印发了《杭州市公共数据开放工作实施细则》，规范和促进全市公共数据开放和开发利用，加快数据要素有效流动。[②] 而在具体使用层面，市民办理公积金提取时，系统会自动调取社保缴纳记录、房

[①] 杭州市人民政府.杭州市人民政府关于印发杭州市深化"最多跑一次"改革推进政府数字化转型实施方案的通知[EB/OL].（2019-04-10）[2025-03-10].https://www.hangzhou.gov.cn/art/2019/4/10/art_1229063387_399204.html.

[②] 杭州市数据资源管理局.杭州市数据资源管理局关于印发《杭州市公共数据开放工作实施细则》的通知[EB/OL].（2024-07-29）[2025-03-10].https://www.hangzhou.gov.cn/art/2024/7/29/art_1229063383_1845012.html.

产登记信息，同时利用 AI 算法实时核验真实性，全程无须提交纸质证明，极大地加速了此类政务的处理。在数据安全方面，杭州首创"数据沙箱"模式（见图 1-4），敏感信息（如个人身份证号）仅以哈希值的形式传输，而原始数据仍存储于来源部门。这一模式已覆盖大部分政务服务场景，数据调用响应时间从小时级缩短至秒级，数据安全保障能力和数据调取速度得到质的飞跃。

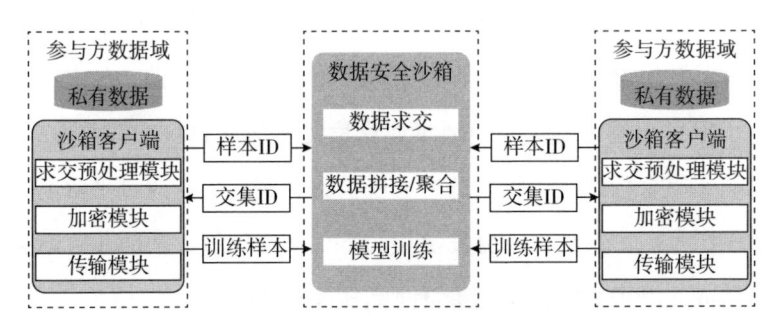

图 1-4 "数据沙箱"模式示意图

注：ID 表示身份证件。

服务型政府的本质，是让创新跑得更快。为了推动创新创业，调动境内企业、创业团队的主观能动性，杭州主动做出改变，将政府角色从管理者转为服务者。在钱塘区，企业服务中心设立"AI 政策助手"，通过分析企业工商数据，主动推送符合条件的补贴政策。钱塘区某新材料公司在未申请的情况下，收到系统提示可申领"绿色制造专项基金"，最终获批 300 万元。此外，杭州推出营商专员制度，为重点项目配备一对一服务团队。这种服务模式使杭州连续 4 年在全国工商联"万家民营企业评营商环境"中位列第一,并获评"营商环境最佳口碑城市"。

(二)产业孵化器与创新生态的构建

杭州科技创新生态的发展离不开以产业孵化器和高新区为物理载体,以政策扶持与资源整合为具体路径的培育模式。正是这一模式的强力运转,推动了杭州科技创新生态的形成。

其中,产业孵化器在杭州科技创新生态的形成中发挥了关键作用。在杭州,孵化器不是温室,而是创新的加速器。杭州采用"政府创新+民营助推+人才支撑+资本加速"的混合型孵化模式,通过物理空间载体、专业化技术平台和专项产业基金等金融工具的集成,实现了技术、资本与市场的精准匹配。杭州市余杭区围绕之江实验室总体规划,全面深化与之江实验室的战略合作,就是这一孵化模式的生动写照。

杭州市余杭区通过"创新平台+孵化器+特色小镇+产业集群"的方式,同多方力量共同打造"两大三层多群"的圈层式创新生态,同时还在 2024 年设立 5 亿元规模的之江成果转化基金,依托院士专家打造了"罗布泊工作坊",为研究机构和一线创新企业牵线搭桥促发展。目前,这一工作坊已吸引阿里云、寒武纪、摩尔线程等头部企业入驻,通过技术、资本与市场的精准匹配,为科研院校和企业构建了创新创业紧密结合的成果转化共同体。①

在杭州创新生态的构建中，高新区发挥着区域创新增长极的作用。其作用主要有促进产业链与创新链的深度耦合，增强全球要素的定向吸附能力，以及作为制度创新的试验田。面对全球科技发展日新月异的局面，杭州市政府立足长远、放眼全球，通过钱塘江国际创新带和离岸孵化器，针对本地企业的实际需求，为企业导入全球顶尖人才与技术。萧山临江高新技术产业开发区通过引进诺贝尔奖工作站和外籍专家的方式，为本地企业打造"海外预研—本地转化"的跨国技术转移通道，为企业提供急需的科技人才支撑。②

在产业孵化器和高新区之内，政策工具和资源整合发挥了具体的作用。资源的简单堆叠并不能解决实际问题，因为资源的聚集不在于数量，而在于能量的传导。为此，杭州市政府通过"靶向供给＋制度重构"的政策组合推动杭州创新生态的发展。杭州市政府首先对扶持制度进行系统性优化，推行首席专家负责制，逐步推行"包干制＋负面清单"管理方式，③进一步健全科技创新统筹协调机制和决策高效、响应快速的扁平化管理机制。通过

---

① 张留，龚勤，胡珂.杭州科创生态的"建圈"与"破圈"[N].浙江日报，2024-08-29.
② 本刊编辑部.图解《杭州市科学技术发展"十四五"规划》[J].杭州科技，2021（6）：2-8.
③ 杭州市人民政府.杭州市人民政府关于完善科技体制机制健全科技服务体系的若干意见[EB/OL].（2020-12-22）[2025-03-10].https://www.hangzhou.gov.cn/art/2020/12/22/art_1229063381_1709955.html.

"靶向供给+制度重构"的政策组合，为产业政策直达一线提供制度保障。同时，杭州市政府还通过纵向整合产业链、横向促进要素耦合和老旧工业区"腾笼换鸟"激活空间载体的方式，构建了"纵向贯通+横向耦合+立体激活"的组合。

杭州模式验证了"孵化器-高新区-政策工具"三位一体的创新生态建构逻辑：孵化器承担技术商业化的风险过滤功能，高新区实现创新要素的空间极化效应，政策工具则通过制度创新降低系统摩擦成本。在三者的协同作用下，杭州形成"基础研究有平台、技术转化有通道、市场扩张有载体"的闭环生态。

中国算谷与杭州科技创新生态的深度协同，本质上是以"载体跃迁"驱动"生态进阶"的典范。当余杭区之江实验室通过科研创新推动AI大模型研发时，中国算谷的杭钢半山基地正以"两朵云"（杭钢云、浙江云）的算力底座，为通义千问、西湖大模型等提供强大的计算支撑。这种"实验室算法突破+算谷算力供给"的闭环，恰似紫金港科技城"基础层芯片硬件—核心层云计算—应用层'AI+产业'"的全产业链布局，在东西两大科创走廊间形成算力与算法的共振。[1]

更关键的过渡逻辑在于政策工具的迭代创新：拱墅区服务杭钢工作专班（简称杭钢专班）定向调配能耗指标，支持算谷建

---

[1] 杭州日报.探索打造"中国算谷"杭州未来产业"第六谷"蓄势待发[EB/OL].（2025-02-07）[2025-04-10］. https://hznews.hangzhou.com.cn/chengshi/content/2025-02/07/content_8854672.htm.

设，而城西科创大走廊"国家实验室＋院士工作站"的人才吸附机制，则为算谷装备产业园的服务器制造、液冷技术国产化注入智力动能。① 这种"物理空间重构—政策资源适配—全球要素连接"的三级跳，使中国算谷既延续了滨江"中国数谷"的数据要素流通经验，又以"智算云"全产业链生态为杭州数字经济"二次攀峰"提供新支点，这样的模式培养了诸如海智在线、当虹科技等优质企业。② 正如紫金港科技城通过"四大百亿产业集群"实现从数字底座到智能应用的跨越一样，两地在"腾笼换鸟"与"筑巢引凤"的辩证中，共同编织着长三角智能算力网的未来图景。③

（三）数据驱动的反馈机制与战略修正

战略的政策执行除合理的顶层设计和流畅的运行体系之外，还要拥有对实际市场发展状况的敏锐嗅觉。反馈机制的存在，决

---

① 王森. DeepSeek横空出世后，杭州计划打造"中国算谷"［EB/OL］. （2025-02-10）［2025-04-10］. https://mp.weixin.qq.com/s?__biz=MjM5OTU1MTMxMw==&mid=2650723628&idx=1&sn=1c4821e76de10e44f79c5a36251c2587&chksm=be3427cb0b050dd0070388a69ea1ab172a0de59b6f23583b5915362caf24c8782b6fc292d7c1#rd.

② 黄冉，吴佳妮，印钰，等. 全力打造"中国AI+"产业地标［EB/OL］. （2024-10-31）［2025-04-10］. https://hzdaily.hangzhou.com.cn/hzrb/2024/10/31/article_detail_1_20241031A043.html.

③ 袁雪. 科技创新生态图谱［EB/OL］. （2024-11-11）［2025-04-10］. https://www.mycaijing.com/article/detail/534106?source_id=43.

定了战略的进化能力。因此，一套完善的反馈机制和有效的战略修正机制，就是保持战略与时俱进的重要保障。

在实地运行过程中，数据不仅是生产要素，更是战略修正的指南针。杭州市政府为了更好地掌握企业的政策，在战略执行中构建了"全周期数据治理–智能决策支持–闭环式政策迭代"三位一体的反馈评估体系（见图1-5）。其中，首要任务就是以数字技术为手段，打造高频数据监测网络。为此，杭州市政府先通过开发"杭数统"整体智治平台，围绕经济运行精准分析、科学研判、预警监测，着力打造以大数据为燃料、以数字技术为发动机的数据底座。这一数字反馈平台建成后，实现了指标"一屏览"、风险监控"一图管"、企业直报"一键达"的统计全流程精准化管理。[1] 这一平台不仅为政府决策提供了强有力的数据支持，也为监测政策实施效果提供了可能。此外，杭州还建立了开放数据评价机制，定期评估数据质量，并对公共数据进行动态调整。[2]

---

[1] 储帆.如何挖掘数据价值，助推高质量发展？这里有个杭州样本和浙江范本［EB/OL］.（2023-04-24）［2025-03-10］. https://z.hangzhou.com.cn/2023/sjlt/content/content_8519776.html.

[2] 杭州市人民政府办公厅.杭州市人民政府办公厅关于高标准建设"中国数谷"促进数据要素流通的实施意见［EB/OL］.（2024-07-17）［2025-03-10］. https://www.hangzhou.gov.cn/art/2024/7/17/art_1229063382_1844744.html.

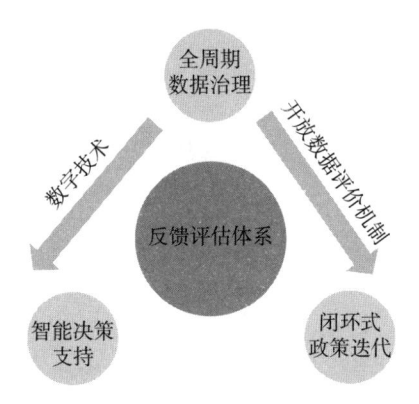

图 1-5 "全周期数据治理－智能决策支持－闭环式政策迭代"
三位一体的反馈评估体系

与此同时，杭州还注重信用平台的优化，推进信用示范城市建设，并设立了数据质量申诉平台，完善了从申诉、修订到反馈、评估的质量控制机制。[①] 这些措施共同构成了一个闭环的数据反馈系统，确保了数据的真实性和可靠性。

在保持战略的动态调整方面，杭州还探索建立了市级低碳乡镇（街道、园区）试点评估机制，根据评估结果适时调整试点方向和重点任务。[②] 这种方式有助于确保资源的有效配置，避免信息滞后导致的战略失误。同时，利用数据分析工具预测未来趋

---

① 杭州市数据资源管理局，杭州市发展和改革委员会. 杭州市数据资源管理局 杭州市发展和改革委员会关于印发《杭州市数字政府建设"十四五"规划》的通知［EB/OL］.（2021-10-18）［2025-03-10］. https://www.hangzhou.gov.cn/art/2021/10/18/art_1229541463_3946897.html.

② 杭州市发展和改革委员会. 杭州市发改委关于市十四届人大一次会议钱塘 14 号建议的答复［EB/OL］.（2022-08-02）［2025-03-10］. https://www.hangzhou.gov.cn/art/2022/8/2/art_1229505913_4075048.html.

势，提前布局，也是杭州保持战略灵活性的重要手段之一。

为了实现战略的持续优化，杭州不断强化其数据驱动的政策制定流程。一方面，通过对已有政策执行效果进行细致评估，如教育评价数字化转型中的实践所示，可以拓宽管理评审内容、改革绩效考核机制、创新审核评估方式。[①]

另一方面，杭州积极采纳公众意见和社会反馈，比如在制定关于高标准建设"中国数谷"的实施意见时，广泛征求社会各界的意见，并根据反馈进行了相应的修改和完善。[②] 此外，杭州还致力于推动数据产业的发展，通过建立健全数据基础设施和制度框架，促进数据安全高效流通利用。这些举措不仅提升了政策的科学性和针对性，也增强了社会各界对政府决策的信任和支持，从而为长期战略的成功实施奠定了坚实的基础。

综上所述，杭州通过一系列精心设计的数据反馈和政策评估机制，成功地推动治理体系从"经验驱动"转向"证据驱动"。这种机制使杭州在数字经济时代形成独特的制度竞争优势——既能通过高频数据捕捉市场脉动实现战略敏捷性，又能促进政策的持续优化和发展目标的稳步实现。

---

① 吴龙凯，宋琰玉，赵笃庆，等.教育评价数字化转型的价值意蕴、现实隐忧与实践进路［J］.中国考试，2024（11）：30-37.
② 杭州市数据资源管理局.《杭州市关于高标准建设"中国数谷"促进数据要素流通的实施意见》社会公开征求意见采集采纳情况［EB/OL］.（2024-06-04）［2025-03-10］.https://www.hangzhou.gov.cn/art/2024/6/4/art_1229498463_59098041.html.

四、小结：战略规划如何塑造杭州模式

通过分析 DeepSeek 的成功路径和对杭州市城市规划展览馆的回顾，可以发现杭州模式的成功在于其战略规划是长远规划、前瞻性部署和战略的高效执行（见图 1-6）。这种模式不仅依赖于政策的持续性和稳定性，还体现在对创新生态系统的精心构建上。通过推行长期主义，杭州确保了战略科技力量的发展得到充分的时间支持，同时鼓励企业和社会各界积极参与创新驱动发展的进程。政府在这一过程中扮演了重要角色，既作为规则制定者，也作为资源协调者，推动形成了一种多方协同的工作机制。此外，杭州模式还特别强调信息流通效率和多方协同合作等关键机制的运用，正是这些机制共同作用，促进了价值共识和制度共识的形成。特别是在数字化改革的大背景下，杭州利用先进的信息技术平台实现了高效的资源整合和高度的信息透明，使社会各界能够更好地进行沟通与协作，从而促进了政策共识的达成。通过高效协同创新生态系统的建立，以及信息效率和价值共识理论框架的应用，杭州不仅提升了自身的竞争力，也为其他城市提供了宝贵的实践经验。后文将在本章奠定的信息效率与价值共识理论框架的基础上展开，并对杭州模式背后的战略智慧与治理能力进行进一步的探索。

图 1-6 杭州模式

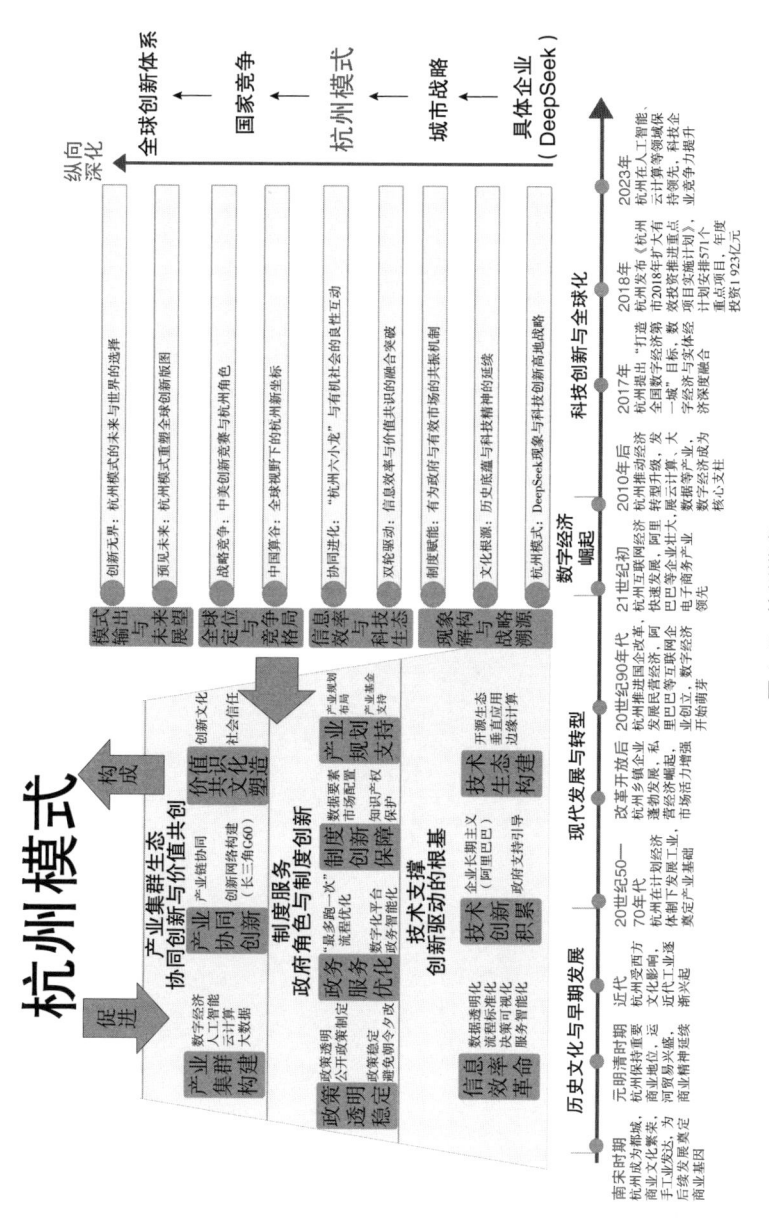

第一章 杭州模式：DeepSeek 现象与科技创新高地战略

第二章

文化根源

历史底蕴与科技精神的延续

"杭商精神"融合了南宋市井文化的商贸基因、运河贸易的开放特质，以及数字时代的创新精神，展现出了兼具务实理性与敢闯敢试的独特气质。这里的企业既注重稳健前行，也充满探索精神，在渐进式创新与突破性变革之间寻找最佳平衡。杭州地理区位优势显著，既承接上海的科技辐射，又依托浙江省扎实的制造业基础，并紧密融入长江经济带的市场网络，形成了良好的产业协同效应。文化上的包容开放使这座城市不断吸引各类人才和企业，让创新活力得以持续涌动。从"丝绸之府"到"数字之都"，杭州的历史演进与未来愿景交织共鸣，推动城市在时代变革中始终走在前沿。

　　杭州模式的崛起，根植于千年文脉的传承与地理区位的战略耦合。自南宋"工商皆本"的商贸基因，到浙东学派"义利并重"的价值共识，历史积淀为杭州注入了重积累、谋长远的商业理性。杭州还在区域协同中构建起"竹林效应"：以多元资本网络与创新要素的高效流动，支撑企业从初创到壮大的全周期成长。而"四千精神"淬炼的坚韧品格，"重积累、轻消费"的长期主义，则驱动阿里云"十年磨一剑"、宇树科技专注研发，形成技术深耕与市场信任的双向循环。

　　本章从历史传承的基因解码、地理区位的战略赋能、文化特质的生态塑造三重维度，揭示杭州如何以文化为纽带，将开放包容、自信进取的精神密码转化为创新生态的可持续动力，以此来逐步揭示文化在杭州模式中的深层作用。

一、历史传承与文化积淀的作用

在当今中国的城市版图中，杭州宛如一颗璀璨的明珠，闪耀着独特的光芒。它不仅是经济活力强劲的新一线城市，更是科技创新与互联网产业的前沿阵地，众多知名企业在此扎根，引领行业发展潮流。同时，杭州还以其秀美的西湖风光、深厚的文化底蕴，吸引着无数游客纷至沓来。

回溯历史，杭州的繁荣并非偶然。自南宋定都临安（今杭州），这座城市便开启了作为商业文化中心的辉煌篇章。当时的杭州，市井繁华、商贸云集，商业精神与创新意识在钱塘江畔生根发芽。历史不是过去，而是未来的影子。南宋时期的商业文化基因，深刻影响着现代杭州的发展轨迹。从古代的丝绸、茶叶贸易，到如今的电子商务、数字科技，创新的源泉往往藏在文化价值共识的根脉里。了解杭州商业文化的历史脉络及其所塑造的价值共识，不仅能让我们领略这座城市的独特魅力，更能为探寻其持续繁荣的秘诀提供关键线索。

（一）南宋以来的商业文化与创新精神

杭州崛起为南宋都城，既是地理禀赋的必然，也是历史机缘的选择。隋唐以降，杭州依托大运河的交通枢纽地位，成为南北经济交流的核心节点。吴越国时期，钱氏政权"保境安民"，扩建城郭、兴修水利，奠定了杭州"东南第一州"的基业。至北宋，杭州已是两浙路治所，人口逾 20 万户，商税居全国前列，经济实力远超江宁府（今南京）等传统大邑。靖康之变后，宋高宗南渡，建康（今南京）屡遭金兵威胁，而杭州凭借钱塘江天险与江南水网屏障，形成"进可据险而守，退可泛海而遁"的战略纵深。绍兴八年（1138 年），南宋正式定都临安（今杭州），不仅因其"苏湖熟，天下足"的农业基础，更因其"港口贸易之利"可支撑国库，且远离前线利于政权稳定。①这一决策既顺应了经济重心南移的历史趋势，也折射出南宋偏安江南的政治妥协。

南宋定都临安（今杭州）后，该城迅速崛起为具有全国影响力的经济中心。杭州人口由北宋末年的 29.6 万人激增至咸淳年间的 124 万人，城区常住人口逾百万人，规模冠绝全球（见

---

① 中国国家地理．明明有那么多选择，南宋为何把杭州作为"临安"？[EB/OL]．（2023-08-31）[2025-03-28]．https://news.qq.com/rain/a/20230831A06SGY00．

图 2-1）。手工业体系完备，丝织业"岁贡绢九万匹"，官营织坊规模庞大；雕版印刷业"监本刊于杭者，殆居大半"，技术标准领跑全国；海外贸易依托明州港（今宁波）与杭州港，瓷器、茶叶远销东亚及阿拉伯地区，市舶司岁入白银数百万两。城内商业突破坊市限制，御街两侧"百肆杂陈"，早市"四更即起"，夜市"歌管喧天"，形成了以瓦舍为代表的市民娱乐经济。金融创新亦随之兴起，纸币"会子"的发行标志着货币经济的成熟，契约雇佣制的普及推动工商业资本化。[①] 由此可以发现，杭州已经从区域中心发展成了全球贸易枢纽，这里是中外商业的交易之所、中外技术的融合之处、中外文化的交流之地，这里也由此造就了最好的工匠，蕴含着科技创新的巨大潜力。

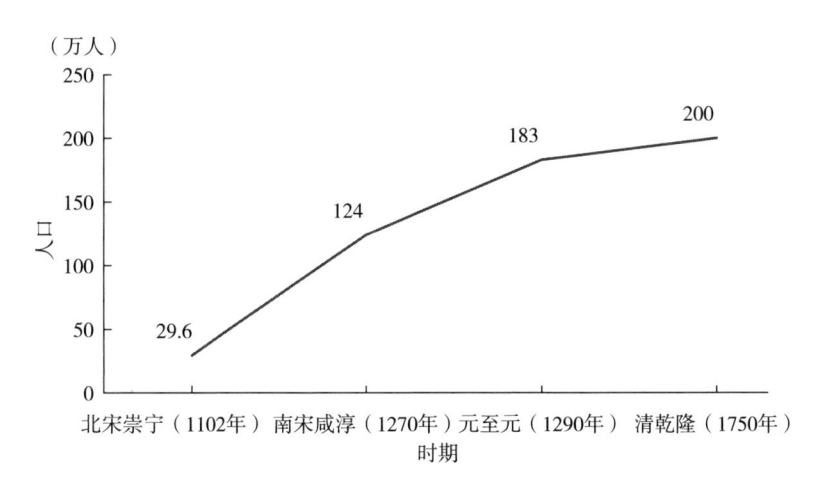

图 2-1 北宋至清朝时期杭州人口增长趋势

资料来源：杭州文史网。

---

① 林正秋.南宋时期杭州的经济和文化[J].历史研究，1979（12）：42-52.

杭州的开放基因与创新生态深深植根于其历史文脉中。作为南宋时期对外贸易的核心枢纽，市舶司的设立不仅构建起覆盖东亚与阿拉伯世界的商贸网络，更催生出"三街交织成流动的宋韵画卷，集市上人群熙攘"的市井文化盛景。这种商贸传统与市井活力，在今日演变为"古今交融的饕餮盛宴，既热闹又安心"的商业创新氛围，使杭州始终保持着对全球要素的敏锐触觉。

在文化教育层面，浙江属于中国东南文化区，其主体构成为"吴越文化"。但自石器时代始，此地区一直居住着"夷越"一族，文化属于尚武型的"夷越文化"。之后，这一地区的文化历史经历两次转型，最终成了儒家文化重地。

越文化的首次转型肇始于楚威王灭越，剧变于秦皇、汉武时期。在这一时期，越人沿海路向闽粤地区迁移，楚人与中原人先后进入越国，引发了居民人口结构的变化，越国文化的民族性也随之改变。值得关注的是，春秋末期越国大夫范蠡在辅佐越王勾践灭亡吴国之后，辗转至陶地（今山东定陶）经商致富，被称为"陶朱公"。自此，"陶朱遗风"也为越文化增添了以经商致富为荣的商业价值观。

第二次转型肇始于两宋之际的北人南迁浪潮。宋室南迁，杭州由此成了当时全国的文化中心、经济中心、政治中心。商业经济的繁荣促进了文化的发展，在浙江商业的不断发展下，浙江在南宋时期就出现了在"舍利取义、以农为本"的农耕社会中强调"义利并重、工商皆本"观念的温州"永嘉学派"和金华"永康学派"。①明清时期，浙江发展出了高度发达的农业和手工业文明，兴起了一大批商业市镇，因此成为民族工业和商业经济萌芽较早的省份之一。

新中国成立后，浙江省"一五"计划工业发展重点是为省内服务的地方工业，主要是增加日用工业品生产，重工业化程度有限，这也在一定程度上降低了浙江地方政府行政干预的程度。②"义利并重""工商皆本"的经商文化，"善事中国，保境安民"的行政风格，"经世致用"、重视实际的思想熏陶，再加上重工业有限、以民营企业为主的经济结构，也让浙江的地方政府形成了以服务为主的"店小二"传统，提倡有为政府。

此外，宋代科举制度通过"糊名""誊录"等制度革新，开创了"朝为田舍郎，暮登天子堂"的社会流动通道。这种"尊而贵"的人才选拔机制，孕育出"文人墨客会聚，丝竹声声勾勒临安风华"的文化盛况，更形成"天下文枢"南移的知识传播格局。而今杭州集聚浙江大学、西湖大学等学术殿堂，正是千年崇文传统的现代延续。

优越的地理位置和历史机遇，使杭州商业自南宋以来得到了重大发展，工商创业创新传统由此奠基；地区文化随着两次历史的转型和商贸发展，形成了"经世致用""义利并重""工商皆本"

---

① 温州市委宣传部.永嘉学派，温州的文化密码［EB/OL］.（2022-11-16）［2025-03-12］.http://www.wzxc.gov.cn/system/2022/11/16/014607904.shtml.
② 为什么说"一五"期间浙江努力靠地方投资发展了较多的地方工业？［EB/OL］.（2022-10-31）［2025-03-12］.https://www.zjds.org.cn/1000w/40096.jhtml.

的浙东事功学派；历史移民潮的发展改变了主体民族人群，形成了包容开放的文化氛围；新中国成立后以轻工业为主、重工业较少、民营经济为主体的经济结构，培养出了具有"店小二"精神的服务型有为政府。正是这些多元因素的综合，为杭州模式奠定了历史文化传统，为杭州注入了文化基因。因此，创新的源泉，往往藏在文化的根脉里。

笔者于 2025 年 2 月 21 日在浙江工业大学调研，浙江工业大学的一位老师表示："浙江的创业文化根植于深厚的历史背景，从早期的浙商精神到现代的互联网思维，这种文化传承为创业创新提供了持续的动力和精神支持。政府的包容性政策和高效服务为创业提供了良好的环境，使创业者能够更专注于核心业务，从而激发了创业群体的积极性和创造力。政府官员在推动服务型政府建设的过程中，秉持积极的价值导向和心态，注重创新和实效，致力于为市场主体创造良好的发展环境。"

（二）"重积累、轻消费"的文化特质与价值共识

杭州科技创新能取得长足进步和巨大的成就，与杭州"重积累、轻消费"的文化特质是分不开的，这就不得不从浙江人的"四千精神"讲起。这一精神对浙江人而言有着极为特别的意义，因为以"走遍千山万水、说尽千言万语、想尽千方百计、吃尽千辛万苦"为内涵的"四千精神"，不仅是一大批浙江民营企业家筚路蓝缕、艰苦创业的真实写照，还是浙江人民在艰苦生存条件

下被锤炼出的优秀品质的高度概括。

与华北地区和东北地区相比，浙江呈现出截然不同的自然禀赋特征。华北地区大部分耕地资源条件较好，气候资源适中，但水资源匮乏，生物多样性相对贫乏，矿产资源呈点状分布。东北地区则具备"水绕山环、沃野千里"的地貌特征，土质以黑土为主，是形成大经济区的自然基础；依托松辽平原和冲积平原的肥沃土壤，宜垦荒地储备充足，配合大小兴安岭、长白山脉的森林资源，共同构成综合性大农业基地的自然基础。

在这样的自然条件下，华北地区和东北地区的人可以凭借肥沃的土地收获丰厚的亩产量，利用广阔的耕地来扩大总产量。在这样优渥的自然环境里，人们更多会发展出小富即安、知足常乐的观念和行动逻辑。

而浙江则呈现出"七山一水二分田"的地貌特征，耕地极为有限，且土壤相对贫瘠。滨海地带生产条件的高度不稳定性和风险性，与广袤山区艰苦、封闭的生存环境相互作用，共同强化了宗族内部的凝聚力和认同感。在这种艰苦的生产生活环境中，浙江人形成了吃苦耐劳、精打细算、极为勤俭的坚韧品格。这种品格不仅体现在日常生活中，也深刻影响了浙江的商业文化和发展模式。

浙江的勤俭精神在现代商业发展中有着多方面的体现和深远的影响。

首先，浙江商人将节俭理念贯彻到企业的经营管理中，注重成本控制，精打细算，力求资源的高效利用。①这一理念在笔者的实地调研中就有明显的体现，当在宇树科技公司调研时，该公司的工作人员认为，虽然宇树科技的办公楼很破旧，接待的展示平台很狭小，但这是为了节省更多的精力与资源投入产品的研发当中，只有生产出最好的产品，将产品呈现给市场，才是一家科技创新企业该做的事情。

其次，浙江的勤俭精神激励着浙商不断创新，开发新的商业模式和产品，推动了浙江经济的快速发展。例如，阿里巴巴在创业初期，凭借勤俭务实的精神，不断创新电子商务模式，逐渐发展成为全球知名的互联网企业。2024年，浙江规模以上工业民营企业增加值比上年增长8.1%，对规模以上工业增加值增长的贡献率达79.4%，有出口实绩的民营企业首次突破10万家，出口增长10.0%。②此外，正泰集团创业40年来，坚持不懈地开展企业文化建设，使其成为发展巨变的活水之源。随着环境变化和产业升级，正泰通过着力于升级多层次企业文化体系、开发数字化文化管理平台、开展重点品牌文化活动、创新拓展文化传播载体等，共创共享，激发企业发展活力。

最后，浙江的勤俭精神也塑造了浙江的商业文化，成为浙

---

① 潘扬.提升杭州国家自主创新示范区发展能级的思路和建议［J］.杭州科技，2024，55（6）：18-22.
② 陈雷.浙江GDP突破9万亿元，比上年增长5.5%［EB/OL］.（2025-01-20）［2025-03-12］.https://zjnews.zjol.com.cn/yc/qmt/202501/t20250120_30782956.shtml.

商企业文化的重要组成部分，不仅影响了企业的价值观和行为准则，也增强了企业的凝聚力和竞争力。例如，瑞丰银行报送的《建设奋斗奔跑文化，打造百年金融老店》在全省选送的200多个企业文化案例中脱颖而出，获得浙江省企业文化优秀案例，为全省唯一入选的金融单位案例。此外，杭钢集团在数字化转型的过程中，通过将集团内各板块传统工艺与数字科技相结合、加快数字基础设施建设、主动将数字化思维和数字技术融入企业文化建设全过程等方式，充分发挥数字技术优势，增强企业文化建设的时效性、针对性、主动性，为企业高质量发展提供了坚强的思想保证、不竭的精神动力和有利的文化条件。

在品牌建设和长期发展方面，浙江商人注重产品的质量和品牌的建设，以良好的口碑赢得市场的认可和消费者的信赖，这使浙江的许多企业能够在全国乃至全球市场上占据一席之地。例如，胡庆余堂始终坚持诚信戒欺、注重品质，历经百年仍具有强大的市场影响力。此外，浙江的许多企业通过积极履行社会责任，提升品牌形象，增强市场竞争力。2024年，浙江规模以上工业中，装备制造业、高新技术产业、数字经济核心产业制造业、战略性新兴产业增加值分别比上年增长10.0%、8.3%、7.6%、7.5%（见图2-2）。① 新质产品供给增势强劲，服务机器人（93.8%）、笔记本计算机（49.5%）、新能源汽车（47.8%）、智能

---

① 浙江省统计局，国家统计局浙江调查总队.2024年浙江省国民经济和社会发展统计公报［EB/OL］.（2025-03-11）［2025-03-13］.http://zjzd.stats.gov.cn/zwgk/xxgkml/tjxx/tjgb/202503/t20250311_112495.html.

手机（36.9%）、集成电路（28.8%）等新产品产量快速增长。

类别	增长率
装备制造业	10.0%
高新技术产业	8.3%
数字经济核心产业制造业	7.6%
战略性新兴产业	7.5%

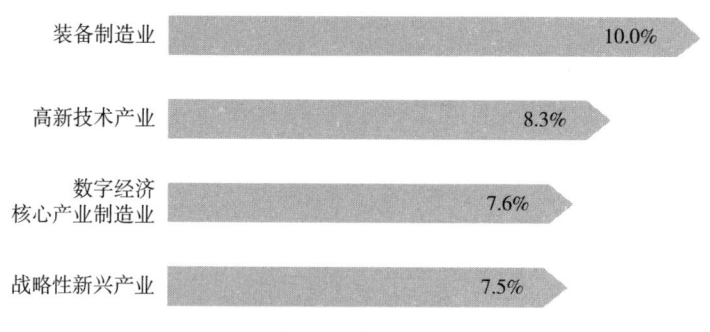

图 2-2　2024 年浙江规模以上工业增加值增长率

资料来源：《2024 年浙江省国民经济和社会发展统计公报》。

（三）长期主义指导下的企业战略

杭州科技企业阿里巴巴在云计算技术研发上堪称长期主义的典范。从早期布局云计算领域开始，阿里巴巴每年都投入大量资金用于技术研发团队的建设与基础研究。查阅阿里巴巴的战略文件可知，其在云计算研发投入上有着明确的长期规划，持续增加研发预算，不断引进顶尖技术人才。经过多年的持续投入与积累，阿里云从最初的默默无闻到如今在全球云服务市场占据重要地位，市场份额逐年攀升。这正是长期主义的生动写照。长期的技术研发投入积累，让阿里云在技术上实现了质的飞跃，为阿里巴巴在数字经济时代的持续发展提供了强大动力。

"包容十年不鸣，静待一鸣惊人。"科技成果的产业化离不开资本耐心地长期陪跑，"杭州六小龙"（见图 2-3）看似横空出世，其背后离不开风险资本、扶持资金、产业基金等不同类型资本的不断接力。截至 2024 年，"杭州六小龙"背后资本的平均持有时间达 5.7 年，远超行业 2.3 年的平均水平。正是这种资本的耐心和长期支持，使"杭州六小龙"能够在技术研发的道路上潜心耕耘，不断突破，实现从基础研究到应用创新的全面发展，让企业在科技创新的道路上走得更远、更稳。因此，这种长期主义并非缓慢，而是积累后的加速。

游戏科学	**游戏科学**代表作：《黑神话：悟空》。它被视作中国真正意义上的首款3A游戏（大预算、高质量的顶级游戏），上线首日同时在线人数便突破百万大关
宇树科技	**宇树科技**始终专注于消费级和行业级高性能通用足式/人形机器人及灵巧机械臂的研发、生产与销售
DeepSeek	**DeepSeek**是一家专注于开发先进大语言模型及相关技术的创新型科技企业
强脑科技	**强脑科技**是哈佛创新实验室孵化的首个由中国人主导的脑机接口行业潜力独角兽企业，也是全球脑机接口领域融资额度最大的两家公司之一
群核科技	**群核科技**是一家以GPU集群和人工智能技术为底座的空间智能企业
云深处科技	**云深处科技**的核心产品"绝影"系列机器人广泛应用于电站、工厂、管廊巡检以及应急救援、消防侦察等场景

图 2-3　杭州六小龙

资料来源：中国新闻网。

杭州资本生态所呈现出的共生特质，得益于由多元资本结构构建的资本网络，由此而产生的"竹林效应"，为企业从初创到上市提供了全周期的陪伴式支撑。杭州还组建了科创基金，聚焦"投早、投小、投科技"，同时组建创新基金专注于"投强、投大、投产业"。目前，两大千亿基金批复总规模已超1850亿元，撬动社会资本约1350亿元，累计投资金额725亿元，[①]宇树科技、强脑科技等都从中受益。红杉中国在注资DeepSeek时所签订的"十年不退出"条款，就展现了对企业长期发展的耐心陪伴与长期主义的战略眼光，这一长期研发投入也为企业提供了稳定的资金保障；高瓴资本对强脑科技的帮助也是长期主义的集中体现。通过搭建跨国专家智库，引入麻省理工学院媒体实验室的神经科学资源，高瓴资本不仅为强脑科技提供了资金支持，更在技术研发、人才培养和国际合作等方面提供了全方位的生态赋能，助力企业提升技术实力和国际影响力。这种对初创企业的长期投资，深刻体现了文化特质对企业战略眼光的影响，再次印证了"战略的深度，往往取决于文化的厚度"。

笔者于2025年2月20日在滨江区商务局调研，滨江区商务局相关负责人表示："市场最活跃的细胞是企业。江浙一带传统的重商和文化经营理念与今天的情况有密切关系。其实我觉得与其说是重商，不如说就是实事求是，就是你实实在在地创造价

[①] 杭州市国资委.两大千亿基金组建规模破两千亿：何以耐心资本，杭州资本这样做［EB/OL］.（2025-02-24）［2025-03-28］.http://gzw.hangzhou.gov.cn/art/2025/2/24/art_1689495_58902979.html.

值，无论是什么行动，是左还是右，是取还是舍，能促进真真正正的价值创造，杭州就走上了高质量发展这条路，不仅是在理念上认同，更是将它变成现实。过往总是说经济规模是多少，杭州现在不仅有了一定的规模，同时更通过创新实现了发展质量的飞跃。"

综上所述，杭州"重积累、轻消费"的商业文化特质，如同一条无形的纽带，贯穿于企业的技术路线与市场策略之中。企业在这一文化特质的影响下，坚持长期主义战略，在技术研发、市场拓展等方面稳扎稳打，实现了可持续发展。在未来的商业竞争中，杭州企业应继续珍视这一文化特质，不断深化长期主义战略，以应对日益复杂多变的市场环境，创造更加辉煌的商业成就。

二、地理区位与长三角一体化的战略价值

作为长三角南翼的重要中心城市，杭州高科技企业的飞速发展还得益于杭州优越的地理区位和便捷的交通网络，长三角一体化形成的创新效应对其进行的赋能作用也不容小觑。本节将深入探讨杭州如何借助其地理优势与区域创新网络，推动区域协同发展与资源整合，重点解析地理区位与政策协同在杭州模式中的战略价值，进而讲述信息流动与资源共享在创新生态中的重要作用。

（一）杭州的区位优势与产业协同

在探讨杭州是如何孕育出众多科技企业，形成独特的杭州模式时，地理区位与区域战略价值是不可忽视的关键因素。杭州所处的长三角地区，作为中国经济发展的重要引擎，为杭州的崛起提供了广阔的舞台。杭州在长三角城市群中独特的区位优势，以及在此基础上展开的区域协同与产业链整合，使其成为科技创新的战略高地，对杭州模式的形成起到了决定性作用。

"位置决定势能，协同决定动能。"杭州地处长三角南翼，地理位置具有显著的优越性。从空间布局来看，杭州与长三角核心城市上海、南京距离适中，形成了一个紧密联系又各有特色的经济三角。这种恰到好处的距离，使杭州既能充分承接上海作为国际经济、金融、贸易、航运中心的辐射带动作用，又能与南京的科教资源优势形成互补。

在交通网络方面，杭州拥有完备的交通体系，是长三角交通网络的重要节点。杭州萧山国际机场是中国重要的干线机场之一，航线覆盖国内外众多城市，2023年旅客吞吐量达到4 117.05万人次，货邮吞吐量为80.97万吨，有力地促进了人员、物资和信息的快速流动，加强了杭州与全球的联系。[①] 同时，杭州处于沪昆、杭甬等多条高铁干线的交会点，高铁网络的发达使杭州与

[①] 华经情报网. 2023年杭州萧山机场生产统计：旅客吞吐量、货邮吞吐量及飞机起降架次分析［EB/OL］.（2024-04-18）［2025-03-13］. https://www.huaon.com/channel/industrydata/978803.html.

长三角其他城市实现了"同城效应"。例如,杭州到上海乘坐高铁最快只需45分钟,到南京也仅需1.5小时左右,极大地缩短了城市间的时空距离,为区域协同发展提供了坚实的交通基础。

杭州还毗邻杭州湾,拥有丰富的港口资源。宁波—舟山港是全球货物吞吐量最大的港口,杭州通过内河航运与该港口紧密相连,形成了江海联运的优势,为杭州的对外贸易和产业发展提供了便利的物流通道。这种优越的交通区位,使杭州在长三角区域内的要素流通中占据了有利地位,为产业发展和区域协同创造了良好条件。

从政策层面来看,国家及地方政府出台的一系列促进区域协同发展的政策文件,为杭州发挥区位优势提供了有力保障。2018年,《中共中央 国务院关于建立更加有效的区域协调发展新机制的意见》发布,明确提出"建立以中心城市引领城市群发展、城市群带动区域发展新模式"。2019年,《长江三角洲区域一体化发展规划纲要》正式公布,将长三角一体化发展上升为国家战略,为杭州在长三角一体化进程中找准定位、发挥优势提供了政策依据。这些政策的出台,为杭州加强与长三角其他城市在产业、科技、人才等方面的合作提供了制度性保障,进一步凸显了杭州的区位优势。①

"区位优势,不在于地理,而在于协同。"在长三角一体化的

---

① 新华社.中共中央 国务院印发《长江三角洲区域一体化发展规划纲要》[EB/OL].(2019-12-01)[2025-03-12]. https://www.gov.cn/zhengce/2019-12/01/content_5457442.htm.

大背景下，杭州积极参与区域协同发展，通过与周边城市合作，实现了创新资源的聚集与共享。

在科技协同创新方面，杭州与长三角其他城市共同构建了区域创新网络。以上海张江综合性国家科学中心、合肥综合性国家科学中心为引领，长三角地区形成了多层次的科技创新平台体系。杭州凭借自身在数字经济、互联网技术等领域的优势，与上海在基础研究、应用研究方面展开合作，与合肥在量子信息、人工智能等前沿技术领域开展交流。例如，长三角G60科创走廊建设涵盖了上海、嘉兴、杭州、金华等9座城市，通过建立跨区域的科技创新合作机制，实现了政策的互联互通。[①]杭州在长三角G60科创走廊中发挥了重要的引领作用，推动了人工智能、生物医药、新能源等产业的协同创新。相关数据显示，相较2018年，2024年这9座城市的研发经费投入增幅高达83%，年均增幅约12.9%，远高于全国平均水平。[②]此外，长三角G60科创走廊在科技人才流动、专利输出等方面对长三角的支撑度约为40%，对全国的贡献度达12%，逐步展现出对标全球创新走廊的实力，有力地促进了区域创新资源的整合与共享，实现了区域经济优势互补、合作共赢。

---

① 解放日报.推进长三角G60科创走廊走深走实［EB/OL］.（2024-11-11）［2025-03-28］.https://hzjl.sh.gov.cn/n1315/20241111/90cf57d78c814cb99d719fda1860e0e0.html.

② 上海松江.创新集群、科创成效等指标增长显著!《2023年度长三角G60科创走廊协同创新指数》发布［EB/OL］.（2024-05-24）［2025-03-28］.https://m.thepaper.cn/newsDetail_forward_27499603.

在人才协同方面，杭州也得益于长三角一体化对人才的吸引力，凭借自身良好的产业基础和创新环境吸引了人才。相关数据显示，2015—2023年一体化示范区人才发展整体保持增长态势，资源总量实现了稳步增长，人才队伍结构不断优化，人才基础、人才水平和人才引领三个关键指标同步提升，年均增长率分别达到9.05%、7.95%和9.05%。[①] 同时，杭州的人才也在区域内广泛流动，为其他城市的发展提供了智力支持。例如，杭州的互联网企业与南京的高校、科研机构之间建立了紧密的人才合作关系，企业为高校学生提供实习和就业的机会，高校则为企业输送专业人才，并开展联合科研项目。这种人才的流动，促进了知识和技术的传播，提升了区域整体的创新能力。

在产业协同方面，杭州与长三角其他城市实现了优势互补。在制造业领域，杭州与苏州、无锡等城市在高端装备制造、电子信息等产业方面开展合作，共同打造具有全球竞争力的产业集群。例如，苏州在电子信息制造领域具有强大的产业基础，杭州在软件研发、互联网应用方面优势明显，两地企业通过合作，实现了硬件制造与软件开发的有机结合，提升了产品的附加值和市场竞争力。在服务业领域，杭州与上海在金融科技、现代物流等方面开展深度合作。上海作为国际金融中心，拥有丰富的金融资源和完善的金融体系，杭州的互联网企业利用自身的技术优势，

---

① 姚凯. 成果丨一体化示范区人才发展指数（2024）出炉，人才集聚力与经济支撑力双增长［EB/OL］.（2025-01-08）［2025-03-28］. https://fddi.fudan.edu.cn/_t2515/dd/40/c21257a712000/page.htm.

与上海的金融机构合作，推动了金融科技的创新发展，如支付宝与上海多家银行开展合作，推出了一系列创新金融产品和服务。

杭州在长三角一体化进程中，通过积极参与产业链整合，实现了产业升级与创新发展，进一步巩固了其在区域内的战略地位。

在数字经济产业链方面，杭州依托自身强大的互联网产业基础，成为长三角数字经济发展的核心引擎。以阿里巴巴为代表的互联网企业，构建了涵盖电子商务、金融科技、云计算、大数据等领域的完整数字经济产业链。在电子商务领域，杭州不仅拥有阿里巴巴旗下的淘宝、天猫等知名电商平台，还聚集了大量的电商服务企业，形成了完善的电商生态系统。在金融科技领域，杭州的互联网金融企业与上海的金融机构深度合作，推动了移动支付、数字货币等金融科技的创新应用。在云计算和大数据领域，阿里云作为全球领先的云计算服务提供商，为长三角乃至全国的企业提供了强大的计算和数据处理能力。杭州通过整合数字经济产业链，吸引了大量相关企业和人才集聚，形成了强大的产业集群效应，带动了区域内数字经济的快速发展。

在智能制造产业链方面，杭州与长三角其他城市协同发展，推动了制造业的智能化升级。杭州在智能装备制造、工业互联网等领域具有一定的优势，与宁波、嘉兴等城市在汽车制造、纺织机械等传统制造业领域开展合作，通过引入智能化技术和设备，提升了传统制造业的生产效率和产品质量。例如，杭州的中控技术在工业自动化控制领域处于国内领先地位，与宁波的汽车制造企业合作，为其生产线提供智能化控制系统，实现了生产过程的自动化和智能化。同时，杭州积极推动工业互联网平台建设，如supET 工业互联网平台，连接了长三角地区数万家企业，实现了企业间的资源共享和协同制造，促进了制造业产业链的优化升级。

杭州在长三角地区凭借独特的区位优势，通过积极参与区域协同发展和产业链整合，形成了独具特色的杭州模式，在区域经济发展中具有重要的战略价值。

从区域创新体系来看，杭州成为长三角创新发展的重要增长极。其在数字经济、互联网技术等领域的创新成果，不仅推动了自身产业的升级，还通过区域协同创新网络，辐射带动了长三角其他城市的发展。杭州的创新经验和模式为区域内其他城市提供了借鉴，促进了区域整体创新能力的提升。

从产业结构优化角度来看，杭州在产业链整合过程中，推动了传统产业的转型升级和新兴产业的发展壮大。杭州通过与长三角其他城市的产业协同，实现了资源的优化配置，提高了产业的整体竞争力。杭州在数字经济、智能制造、生物医药等领域的领先发展，为长三角地区产业结构的优化调整提供了方向和动力。

从城市发展战略来看，杭州模式为城市在区域一体化进程中的发展提供了成功范例。它表明，城市在区域发展中应充分发挥自身的区位优势，积极参与区域协同合作，通过产业链整合实现资源共享和优势互补，从而实现城市的可持续发展。

展望未来，随着长三角一体化进程的不断深入，杭州将迎来更多的发展机遇。在交通基础设施方面，随着通苏嘉甬高速铁路、沪乍杭铁路等项目的建设，杭州与长三角其他城市的联系将更加紧密，区位优势将进一步凸显。在科技创新方面，杭州将继续加强与长三角其他城市在人工智能、量子信息、生命科学等前沿领域的合作，打造具有全球影响力的科技创新高地。在产业发展方面，杭州将进一步深化产业链整合，推动数字经济与实体经济的深度融合，培育壮大新兴产业，提升产业的国际竞争力。2024年长三角GDP占全国比重情况如图2-4所示。

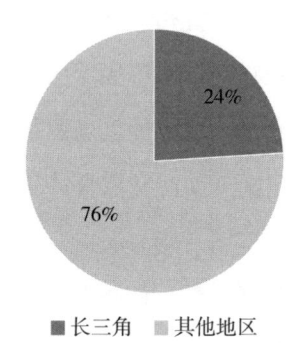

图2-4　2024年长三角GDP占全国比重

资料来源：国家统计局。

总之，杭州在长三角地区的区位优势以及在此基础上形成的区域协同发展和产业链整合模式，是杭州模式得以成功的关键因素。这种模式不仅为杭州的发展提供了巨大的动力，也为长三角地区的高质量发展做出了重要贡献，具有重要的战略价值和示范意义。在未来的发展中，杭州应继续发挥自身优势，积极应对挑战，不断完善杭州模式，为区域一体化发展和国家经济建设做出更大的贡献。

（二）区域创新网络的构建与增强

区域创新网络的效能生成机制植根于网络结构洞的填充效率与知识溢出的空间重构能力。长三角创新共同体中杭州模式的范式突破，本质上是区域创新系统理论中"结构洞占据者"向"创新极核"跃迁的典型案例：通过占据长三角城市群知识流动的结构洞位置，杭州构建了基于多维邻近性（地理、制度、认知）的创新要素耦合界面，形成以制度性集体行动框架与市场自组织机制协同演化的双螺旋结构。具体而言，其网络拓扑结构展现出显著的"小世界网络"特性——在保持与上海、苏州等核心节点强连接的同时，通过政策协同工具箱（如《三省一市共建长三角科技创新共同体行动方案（2022—2025年）》）构建制度性通道，使人力资本、技术专利等创新要素在超越行政区划的"流动空间"中实现帕累托改进。这种网络化创新范式突破传统梯度转移理论的线性逻辑，通过构建多尺度创新治理嵌套体系（区域—城市—产业集群），在知识生产函数中内生出空间外溢乘数效应，最终形成具有超边际收益递增特征的区域创新生态。

长三角地区的政策协同为区域创新网络的构建奠定了坚实基础。自2019年《长江三角洲区域一体化发展规划纲要》发布后，一系列促进区域协同创新的政策相继出台。例如，2021年由科技部与三省一市相关部门共同成立长三角科技创新共同体建设办公室，该办公室以高质量推进长三角科技创新共同体建设为目标展开各项工作,合力推进科技创新和产业创新跨区域协同。①长三角三省一市还建立了长三角科技创新共同体联合攻关合作机制,以跨区域"揭榜挂帅"等项目布局和组织方式,推动面向产业创新的科研任务、资金、管理跨区域联合、联通和联动,探索攻关实施路径。浙江省科技厅与上海、江苏、安徽的科技部门合作,每年共同出资设立专项资金,支持跨区域的科研合作项目。2022年以来,三省一市累计发布48项重点揭榜任务,全国揭榜单位数量超过380家,其中长三角占比85%,揭榜任务研发投入超过10亿元。②这些项目促进了杭州与其他城市科研团队的深度合作,加速了创新成果的产出。

在产业政策协同方面,长三角地区针对新兴产业制定了统一的发展规划。以新能源汽车产业为例,上海聚焦于新能源汽车的研发设计与核心零部件制造,苏州在汽车零部件的规模化生产方面具有优势,而杭州则凭借其数字经济的基础,致力于打造智能网联汽车的应用场景与车联网平台。德清作为杭州都市圈的重要组成部分,其"车路云网图"协同推进长三角车联网产业一体化合作发展的案例,成功入选2024年度浙江省推进长三角一体化发展典型案例。通过规划建设"车联智造"接沪融杭联苏皖平

---

① 关于印发《三省一市共建长三角科技创新共同体行动方案(2022—2025年)》的通知[EB/OL].(2022-09-07)[2025-03-13]. https://stcsm.sh.gov.cn/zwgk/ghjh/20220907/c2864fd07c2f46c7bd69d2b78ab0d62d.html.
② 加快区域一体化新探索 沪苏浙皖将继续项目化、清单式推进长三角一体化[EB/OL].(2024-12-04)[2025-03-13]. https://www.163.com/dy/article/JIJBUTR6053469RG.html.

台，德清已吸引了20余家长三角车联网企业入驻。[1]同时，德清紧盯标准互认与数据共享等战略性新兴产业，参与制定高精度定位导航服务长三角标准，已有3项标准上升为国家标准，7项被采纳为国际标准。[2]这种产业政策的协同，使杭州在新能源汽车产业链中找准了定位，实现了与其他城市的优势互补，促进了产业的集群式发展。

在人才政策协同方面，长三角地区努力打破人才流动的壁垒。沪苏浙相互承认人才资质，实施了人才共享计划。例如，沪苏浙根据《国家职业资格目录》自行开展的二级建造师、二级造价工程师、二级注册计量师和初级注册安全工程师等考试，将统一考试大纲、统一合格标准、统一证书样式，证书可在示范区任一省级主管部门作为注册、执业或聘任相应专业技术职务的依据。[3]已在沪苏浙取得上述职业资格证书，并在发放地注册的，可随所在企业经示范区属地省级主管部门备案后执业。[4]

---

[1] "聪明车"驶上"智慧路"德清汇集长三角超25%车联网企业［EB/OL］.（2025-02-26）［2025-03-13］. https://www.huzhou.gov.cn/art/2025/2/26/art_1229213487_59075112.html.

[2] 扈铭洁.我县推进长三角车联网产业并链共兴 贡献"金西翼"中的德清力量［EB/OL］.（2025-02-20）［2025-03-13］. https://dqnews.zjol.com.cn/dqnews/system/2025/02/20/034886924.shtml.

[3] 上观新闻.有一批考试大纲沪苏浙统一了［EB/OL］.（2020-09-22）［2025-03-13］. http://m.toutiao.com/group/6875195628180210184/?upstream_biz=doubao.

[4] 长三角一体化示范区专业技术人才资格互认［EB/OL］.（2020-11-16）［2025-03-13］. https://www.ndrc.gov.cn/xwdt/ztzl/cjsjyth1/xwzx/202011/t20201116_1250530_ext.html.

市场的力量在长三角区域创新网络中发挥着关键作用，推动了创新要素的自由流动。在技术市场方面，长三角技术交易市场互联互通成效显著。以上海技术交易所为核心，联合浙江、江苏、安徽的技术交易平台，构建了统一的技术交易网络。杭州的企业可以在这个网络平台上便捷地获取来自长三角各地的先进技术成果。

在资本市场方面，长三角地区形成了多层次的资本市场体系。上海证券交易所作为全国重要的证券交易场所，为长三角地区的企业提供了广阔的融资渠道。杭州的企业积极利用这一优势。同时，长三角地区的风险投资机构、私募股权投资机构等也加强了跨区域合作，助力高科技企业在前沿领域的研发与市场拓展。这种资本市场的互动，为杭州的创新企业提供了充足的资金保障，加速了创新成果的产业化进程。

在产业配套市场方面，长三角地区完善的产业配套体系促进了企业间的协同创新。杭州的电子信息产业与周边城市形成了紧密的产业配套关系。以智能手机制造为例，杭州的企业负责手机软件系统的开发与整机集成，而上海、苏州等地的企业则提供芯片、显示屏等关键零部件。这种产业配套的市场互动，使企业能够专注于自身的核心业务，提高了生产效率和产品质量。

"协同创新，是区域发展的新动能。"长三角区域创新网络对杭州的发展具有不可估量的战略价值。从创新能力提升来看，通过参与区域创新网络，杭州能够整合长三角地区的优质创新资源，弥补自身在基础研究、高端人才等方面的不足。例如，在与上海、合肥的科研合作中，杭州的企业和科研机构在量子信息、集成电路等前沿领域取得了一系列突破。以杭州未来科技城创新成果为例，2024年规模以上数字经济核心产业营收6 365.38亿元，增幅10.4%；新增国家高新技术企业379家；新增省级科技企业孵化器4家，新增数量全省第一；新增国家级专精特新"小巨人"企业18家，总数达67家；新增国家科学技术奖2个、省科学技术奖28个，创新能力得到了显著提升。[1]

从产业升级的角度来看，区域创新网络推动了杭州产业结构的优化调整。在与长三角其他城市的产业协同中，杭州的传统产业不断向高端化、智能化、绿色化方向发展。同时，新兴产业如数字经济、生物医药、新能源等迅速崛起，成为杭州经济发展的新引擎。相关数据也可以证实这一点，据统计，2024年杭州全市数字经济核心产业增加值已达6 305亿元，同比增长7.1%，占全市GDP比重达28.8%，[2]产业结构进一步优化。

从城市竞争力提升来看，区域创新网络增强了杭州在全球城市竞争中的地位。杭州凭借在区域创新网络中的优势，吸引了众多国际企业和高端人才入驻。例如，微软、谷歌等国际科技巨头在杭州设立了研发中心，与杭州的企业和科研机构开展合作。这

---

[1] 杭州日报.杭州未来科技城：向着创新发展高峰再攀登［EB/OL］.（2025-01-17）［2025-03-28］.https://www.hangzhou.gov.cn/art/2025/1/17/art_812262_59108696.html.

[2] 杭州市统计局.2024年全市数字经济核心产业增加值增长7.1%［EB/OL］.（2025-02-21）［2025-03-28］.https://www.hangzhou.gov.cn/art/2025/2/21/art_1229063407_4333442.html.

使杭州在全球科技创新版图中的影响力不断扩大，城市竞争力得到显著提升。

综上所述，长三角区域创新网络通过政策协同与市场互动，为杭州的发展提供了强大的支撑。在未来的发展中，杭州应继续深化与长三角其他城市的合作，充分发挥区域创新网络的优势，不断完善杭州模式，在区域一体化发展和全球城市竞争中取得更大的成就。

（三）长三角一体化下的创新资源共享

在当今经济全球化与区域一体化的大背景下，长三角地区作为中国经济发展的重要引擎，其一体化进程备受瞩目。作为长三角区域的核心城市之一，杭州近年来凭借独特的模式，孕育出了如"杭州六小龙"等众多科技企业，在科技创新领域成绩斐然。而这背后，长三角一体化政策通过资源共享与创新要素的流动，为杭州在科技创新上进行区域整合与协同发展提供了强大动力。

自2019年《长江三角洲区域一体化发展规划纲要》正式发布，长三角一体化上升为国家战略，一系列配套政策相继出台。例如，在科技创新政策方面，明确提出加强区域创新体系建设，推动科技资源开放共享，促进创新要素自由流动。这一政策导向为杭州在整合区域创新资源、提升科技创新能力上指明了方向。

共享不是分"蛋糕"，而是做大"蛋糕"。在长三角一体化政策的推动下，区域内创新资源共享成效显著，为杭州科技创新发展提供了有力支撑。长三角地区高校和科研机构众多，人才资源丰富，通过一体化政策，建立了人才互认机制和人才交流平台。杭州借助这一人才流动趋势，吸引了大量来自上海、南京等城市的高端人才，充实了本地科技企业和科研机构的人才队伍。例如，杭州安脉盛智能技术公司就是由杭州市政府从上海引进的一支会聚了高通、谷歌、特斯拉等企业拥有15年以上经验的工程师人才队伍组建的，杭州通过耐心孵化和精心培育，在该公司发展的各个阶段提供力所能及的最大帮助，最终使其成为相关领域的顶级企业。安脉盛智能技术公司也不负众望，该公司研发的高科技产品极大提升了新能源、高端装备和流程工业领域企业的生产效率，使杭州众多相关企业受益，市场竞争力显著增强。

长三角地区拥有众多国家级科研设施和创新平台，如上海张江综合性国家科学中心、合肥综合性国家科学中心等。通过政策引导，这些科研设施和平台向区域内开放共享。杭州的科研人员可以通过线上预约等方式，使用位于上海的先进科研设备进行实验。同时，长三角地区还建立了区域科技资源共享服务平台，整合了各类科研仪器、科技文献、实验试剂等资源信息。杭州的企业和科研机构能够便捷地获取这些资源，降低了研发成本，提高了创新效率。例如，杭州银行于2012年推出了"医疗贷"贷款产品，专门为医疗器械和医药行业的企业提供融资服务。

在数字化时代，科技信息和数据成为重要的创新资源。长三角一体化政策推动了区域内科技信息与数据的共享。各地科技部门、高校、科研机构以及企业之间加强了信息交流与合作，建立了科技成果转化信息共享平台，实时发布长三角地区的最新科技成果、技术需求等信息。杭州的企业可以通过该平台，快速了解区域内的科技动态，寻找合适的技术进行引进与合作。此外，在数据共享方面，长三角地区部分城市开展了数据开放合作试点，为杭州的数字经济企业提供了丰富的数据资源，促进了大数据、人工智能等领域的创新发展。

要素流动的速度，决定了区域发展的高度。长三角一体化政策促进了创新要素在区域内的高效流动，为杭州科技创新注入了强大活力。

技术是科技创新的关键要素。长三角地区建立了完善的技术交易市场和技术转移服务体系。据统计，截至2024年3月，长三角地区上市企业对区域内异地投资企业数达5 738家，其中，上海对苏、浙、皖投资企业数达1 856家，上海接受苏、浙、皖投资企业数为1 889家，是长三角上市企业产业链协同的首选地。[①] 同时，长三角三省一市投资机构投资区域内企业数达8 448家，其中，上海对苏、浙、皖投资企业数达4 325家，上海接受苏、浙、皖投资企业数为2 522家，分别占三省一市投资机构投

---

① 上海市科学学研究所. 上海市科学学研究所联合三家智库机构共同发布"2024长三角区域协同创新指数"[EB/OL].（2024-06-14）[2025-03-28]. https://www.siss.sh.cn/c/2024-06-14/648269.shtml.

资区域内企业数的 51.20% 和 29.85%。[①] 这也体现了长三角一体化的要素市场建设成效初显。

科技创新离不开资金支持。长三角一体化政策促进了区域内资本市场的互联互通。上海作为国际金融中心，拥有丰富的金融资源。通过政策引导，大量金融资本流向杭州的科技创新领域。风险投资机构、私募股权投资机构等在长三角地区的跨区域投资活动日益频繁。同时，长三角地区是国内创业投资最活跃的区域，2022 年在该地区投资的项目占比达 45.5%，显著高于珠三角地区（15.2%）、京津冀地区（8.6%）。其中，江苏、上海和浙江获区域内投资机构异地投资企业数最多，是促进创投资本要素流动的主要地区。这一创投力量也为杭州的一些重大科技创新项目提供了资金保障。

创新知识和理念的传播对于科技创新至关重要。长三角地区通过举办各类学术交流会议、科技论坛、创新创业大赛等活动，促进了知识与理念的流动。杭州积极参与这些活动，与长三角其他城市的科研人员、企业家等进行深入交流。例如，2011—2022 年，长三角专利转移数量从 358 件增加至 35 504 件，增长幅度达近百倍。同时，杭州在互联网经济、数字经济等领域的创新理念，也通过这些活动向长三角其他城市传播，带动了区域内整体创新氛围的提升。

[①] 江庆龄.《长三角区域协同创新指数 2024》出炉［EB/OL］.（2024-06-06）［2025-03-28］.https://news.sciencenet.cn/htmlnews/2024/6/524035.shtm.

在长三角一体化政策的推动下,杭州积极参与区域整合与协同发展,在科技创新方面取得了显著成效。长三角 G60 科创走廊作为长三角一体化发展的重要创新平台,涵盖了上海、嘉兴、杭州、金华等 9 座城市。[①] 杭州在 G60 科创走廊中发挥了重要的引领作用。在产业协同创新方面,杭州与其他城市共同打造了多个产业集群。例如,在人工智能产业领域,杭州依托自身在互联网、大数据等方面的优势,与上海、合肥等地在人工智能基础研究、应用开发等环节开展合作。杭州的企业与上海的高校、科研机构合作,共同攻克人工智能算法、芯片等关键技术难题,与合肥的企业在人工智能硬件制造方面进行协同发展,形成了完整的人工智能产业链。2019—2023 年,上海、杭州和苏州是长三角较为典型的技术枢纽型城市,技术转移活动活跃;杭州的专利输出远远高于专利输入,是重要的技术源泉型城市,在创新资源共享方面,与其他城市共享科研设施、科技人才等资源,提升了区域整体创新能力。

杭州与周边城市在科技创新方面开展了广泛而深入的合作。以杭州与嘉兴为例,两地在数字经济、生物医药等领域合作紧密。嘉兴紧邻杭州,地理位置优越。杭州的数字经济企业利用嘉兴的土地、劳动力等资源优势,在嘉兴设立生产基地或研发中心。此外,杭州与上海在科技创新合作上也成果丰硕。上海在基

[①] 解放日报. 推进长三角 G60 科创走廊走深走实[EB/OL].(2024-11-11)[2025-03-28]. https://hzjl.sh.gov.cn/n1315/20241111/90cf57d78c814cb99d719fda1860e0e0.html.

础研究、高端人才等方面具有优势，杭州在应用创新、市场转化等方面表现突出。两地在人工智能、生物医药、新能源汽车等领域开展了多项合作，推动了科技创新成果的快速转化和产业化。

长三角一体化政策通过资源共享与创新要素的流动，为杭州在科技创新上进行区域整合与协同发展提供了强大动力。杭州在这一过程中，充分利用政策机遇，积极参与区域合作，实现了科技创新能力的快速提升。未来，随着长三角一体化进程的不断深入，杭州应继续加强与长三角其他城市的合作，进一步优化资源配置，促进创新要素的高效流动，不断完善杭州模式，在科技创新领域取得更大的成就，为长三角地区高质量发展做出更大贡献。

三、包容、自信、进取的文化特质

从古至今，杭州以其开放包容的姿态迎接四方来客，吸收各种文化元素，形成了多元融合的文化氛围。这种包容性为创新提供了肥沃的土壤，吸引了大量人才和资源的集聚。同时，杭州还通过开放创新，在科技、经济等领域取得了显著成就；通过信息流动，杭州实现了知识、技术的快速传播与共享；通过价值共识的塑造，杭州凝聚了社会各界的力量，共同推动社会的进步。本节将深入解析杭州的包容、自信、进取三大文化特质，探讨这些文化特质在杭州模式中的支撑作用，以及这些特质是如何通过开放创新、信息流动与价值共识的塑造，推动杭州企业创新生态的可持续发展的。

（一）包容性文化与开放创新

杭州的包容性文化源远流长。南宋时期，杭州作为都城，接纳了来自全国各地的人口，不同的文化、风俗、技艺在这里交融碰撞，形成了独特的市井文化。商业蓬勃发展，对外交往频繁，不仅促进了经济的繁荣，更培育了杭州开放包容的城市基因。吴越国时期，"保境安民"政策推动了水利建设与海外交往，进一步强化了这种包容特质，使其成为杭州文化的重要组成部分。

在现代社会，杭州的包容性文化体现在城市生活的方方面面。从城市建设来看，杭州积极打造多元融合的城市空间，既有现代化的高楼大厦，也保留了众多历史文化街区，如河坊街、南宋御街等，现代与传统在这里和谐共生。在公共服务方面，杭州致力于为各类人群提供平等的服务和机会，无论是本地居民还是外来务工人员、创业者，都能享受到便捷的医疗、教育、交通等公共资源。在文化活动上，杭州举办的各类国际文化节、艺术展览、科技峰会等，吸引了来自世界各地的参与者，拥有不同文化背景的人在这里交流思想、分享经验，共同推动文化繁荣发展。

包容的城市，才能孕育多元的创新。[1] 这种包容性文化为杭

---

[1] 黄宝荣.民营经济高质量发展促进共同富裕的现实进路——以浙江杭州为例［J］.湖北经济学院学报（人文社会科学版），2024，21（11）：55-60.

州的创新发展奠定了坚实的基础。它打破了地域、文化、行业的界限，让各种创新要素能够自由流动、相互融合，为开放创新提供了肥沃的土壤。

　　杭州通过一系列极具吸引力的人才政策，积极构建开放创新的环境，吸引全球人才会聚于此。在人才补贴方面，针对不同层次的人才给予不同程度的支持。例如，给来杭工作的全球本科及以上学历应届毕业生（含毕业5年内的回国留学人员、外国人才）发放生活补贴，其中本科1万元、硕士3万元、博士10万元，毕业时间在2021年10月14日（含）之前的博士，补贴标准仍为5万元，且自2021年10月15日（含）起，生活补贴分两次发放，每次按50%的额度发放，这一政策大大减轻了应届毕业生初入职场的经济压力，吸引他们投身杭州的发展建设。对于高层次人才，补贴力度更为可观。[①]A类人才实行"一人一议"，给予最高800万元购房补贴，购房补贴一次性全额发放，B、C、D类人才分别给予200万元、150万元、100万元的购房补贴，分两年发放。[②]部分区域针对E类高层次人才也推出了购房补贴政策，如2024年11月20日至12月31日，西湖区对符合条件

[①] 杭州市人民政府.杭向未来·大学生创新创业三年行动计划（2023—2025年）［EB/OL］.（2024-08-17）［2025-03-29］.https://edu.hangzhou.gov.cn/art/2024/8/17/art_1229595607_58942741.html.

[②] 临安人社.杭州高层次人才购房补贴标准［EB/OL］.（2025-02-18）［2025-03-29］.https://hz.bendibao.com/live/2022323/116175.shtm.

的E类高层次人才购买新建商品住宅给予15万元购房补贴。①此外，E类人才还可享受每月2 500元租房补贴，可领5年，补贴15万元，高层次人才职工家庭贷款额度可按家庭申请贷款时计算的可贷额度合计数上浮50%确定，等等。②

在购房优惠上，杭州为人才提供了诸多便利。除了上述购房补贴外，人才在购房时还能享受优先摇号等政策，摇号时可按不高于20%的比例优先供应，③这增加了人才购房的机会，让他们更安心地扎根杭州。在子女入学方面，杭州也充分考虑到人才的需求。人才的子女按照相对就近等原则，统筹安排入学，部分区域还提供最高2万元/年的子女义务教育补贴。④例如，杭州市级F类人才的中国籍子女，要求入（转）义务教育阶段学校（幼儿园），由父母工作所在地或户籍所在地（无当地户籍的为实际居住地）的区、县（市）教育行政部门按照相对就近原则安排；要求转入或报考杭州市各类高中，具有与本市居民子女同等资

---

① 杭州网．西湖区发布关于新建商品房购房补贴政策的通知［EB/OL］．（2024-11-20）［2025-03-29］．https://hznews.hangzhou.com.cn/chengshi/content/2024-11/20/content_8815913.htm.
② 浙江省经营管理职业技术培训中心．2025年杭州E类人才申请条件及福利待遇详解［EB/OL］．（2025-01-18）［2025-03-29］．https://www.zmtc.org.cn/newsinfo/7974138.html.
③ 杭州楼市．杭州累计认定高层次人才1.94万人 其中688位人才享受了优先摇号买房［EB/OL］．（2020-08-20）［2025-03-29］．https://house.hangzhou.com.cn/lsxw/gnyw/content/2020-08/20/content_7796247.html.
④ 浙江省经营管理职业技术培训中心．2025年杭州E类人才申请条件及福利待遇详解［EB/OL］．（2025-01-18）［2025-03-29］．https://www.zmtc.org.cn/newsinfo/7974138.html.

格。[1]这些政策解决了人才的后顾之忧，让他们能够全身心地投入创新工作中。

这些人才政策的实施，取得了显著的成效。相关数据显示，近年来杭州人才流入量持续增长，仅2024年1—11月，杭州就新引进35周岁以下大学生38万人，连续3年位居全球百强科技集群城市，排名第14位，连续14年入选"外籍人才眼中最具吸引力的中国城市"。[2]

这些人才来自世界各地，涵盖了信息技术、生物医药、新能源、新材料等多个领域，为杭州的创新发展注入了强大的智力支持。他们带来了不同的思维方式、技术和经验，在杭州这片开放的土地上相互交流、融合，激发了创新的火花。例如，在杭州的人工智能产业中，来自国内外高校和科研机构的人才会聚一堂，共同推动了人工智能技术在图像识别、自然语言处理、智能机器人等领域的创新应用，使杭州在人工智能领域处于国内领先地位，部分技术达到国际先进水平。

杭州积极实施多元化人才策略，广泛吸引全球人才，并大力引进各类创新项目，有力地推动了信息流动与技术扩散。在国际合作方面，杭州与西希腊大区的合作堪称典范。2024年9月25日，在首届"世界市长对话·杭州"暨第九届杭州国际友城市

---

[1] 杭州经信局. 杭州市级F类人才认定（认定条件＋政策内容）[EB/OL]. (2025-02-08)[2025-03-29]. https://hz.bendibao.com/live/2023321/142912.shtm.
[2] 杭州网. 2024年，杭州成绩单[EB/OL]. (2024-12-28)[2025-03-29]. https://hznews.hangzhou.com.cn/chengshi/content/2024-12/28/content_8832715.htm.

长论坛开幕式上，杭州与西希腊大区签署了《中欧区域政策合作机制杭州市 – 西希腊大区合作备忘录》，开启了双方合作的新篇章。① 此次合作聚焦跨境电商、文旅体育、可持续发展等领域，开展互访、试点项目、教育培训、投资创业等多方面的交流与合作。

凭此优势，2024年5月，中国（杭州）跨境电子商务综合试验区与西希腊大区等欧洲案例城市成功召开线上工作会议，就提供中小企业电子商务教育和培训服务探讨潜在合作机会。杭州的浙江工商大学中国（杭州）跨境电商学院计划从跨境教育出海、中国制造出海、电商服务出海、创新技术出海、中国文化出海等方面与欧盟城市展开合作，涵盖跨境及相关教育资源输出，跨境电商及相关人才培养合作共建，企业、政府定制班、专题班短期培训等。浙江金融职业学院依托阿里巴巴数字贸易学院等产业二级学院开展创新"双元制"教育，已培训了超过1万名国际贸易和跨境电子商务人才，可在传统外贸转型跨境电商培训等方面提供支持。通过这些合作，杭州与西希腊大区实现了人才的交流与互动，不同地区的电商理念、技术和经验在这里集聚，促进了跨境电商领域的信息流动与技术扩散，推动了双方跨境电商产业的发展。

---

① 杭州市发展和改革委员会. 合作备忘录成功签署！杭州与西希腊大区合作迈上新台阶［EB/OL］.（2024-09-26）［2025-02-28］. https://drc.hangzhou.gov.cn/art/2024/9/26/art_1568700_58908324.html.

通过这些合作案例可以发现，包容性文化与开放创新，为杭州不同领域的创新发展带来了新的机遇。通过吸引全球人才和引进优质项目，杭州汇聚了丰富的创新资源，促进了信息的快速流动和技术的广泛扩散，而且在各个领域能够不断吸收先进经验，实现创新突破，从而进一步提升创新能力和国际竞争力。

（二）自信与进取：文化特质与企业精神

在当今全球科技竞争的格局中，杭州的高科技企业异军突起，形成了独特的杭州模式。这一模式成功的背后，自信与进取的文化特质发挥着至关重要的作用，它们通过企业家的长期主义与技术创新，有力地推动了市场扩展与产业升级，同时在构建创新生态中也扮演着核心角色。

自信不是盲目，而是积累后的笃定。杭州高科技企业在初创阶段，面临着诸多不确定性，市场信任的建立尤为艰难。而自信与进取的文化特质，成为企业突破困境的关键。杭州科技企业的长期主义并非简单的时间累积，而是建立在对技术演进规律的深刻认知之上。DeepSeek 的成长轨迹极具代表性，创始人梁文锋依托浙江大学人工智能实验室的积累，历经 10 年持续投入大模型研发，最终推出训练成本仅为 GPT-4o（美国人工智能研究公司 OpenAI 为聊天机器人 ChatGPT 发布的语言模型）1/10 的 DeepSeek-V3 模型。这种"板凳甘坐十年冷"的定力，与杭州市政府"8+4"经济政策形成共振，即统筹 15% 产业资金投向新质生产力，集中投向优质新质生产力，加大对通用人工智能、人形机器人等未来产业的支持。①

这种长期主义的制度设计催生出独特的技术转化模式。在城西科创大走廊，2024年该区域技术交易成绩斐然，形成了"1家国家实验室+3家国家实验室基地+17家全国重点实验室+5家省实验室"的高能级科创平台体系。②强脑科技的脑机接口技术从实验室走向2024年杭州亚残运会火炬台，正是这种生态协同的产物，其智能仿生手产品在开幕式惊艳亮相的背后，是政府搭建的"临床验证特区"与"医疗器械创新服务综合体"的联合支撑。

杭州企业的市场扩展策略呈现出"技术筑基—生态共建—标准输出"的进阶特征。游戏科学耗时7年打造的《黑神话：悟空》，在技术层面突破虚幻引擎5的本地化适配难题，在文化层面实现东方美学与3A游戏标准的融合，最终斩获2024年TGA（游戏奖）两项大奖，③推动中国游戏产业从"代工生产"转向"标准制定"。这种突破印证了管理学家熊彼特"创造性破坏"理

---

① 都市快报. 希望培育更多"杭州六小龙" 杭州发布新一轮"8+4"经济政策［EB/OL］.（2025-02-11）［2025-03-29］. https://www.hzzx.gov.cn/cshz/content/2025-02/11/content_8857776.htm.

② 杭州日报. 城西科创大走廊以产促城 加速打造城西科创中心［EB/OL］.（2024-12-23）［2025-03-29］. https://www.hangzhou.gov.cn/art/2024/12/23/art_812262_59106846.html.

③ 南方都市报. 扬威"游戏界奥斯卡"！《黑神话：悟空》获TGA两项大奖［EB/OL］.（2024-12-13）［2025-03-29］. https://news.qq.com/rain/a/20241213A066Y500.

论在数字时代的适用性——杭州企业正通过技术创新打破既有产业边界。

在硬科技领域，云深处科技的"绝影 X30"机器人已进入新加坡电力隧道巡检市场，其多模态感知系统攻克了复杂环境下的自主导航难题。[①]值得关注的是，该企业选择将核心算法开源，与全球开发者共建"机器人+AI"生态，这种"技术共享换取生态主导权"的策略，使杭州企业在人形机器人领域建立起先发优势。

2024 年杭州数字经济核心产业增加值达 6 305 亿元，比上年增长 7.1%，占全市 GDP 比重为 28.8%，其中智能物联、高端装备营业收入分别增长 3.8%、0.4%。[②]这种"量质齐升"的背后，是文化特质与长期主义积累下共同塑造的创新生态系统在发挥作用。因此，进取的本质不是冒进，而是持续的积累与突破。

（三）文化特质与信息流动的高效性

"文化的力量，在于润物细无声。"这句话在杭州这座千年古城向全球创新高地蜕变的过程中，得到了深刻印证。作为中国数

[①] 云深处科技. 云深处隧道巡检机器狗首度交付新加坡电网［EB/OL］.（2024-12-17）［2025-03-29］. https://www.deeprobotics.cn/robot/index/article/id/265.html.

[②] 杭州市统计局. 2024 年杭州市国民经济和社会发展统计公报［EB/OL］.（2025-03-20）［2025-03-29］. https://tjj.hangzhou.gov.cn/art/2025/3/20/art_1229279682_4338665.html.

字经济的策源地，杭州不仅以"六小龙"等科技企业闻名，更以开放包容、相互信任、相互合作的文化特质，构建了"企业－政府－高校"信息高效流动的生态网络。这种文化基因不仅塑造了独特的杭州模式，更成为推动区域科技创新与社会信任互促共生的底层逻辑。

杭州的开放包容文化，首先体现在资源要素的无壁垒流通上。从南宋"百业辐辏"的商贸传统，到数字经济时代的"数联全球"，杭州始终以开放姿态打破地域、行业和主体的边界。例如，杭州高新区（滨江）公共研发服务平台通过整合政府、企业与科研机构的资源，构建了覆盖技术研发、成果转化、设施共享的全链条服务体系。海康威视与上高创（上海南部高质量创新创业功能性支撑平台）杭州基地的合作，正是基于这种开放生态：政府搭建平台，企业共享技术资源，高校提供智力支持，三方以"信息零时差"实现了机器人、智能制造等领域的快速突破。案例只是缩影，宏观数据的展现则更能体现信息高效流动的磅礴力量。数据显示，2023 年杭州技术交易市场活跃，交易金额高速增长，其中技术输出金额达 1 076 亿元，年增速 65.6%；技术吸纳金额 1 084 亿元，年增速 36.1%。①

笔者于 2025 年 2 月 21 日在杭州进行调研时，相关工作人员在采访中表示："浙江干部在工作中具有高效执行力和强烈的共

---

① 杭州网．2023 年杭州技术交易总额破 1 500 亿 杭企担当"主力军"［EB/OL］．（2024-02-07）［2025-03-29］．https://hznews.hangzhou.com.cn/jingji/content/2024-02/07/content_8686520.htm.

识文化，这种高效执行的背后，是浙江干部对于共同价值观和共识的认同，这使他们能够在工作中形成一致的行动，达到组织利益最大化。例如，地方干部经常到企业食堂吃饭，与企业人员交流，这种互动不仅增进了干部对企业实际情况的了解，也体现了干部与企业之间的紧密联系和相互支持。再如，浙江干部雷厉风行的工作作风，不仅体现在对上级指示的迅速响应上，也体现在对地方事务的积极主动处理上。这种高效执行力和文化共识，为浙江的地方发展提供了强大的动力和保障。"

这种高效协同的背后，是信任文化的深层支撑。"信息的流速，取决于文化的包容度。"杭州市政府通过"最多跑一次"政务改革，对企业服务事项办理效率提升明显，而余杭区打造的"人才共富协同体"，更将人才互认、奖补协同、统计互通制度化，使跨区域创新要素能够无摩擦流动。[1] 信任机制的建立，让企业敢于开放核心数据，高校愿意共享前沿成果，政府能够精准匹配政策资源，形成"热带雨林"式的创新生态。

杭州的这种社会信任文化并非偶然，而是历史基因与制度设计共同作用的结果。从明清"无杭不成市"的商贾精神，到改革开放后冯根生、宗庆后等企业家群体的崛起，重商文化与契约精神早已融入城市血脉。这种文化共识在数字经济时代进一步升华：政府以"需求响应型"政策供给取代传统管理思维，例如为

---

[1] 浙江组织工作网. 杭州市余杭区打造人才共富协同体［EB/OL］.（2023-07-19）［2025-03-13］. https://www.zjzzgz.gov.cn/art/2023/7/19/art_1405247_58891701.html.

航天科技集团杭州中心提供 10 年周期的资金支持，展现出对长周期技术研发的信任；企业则通过开源协作反哺生态，如智谱 AI 将 GLM（预训练语言模型）适配 40 余种国产芯片，推动行业技术标准的共建共享。正如笔者于 2025 年 2 月 20 日在滨江区商务局学习交流期间相关负责人在采访中提出的："服务型政府，已经成了杭州文化中的一部分，坚持可持续发展的路线已经深入人心，就算官员的任期有限，这种文化共识也不会因为官员的调动而受到影响。"

在云栖小镇，这种信任已经转化为实实在在的产业动能。航天科技集团的卫星产线与阿里巴巴的代码洪流共享同一片数字沃土，央企的技术实力与民企的市场敏锐度形成互补。数据显示，杭州中心牵引落地的产业公司累计产值超 9 亿元，而"央地合作"项目带动周边形成年产能千台套的机器人产业集群。这种"团体作战"模式，正是社会信任催化出的规模效应，这种规模效应的背后，则是受到了杭州信息效率革命的深刻影响。

杭州的信息效率革命体现在三个维度：速度、密度与精准度（见图 2-5）。速度方面，宇树科技的机器人技术从实验室到亚残运会火炬台应用仅耗时 3 个月，得益于高校（如浙江大学）与企业建立的"环大学创新圈"；密度方面，钱塘芯谷集聚 120 余家半导体企业，形成"设计—制造—封装"的全产业链信息网络，使"昨天下单的样品，今早就能收到"；精准度方面，余杭区通过"人才飞地"平台，实现跨地区人才数据共享，技术合作需求匹配效率提升 40%。

图 2-5　信息效率革命的三个维度

典型案例更具说服力。智谱 AI 在获得杭州国资投资后，其大模型 GLM-4 的研发周期缩短 30%，API（应用程序接口）平台付费用户增长超 30%；而海康威视与高校联合研发的卫星激光通信技术，通过政府搭建的共享实验室，将迭代周期压缩至传统模式的 1/3。这些数据印证了"信息的高效流动本身就是生产力"，而文化的包容性则为这种流动提供了最低摩擦系数的通道。

杭州模式的成功，本质上是文化共识驱动的系统性创新。当其他城市还在争夺"政策高地"时，杭州早已将开放、信任、合作的文化特质转化为制度优势：政府通过"穿针引线"促成"政－校－企"三向奔赴，企业依托"创业搭子"生态实现协同进化，高校则以"学科＋平台＋产业"模式打破"创新孤岛"。这种文化生态，使杭州在人工智能、脑机接口等前沿领域持续领跑，2025 年仅智谱 AI 单月收入即突破 1 亿元。

"淡妆浓抹总相宜"的杭州，正在书写数字文明的另一种答案：不是单纯的技术崇拜，而是以文化为纽带，将信息效率与社会信任编织成可持续发展的创新网络。当更多城市效仿杭州的产业政策时，或许更应深思：唯有培育开放包容的文化土壤，才能让信息的洪流真正灌溉出科技创新的参天森林。

四、小结：文化基因如何塑造杭州模式

杭州模式的文化密码，深植于历史传承、地理区位与包容、自信、进取的文化特质之中（见图2-6）。自南宋"工商皆本"的商贸基因，到浙东学派"经世致用"的实践智慧，历史文脉为杭州注入了重积累、谋长远的商业理性。地理上，杭州依托长三角协同网络，以"竹林效应"整合区域资源，形成创新要素高效流动的生态基底。而包容开放的城市气质，通过"人才共富协同体"等制度设计，吸引全球智力在此交融；自信、进取的"四千精神"则驱动企业深耕技术壁垒，如阿里云"十年磨一剑"、宇树科技专注研发，构建起市场信任的深层纽带。三者交织，通过价值共识与信息流动，催生了"热带雨林"式的可持续创新生态。

文化不仅是软实力，更是推动信息效率革命的内生动力。杭州以开放打破"信息孤岛"，政府搭建"概念验证中心—中试基地—产业园区"三级转化链，将实验室成果产业化周期进行了有效压缩；企业间形成"创业搭子"生态，如智谱AI开源大模型

杭州模式的文化基因

- 历史传承与文化积淀的作用
- 地理区位与长三角一体化的战略价值
- 包容、自信、进取的文化特质

历史传承

基础：
"经世致用""义利并重""工商皆本" → 南宋商业文化 ↔ 文化特质 ← "重积累、轻消费"长期主义驱动

地理区位

长三角经济核心区、交通网络发达、宁波—舟山港江海联运 → 区位优势 → 产业协同：与上海、南京形成经济三角；高端装备制造、金融科技等领域协同发展；数字经济产业链

促进

文化特质

包容 ← 自信 → 进取

促进创新：多元文化交融、吸引全球人才与资源

可持续发展的创新网络：阿里云、宇树科技等企业与高校协同创新

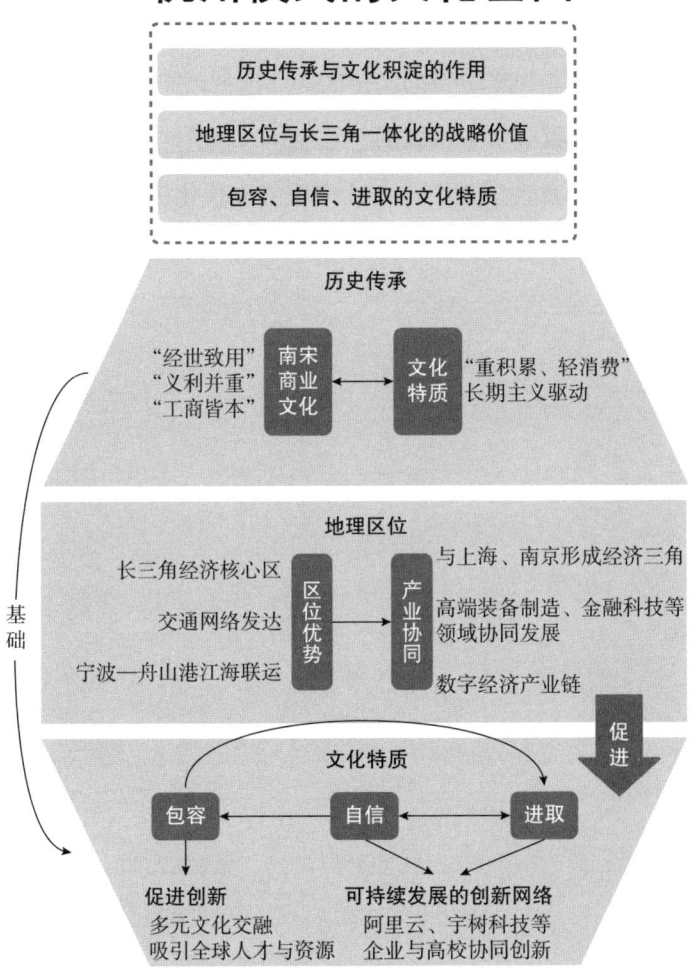

图 2-6 杭州模式的文化基因

适配 40 余种国产芯片，加速技术扩散。从古时市舶司的商贸网络到现代跨境电子商务综合试验区，文化基因始终驱动着信息效率的迭代升级。本章揭示的文化密码，为后续"信息效率与价值

共识"双支柱模式奠定根基。当"店小二"服务精神遇见"十年不退出"的资本耐心,当"陶朱遗风"融入数字时代的开源协作,杭州模式展现出独特的文化韧性。这种以文化共识为底色的发展逻辑,不仅破解了科技创新与产业升级的协同难题,更构建起社会信任的良性循环,为解读中国式现代化提供了鲜活样本。文化基因的持续进化,正是杭州模式保持生命力的核心密码。

第三章

制度赋能

有为政府与有效市场的共振机制

杭州积极构建新型政商关系，推出"亲清在线"数字平台，以"亲""清"理念为核心，通过数字化手段提升政策精准度和政务响应效率。"亲清在线"平台可以让政策在线兑现，企业诉求直达政府，从而打造高效、透明的营商环境。在制度创新上，杭州率先推动数据要素市场化改革，探索建立区域性数据交易平台，同时引入柔性监管以适应新兴技术发展。政府角色由传统管理者向产业生态构建者转型，通过产业基金、人才推荐机制和包容式监管，激发市场活力。"最多跑一次"改革大幅提升行政效率，优化企业运营环境，助力杭州坚持政府高效引导、市场充分竞争的良性互动，成为新型治理模式的标杆。

当全球政府角色正处于深刻变革的十字路口时，杭州已经走出了一条从"管制型政府"到"服务型政府"的转型之路。这不是简单的行政改革，而是治理理念的革命性重构。本章聚焦杭州"无事不扰，有事必应"的政府服务理念，深入解析其如何降低制度性成本以激发市场活力，为创新生态提供肥沃的土壤。从政府角色的深度转型，到政策创新与市场信任机制的构建，再到服务型政府的"有为"与"有效"，本章将层层递进地揭示杭州模式背后的治理智慧与执行力。

一、从管制到服务——有为政府的深度转型

深圳有"敢闯敢试"之名,上海有"运筹帷幄"之誉,而杭州则以"无事不扰,有事必应"的服务风格独树一帜。本节从传统管制型政府向现代服务型政府的角色转型出发,深入探讨"无事不扰,有事必应"的服务理念如何实质性降低了企业的制度性成本,进而提升了市场活力与创新能力。我们将基于政务服务中心的实际案例,详细分析服务型政府在执行层面的高效运作能力和对新兴市场需求的快速响应能力,展示其在实践中的具体应用与成效,揭示政府职能转变背后的理论逻辑,为理解服务型政府如何促进经济高质量发展提供生动例证。

(一)传统管制型模式的局限

传统管制型政府以其高度集中的决策机制、严格的层级管

理体系以及对市场活动的广泛干预为特点。这种模式的形成与工业革命后对秩序和效率的追求密切相关，旨在通过强有力的中央控制确保社会经济稳定。在那一时代背景下，信息传递缓慢且不准确，公众对于政府的高度依赖使集中式管理成为必然选择。然而，随着信息技术的发展和社会需求的变化，传统管制型模式逐渐显现其局限性。

一是审批流程复杂。传统管制型模式下，政府在审批流程上的局限是程序烦琐、效率低下以及缺乏灵活性。主要体现在报批流程涉及的部门多、审批的环节多，审批环节相互交叉、互为影响。2013年广州市政协在广州两会公布的一张长达4.4米的行政审批"万里长征图"，就揭示了传统管制型政府在审批流程上的局限。当时，一家企业投资建设一个项目要经过20个委、办、局，53个处、室、中心、站，100个审批环节，盖108个章，缴纳36项行政费用，最快也需要799个审批工作日。[①] 在复杂的审批流程中，创新往往死于起跑线上。许多审批事项需经历数周甚至数月的时间才能完成，极大延误了项目的启动时间。此外，各部门之间的"信息孤岛"现象严重，导致重复提交材料的情况时有发生，进一步增加了企业的负担。这些因素共同作用，使传统管制型模式下的审批流程难以满足现代社会快速发展的需求。

---

① 冯芸清. 799个审批工作日缩短为30个：李克强打叉的"万里审批图"成历史［EB/OL］.（2017-02-27）［2025-03-12］. https://www.gov.cn/premier/2017-02-27/content5171383.htm.

二是制度性交易成本高企不下。传统管制型模式下，高制度性交易成本会造成行政资源浪费。这一方面是因为为了维持庞大的行政体系运转，政府不得不投入大量资源用于人员培训、文件管理和监督审计等工作；另一方面是因为过度依赖人工操作容易出现人为错误，从而无形中抬高了行政成本。高制度性交易成本还会造成社会经济效率损失。相关学者的研究显示，制度性交易成本和产业结构合理化存在显著的正向空间相关性，呈现出高-高和低-低集聚态势。① 由此可以判断出，制度性交易成本的增加会影响区域内产业结构的正向运行和合理性，如果制度性交易成本过高，就会对社会经济效率造成影响，从而导致不必要的损失。

（二）启动向服务型政府转型的三大动因

传统管制型模式的这些局限性，不仅阻碍了市场活力的释放，也限制了政府职能的有效发挥。因此，探讨传统管制型政府向现代服务型政府转型的动因具有重要的现实意义。转向服务型政府不仅是提升行政效能的关键步骤，也是适应经济高质量发展战略的必然要求。面对这些挑战，杭州为何能率先启动政府角色的转型？通过深入调研，我们发现主要有三大动因。

一是危机感的驱动。21世纪初，随着互联网经济的兴起和

---

① 卢现祥，李慧. 制度性交易成本对产业结构升级的影响研究：基于空间溢出的视角[J]. 经济纵横，2021（9）：53-69.

全球竞争的加剧，杭州意识到传统管制型模式已经难以适应新经济发展需求。"当时有一份内部调研报告令我们大为震动，"一位参与早期改革的杭州市政府官员回忆道，"如果政府服务模式不变，5年内杭州将有30%的高科技项目流失。这个数据像警钟一样敲醒了我们。"

二是城市发展定位的牵引。杭州确立了打造"创新之城、活力之城"的发展目标，这就要求政府必须从传统的管理者转变为服务者、推动者。"我们意识到，杭州要在全国乃至全球城市竞争中脱颖而出，必须走出一条不同于传统工业城市的发展道路。"杭州市一位决策者表示。

三是社会文化基础的支撑。杭州有着深厚的商业文化传统，自宋代以来就是"市井繁华、商贾云集"之地。这种重商文化为政府角色转型提供了社会基础和文化支撑。"在杭州，社会普遍认同政府应该服务企业而非管控企业，这种共识为改革创造了有利条件。"浙江大学一位社会学教授分析道。

正如杭州市委一位领导所言："从管制到服务，转型的不只是角色，更是思维。"这种思维转变成为杭州服务型政府建设的思想基础。

通过对传统管制型政府在审批流程与制度性交易成本上的局限进行深入剖析，我们认识到从管制到服务，政府不只要在角色上转型，克服内部结构上的障碍，更要在思维上转型，积极引入现代科技手段，加强与社会各界的合作，共同构建高效、便捷的服务体系。

（三）"无事不扰，有事必应"的服务逻辑

杭州"无事不扰，有事必应"的服务逻辑，标志着中国城市治理范式从"管理"向"服务"转换。这一理念通过精准界定政府与市场边界，既避免了传统管制型政府的过度干预，又以制度化响应机制保障了企业创新活力。

"无事不扰，有事必应"八个字简明扼要地诠释了：最好的服务是适度的"无为"，关键时刻的"有为"。这也是杭州服务型政府的核心理念。看似简单的表述背后，是对政府与市场关系的深刻重构。"无事不扰，有事必应"是杭州市政府探索现代治理模式的重要成果，其核心在于平衡市场自由与政府监管之间的关系。

首先，"无事不扰"意味着政府不再过度介入市场的微观运行，而是将更多决策权交还给市场主体，鼓励创新创业，营造宽松有序的营商环境。例如，在西湖区，政府打造了AI助企专员——"西小服"，实现了政策自动匹配和企业诉求高效闭环处理。[①]

其次，"有事必应"则强调当市场主体遇到困难或需要支持时，政府应及时提供帮助，确保问题得到有效解决。这不仅要求政府具备高效的响应机制，还需要建立完善的沟通渠道和服务平

[①] 丁珊，方莹．西湖："AI+"引领政务服务新时代［EB/OL］．（2024-08-29）［2025-03-12］．https://tidenews.com.cn/news.html?id=2886045.

台，以快速准确地捕捉到企业的实际需求。通过这种方式，杭州成功营造了一个既充满活力又稳定有序的市场环境，为其他城市提供了宝贵的实践经验。

杭州市政府实施的"无事不扰"策略显著减少了不必要的行政干预，为企业创造了更为宽松的发展空间。这种理念在实际工作中通过三大机制得以落实：一是清单管理，杭州建立了政府权力清单和责任清单，明确界定政府能做什么、不能做什么，将权力关进制度的笼子；二是分类监管，实行"双随机、一公开"和信用分级管理，对不同信用等级的企业实施差异化监管；三是负面清单，明确规定哪些领域政府不得干预（如企业定价、人事安排等），给予企业充分的经营自主权。

根据杭州市市场监督管理局的数据，截至2024年12月，杭州登记在册市场经营主体总量突破200万户，其中企业总数突破100万户大关。这些数字反映了市场活力的增强，得益于政府简政放权措施的有效落实。以阿里巴巴为代表的科技巨头以及众多初创企业能够在这样的环境中迅速崛起，正是得益于政府给予的充分信任和支持。《杭州市优化营商环境条例》明确规定了实施统一的市场准入负面清单制度，市场准入负面清单以外的区域，各类市场主体均可以依法平等进入。此举极大释放了市场潜力，促进了新经济业态的蓬勃发展。

与"无事不扰"相对应的是"有事必应"：当企业确实需要政府服务和支持时，政府能够迅速响应，高效解决问题。杭州市政府主要在三个方面发力：一是响应速度，杭州设立了企业服务热线和服务专员制度；二是专业性，针对不同行业和企业不同发展阶段的特殊需求，提供有针对性的专业服务；三是整体性，打破部门壁垒，实现"一站式"服务，避免了企业在不同部门间来回奔波。

企业发展需要的是自由的空间，而不是烦琐的审批。为此，杭州市政府致力于优化政务服务，进一步激发市场活力。杭州市政府的"最多跑一次"改革，使市民和企业可以在线办理多项事务，极大提高了办事效率。① 此外，杭州市政府还推出了诸如"一证多址""证照分离"等创新政策，简化了企业注册流程，降低了创业门槛。② 以高新区（滨江）为例，当地政府推出的包括人才服务、金融服务在内的系列政策，有效解决了企业在不同发展阶段面临的痛点，助力企业健康成长。③ 这些具体措施共同构成了一个全方位的服务体系，有力支撑了杭州作为"数字经济第一城"的地位。

综上所述，杭州市政府推行的"无事不扰，有事必应"治理理念，通过减少行政干预和优化政务服务两大途径，成功激发了

---

① 蓝震，王黎靖. "八八战略"20周年的民生实践 | 足不出户的便捷，这就是政务服务的浙江速度［EB/OL］.（2023-07-21）［2025-03-12］. https://tidenews.com.cn/news.html?id=2529662.
② 杭州市人民政府. 杭州市人民政府关于印发杭州市深化数字政府建设实施方案的通知［EB/OL］.（2022-11-08）［2025-03-12］. https://www.hangzhou.gov.cn/art/2022/11/8/art_1229063387_1827091.html.
③ 邓念国. 持续推进政务服务增值化改革 发挥要素市场化的磅礴力量［EB/OL］.（2024-11-08）［2025-03-12］. https://hzdaily.hangzhou.com.cn/hzrb/2024/11/08/article_detail120241108A105.html.

市场活力，推动了经济高质量发展。这一理念不仅革新了传统的政府管理模式，也为全国乃至全球的城市治理提供了有益借鉴。

（四）政务服务中心的实践与成效

杭州政务服务中心的设立，是杭州市响应国家关于深化行政体制改革、优化营商环境号召的具体实践。随着市场经济的发展和社会需求的变化，传统管制型政府模式逐渐暴露出审批烦琐、效率低下等问题，难以满足企业和居民对高效便捷服务的需求。在此背景下，杭州市政府通过整合各部门资源，在全国率先公布了"一照通办"事项清单，实现251项企业办事事项凭营业执照"一照通办"，政府部门产生的证照、批文通过数据共享获取或核验，无须申请人提交。高新区（滨江）以数字化改革为引领，依托"一网通办"系统实现了从"人找服务"向"服务找人"的转变。[①] 这些举措不仅标志着政府职能从管理向服务的转变迈出重要的一步，也为其他城市提供了可借鉴的成功范例。其积极意义在于，通过简化流程、提高透明度和加强信息化建设，有效降低了企业制度性交易成本，增强了市场活力，提高了社会满意度。

服务的价值，不在于形式上的华丽，而在于效率上的务实。为了提升服务质量，促进行政效率的提升，杭州市政府在以下三

---

① 杭州日报.杭州市审管系统接续擦亮政务服务"第一窗口"品牌［EB/OL］.（2022-07-08）［2025-03-12］. https://www.hangzhou.gov.cn/art/2022/7/8/art_812262_59060999.html.

个方面发力。一是通过流程再造,将传统政务服务按部门设置窗口,避免了企业和居民在不同窗口间来回奔波。二是建立了统一的政务数据共享平台,通过数据共享,打通部门间的信息壁垒。这一改变使工作人员在办理业务时,系统能够自动调取企业或个人已提交的信息,实现"一次提交、共享复用",避免了重复填报和提交。三是主动将政府的服务工作前移,从被动等待企业上门办事,转变为主动上门服务,特别是对重点企业和项目提供"保姆式"服务。

在推进政务服务数字化方面,杭州走在前列。一是依托"浙里办"企业服务专区,杭州政务服务中心推出了24小时自助服务区,实现了个人事项与企业事项的"一站式"办理。[①] 居民和企业可以通过该平台进行网上预审、材料补正、进度查询等操作,极大便利了办事群众。二是推出"移动审批车"常态发车服务,为群众(企业)打造"移动办事大厅",实现"零距离"办业务。据统计,截至2024年9月,"移动审批车"共开展服务139场次,服务群众(企业)达3 690余人次(家次),赢得了广泛好评。[②]

为进一步提升服务水平,杭州还创新拓展了"预约办"范畴,允许企业在特殊或紧急情况下通过预约方式享受双休日服

---

① 杭州市行政审批服务管理办公室.杭州市审管办全面探索政务公开与政务服务融合发展新路径[EB/OL].(2024-01-08)[2025-03-12].https://www.hangzhou.gov.cn/art/2024/1/8/art_1229635971_59092112.html.

② 同上。

务。① 同时,"启航工作室"的设置为企业提供了全流程导办帮办服务,帮助企业解决了各类登记难题。这些措施共同作用,使企业能够在更短的时间内完成注册、变更等手续,从而更快投入运营。

值得一提的是,杭州政务服务中心还特别重视数据共享和跨部门协作,如建立的企业综合服务中心,不仅聚合了多个政府部门的服务功能,还引入了银行、律师事务所等第三方服务机构,形成了涵盖人才、金融、法律等多个领域的全方位服务体系。② 这一体系的构建,不仅提升了企业的办事体验,也促进了信息的快速流转和资源共享,进一步降低了企业的运营成本。

高效的政务服务是最好的营商环境,为了确保政策的有效传达和落实,杭州政务服务中心推出了"政企面对面"政策咨询服务,帮助企业获取专业的政策建议和服务。在线上,"亲清在线"平台则作为政策智慧超市,实现政策发布、解读等功能,让企业能够更加便捷地了解并利用相关政策。③ 这种线下线上相结合的服务模式,有效解决了企业面临的政策理解困难问题,为企业

---

① 杭州市行政审批服务管理办公室.杭州市审管办全面探索政务公开与政务服务融合发展新路径［EB/OL］.(2024-01-08)［2025-03-12］.https://www.hangzhou.gov.cn/art/2024/1/8/art_1229635971_59092112.html.

② 田延华.各地深化政务服务模式创新,推进企业和群众办事减时长、降成本——线下只进一门 线上一网通办［EB/OL］.(2024-04-01)［2025-03-12］.https://www.12371.cn/2024/04/01/ARTI1711926913721176.shtml.

③ 杭州市行政审批服务管理办公室.杭州市审管办全面探索政务公开与政务服务融合发展新路径［EB/OL］.(2024-01-08)［2025-03-12］.https://www.hangzhou.gov.cn/art/2024/1/8/art_1229635971_59092112.html.

发展提供了坚实的保障。

杭州政务服务中心通过一系列创新举措，成功实现了从传统管制型向现代服务型政府的转型。无论是流程再造还是数字化平台的应用，都显著提升了行政效率，降低了企业制度性交易成本。更重要的是，这些改革措施不仅改善了营商环境，激发了市场活力，也为公众提供了更为便捷高效的公共服务。未来，随着更多先进技术和理念的融入，杭州将继续引领全国乃至全球的城市治理创新潮流，为实现高质量发展贡献力量。

二、政策创新与市场信任机制的构建

（一）政策创新的核心路径：信息透明与可预期

政策透明与可预期是杭州构建服务型政府的核心路径。其核心逻辑在于通过公开政策全流程信息、稳定政策执行周期、明确规则边界，为企业提供可预判的制度环境。透明度确保了政府决策过程和执行结果的公开化，使企业能够及时获取相关信息，降低信息不对称带来的风险。而可预期性则意味着政策的稳定性和一致性，有助于企业在制定长期发展战略时拥有明确的方向感，减少不确定性对企业规划的影响。

杭州作为中国数字经济发展的重要引擎之一，其在政策创新方面的探索为全国树立了典范。在《杭州市人民政府办公厅关于加快推进人工智能产业创新发展的实施意见》①中，杭州市政府展示了如何利用透明度和可预期性来促进地方经济的发展。良好的发展离不开顶层设计，杭州市政府在发展数字经济之初就明确了发展目标，即到2025年基本形成"高算力+强算法+大数据"的产业生态，并设定了详细的量化指标：全市可开放算力规模达到5 000千万亿次浮点运算/秒（PFLOPS）以上，培育性能达到国际先进水平的通用大模型1个，等等。②这些清晰的目标不仅为企业提供了明确的发展方向，也为社会各界描绘了一幅未来蓝图。

产业的孵化与发展需要创新生态的营造，杭州市政府采取了一系列实际行动来支持这一愿景。在建设多元融合算力支撑体系方面，杭州鼓励社会力量参与智能计算中心建设，坚持培育产业生态、适度超前建设的原则建设高性能算力集群，构建国内领先的"多元异构"智能计算平台，推动形成多元算力供给能力。③此外，杭州还致力于构建高效协同模型创新生态，推进MaaS（模型即服务）新模式，支持头部企业和中小企业分别开

---

① 杭州市人民政府办公厅.杭州市人民政府办公厅关于加快推进人工智能产业创新发展的实施意见［EB/OL］.（2023-07-27）［2025-03-13］.https://www.hangzhou.gov.cn/art/2023/7/27/art_1229063382_1834100.html.
② 同上。
③ 杭州市经济和信息化局（杭州市数字经济局）.杭州市经济和信息化局（杭州市数字经济局）关于印发《杭州市人工智能全产业链高质量发展行动计划（2024—2026年）》的通知［EB/OL］.（2025-02-27）［2025-03-13］.https://jxj.hangzhou.gov.cn/art/2025/2/27/art_1229145719_1849723.html.

展多模态通用大模型的关键技术攻关和垂直领域专用模型的研发工作。

中国算谷的崛起正是杭州政策透明与可预期性原则在算力经济领域的具象化实践。作为杭州打造全国"数字经济第一城"的核心战略载体，中国算谷依托杭钢半山基地这一物理空间重构样本，在政策工具箱中精准嵌入了"能耗指标动态调配＋专班服务全周期保障＋产业链垂直整合"的创新机制。拱墅区政府通过设立杭钢专班定向提供能耗指标，同步实施"零土地"技术改造政策，将工业遗产空间转化为算力装备智造基地——规划面积为 31 万平方米的"杭钢里·云创中心"已吸引寒武纪、摩尔线程等企业入驻，形成服务器制造、液冷技术、芯片设计的完整链条，这与杭州"多元异构智能计算平台"的建设目标形成纵向呼应。[1]

在政策执行周期上，杭州市政府以 5 年为刻度持续迭代战略框架：从 2021 年《杭州市科学技术发展"十四五"规划》首次锚定算力基础设施，到 2023 年《杭州市人民政府办公厅关于加快推进人工智能产业创新发展的实施意见》明确"高算力＋强算法＋大数据"生态目标，再到 2024 年设立 5 亿元之江成果转化基金，政策路径的稳定性和可预期性使杭钢云、浙江云两大算力底座得以快速落地近 10 万台服务器，并成功承载国资云、健康

---

[1] 杭州市经济和信息化局（杭州市数字经济局）. 市经信局（市数字经济局）关于市政协十二届三次会议第 263 号提案的答复［EB/OL］.（2024-11-07）［2025-04-10］. https://jxj.hangzhou.gov.cn/art/2024/11/7/art_1229265379_4312064.html.

云等公共服务，日均处理数据量突破500PB（拍字节）。①这种透明化的政策传导机制更体现在制度创新层面：杭州数据交易所通过"交易前入驻审核—交易中合规审查—交易后凭证发放"的全流程规则公示，与算谷内DeepSeek-V3大模型的训练推理形成闭环，其8 000 tokens/s（每秒处理词元数）的推理效率突破，正是政策确定性催生技术确定性的典型案例。

当"东数西算"工程在西部构建绿色智算高地时，中国算谷通过"海外预研—本地转化"的跨国技术通道，将国际液冷技术引入本土数据中心［PUE（电源使用效率）优化至1.15］，同时反向输出自主品牌服务器，在东西部算力协同中扮演着"算法突破—算力供给—场景落地"的枢纽角色。②这种基于确定性政策框架的生态构建，使杭州在智能算力竞赛中率先实现从数据要素流通到算力服务输出的跨越，正如紫金港科技城"智算云"全产业链布局所验证的，当制度供给的稳定性遇见技术创新的爆发力，便能催生出数字经济时代的"新质生产力"奇点。

为了提高企业的创新能力，同时也为数据要素的有效流通创造条件，杭州市政府力争到2026年底，建立15个以上高质量数据集，推动20个以上公共数据授权运营场景落地，集聚700家以

---

① 杭州市经信局，"12345"市长公开电话受理中心.《杭州市人民政府办公厅关于加快推进人工智能产业创新发展的实施意见》解读［EB/OL］.（2023-08-28）［2025-04-10］. https://www.hangzhou.gov.cn/art/2023/8/28/art_1229742823_7720.html.

② 贾丽."东数西算"新支点"中国算谷"正崛起［EB/OL］.（2025-04-02）［2025-04-10］. http://epaper.zqrb.cn/html/2025-04/02/content_1132544.htm.

上数商，挂牌1 000个以上数据产品和服务，累计交易额突破100亿元，打造3个以上跨区域数据要素产业公共服务示范平台。①

杭州市政府还通过出台《杭州市人民政府办公厅关于加快推进人工智能产业创新发展的实施意见》进一步细化了政策措施，包括强化普惠算力供给、实施算力伙伴合作计划以及设立总额不超过5 000万元的"算力券"，②重点支持中小企业购买算力服务。这些举措极大降低了中小企业的运营成本，增强了市场竞争力。据杭州市统计局的数据，2024年，全市数字经济核心产业增加值达6 305亿元，同比增长7.1%，占全市GDP比重达28.8%；全市数字经济核心产业实现营业收入20 401亿元，增长4.9%。③杭州的成功案例表明，当政府能够在政策制定过程中保持高度透明，并确保政策执行的一致性和连贯性时，就能有效增强企业的长期信心，进而带动整个区域经济的繁荣与发展。

"透明度"与"可预期性"不仅是衡量一个地区营商环境优劣的关键指标，更是推动企业创新发展的核心驱动力。杭州的经验告诉我们，只有当政府能够提供清晰且稳定的政策指引，并通

---

① 杭州市人民政府办公厅.《杭州市人民政府办公厅关于高标准建设"中国数谷"促进数据要素流通的实施意见》政策解读［EB/OL］.（2024-07-17）［2025-03-13］. https://www.hangzhou.gov.cn/art/2024/7/17/art_1229063385_1844746.html.

② 杭州市人民政府办公厅.杭州市人民政府办公厅关于加快推进人工智能产业创新发展的实施意见［EB/OL］.（2023-07-27）［2025-03-13］. https://www.hangzhou.gov.cn/art/2023/7/27/art_1229063382_1834100.html.

③ 杭州市统计局.2024年全市数字经济核心产业增加值增长7.1%［EB/OL］.（2025-02-21）［2025-03-13］. https://tjj.hangzhou.gov.cn/art/2025/2/21/art12292792404333457.html.

过持续有效的执行来保障这些政策落地生根时，才能真正建立起企业对于未来的信心。这样的环境不仅有利于吸引更多的投资者进入，也有助于激发本土企业的创造力和活力，最终实现经济社会的全面进步和发展。因此，各地政府可以借鉴杭州的成功经验，不断优化自身的政策框架和服务体系，以适应新时代下创新驱动发展的需求。

（二）"最多跑一次"改革的制度创新

"最多跑一次"改革作为浙江省政府的一项重要制度创新，旨在通过优化行政服务流程、整合政府部门资源和推动数据共享，实现群众和企业找政府办事的高效、便捷化。自 2016 年首次提出以来，"最多跑一次"改革已经从浙江走向全国，成为深化"放管服"改革的重要组成部分。[1] 该改革的核心在于，对传统行政审批模式进行大胆革新，通过"一窗受理、集成服务"的方式，简化了审批流程，提高了办事效率，并且通过大数据技术的应用，打破了部门之间的信息壁垒，实现了跨部门的数据互通与业务协同。这不仅极大提升了公众的服务体验，也为构建现代化治理体系提供了宝贵的经验。

杭州作为浙江省省会，在推进"最多跑一次"改革方面取

---

[1] 范柏乃，陈亦宝. 推动"最多跑一次"改革不断前行［EB/OL］.（2018-04-20）［2025-03-13］. https://www.gov.cn/zhengce/2018-04/20/content_5284540.htm.

得了显著成效。具体而言，杭州市政府在流程再造、数据共享以及审批时效提升等方面采取了一系列措施，以提高公共服务的质量和效率。杭州市政府通过流程再造实施了"一窗受理、集成服务"，将分散于不同部门的业务集中到一个窗口处理，减少了企业和居民的奔波次数。在房屋交易领域，杭州成功地将原来需要分别排队办理的房产交易、税务及不动产登记三项服务整合为"一站式"服务，整个过程由原来的120分钟缩短至60分钟，①大大节省了居民的时间成本。

从《杭州市数字政府建设"十四五"规划》可以看出，杭州高度重视数据共享的重要性，持续推进政务服务2.0建设，深化部门间"最多跑一次"的协同服务。通过建设统一的数据交换平台，实现了市级各部门间的数据互联互通，完成了75个"一件事"联办。据统计，"十三五"末，5 068个政府内部事项100%线上办理。加强"互联网+监管"，深化"双随机、一公开"，深入推进电子证照复用，营商环境不断优化。2018、2019、2020年度国务院办公厅全国重点城市网上政务服务能力第三方评估分别列第三名、第二名、第二名。②这使更多事项能够在线上完成申请和审批，减少了不必要的纸质材料提交，进一步提升了审批

---

① 陈国权，皇甫鑫.在线协作、数据共享与整体性政府：基于浙江省"最多跑一次"改革"的分析[J].国家行政学院学报，2018（3）：62-67.
② 杭州市数据资源管理局，杭州市发展和改革委员会.杭州市数据资源管理局 杭州市发展和改革委员会关于印发《杭州市数字政府建设"十四五"规划》的通知[EB/OL].（2021-10-18）[2025-03-13]. https://www.hangzhou.gov.cn/art/2021/10/18/art_1229541463_3946897.html

速度。此外，杭州还积极探索区块链等新技术的应用，确保数据的真实性和不可篡改性，增强了市场信任机制的基础。

为了进一步提高审批效率，杭州推行了告知承诺制，即对于一些非关键性的前置条件，允许企业在做出承诺后先行开展相关活动，后续再进行补充审核或监管。这种做法不仅加快了项目进度，也减轻了企业的负担。在这些举措的共同作用下，杭州不仅提高了自身的行政效率，还为其他地区树立了典范。第三方评估显示，2017年杭州"最多跑一次"改革的实现率达到了87.9%，群众满意率高达94.7%。[1] 这一成绩充分证明了杭州在推进"最多跑一次"改革方面的决心和能力，同时也展示了其在构建市场信任机制方面的积极成效。

"最多跑一次"改革在杭州的成功实践，体现了地方政府在深化改革、优化营商环境方面的积极探索和卓越成果。通过流程再造、数据共享及审批时效的提升，杭州不仅有效解决了长期困扰企业和群众的办事难题，而且借助信息化手段强化了市场监管和社会治理效能。特别是通过一系列创新措施，如告知承诺制的引入，杭州为全国范围内推广"最多跑一次"理念积累了宝贵经验。未来，随着更多城市借鉴杭州的成功案例，"最多跑一次"有望成为提升政府服务水平、促进经济社会发展的新动力。

---

[1] 陈国权，皇甫鑫. 在线协作、数据共享与整体性政府：基于浙江省"最多跑一次改革"的分析［J］. 国家行政学院学报，2018（3）：62–67.

（三）数据公开与信用体系的建设

在数字经济时代，政府数据公开与信用体系建设已成为重塑治理模式、优化市场生态的核心引擎。杭州作为全国数字化改革的先行者，自 2020 年启动公共数据开放平台以来，通过系统性制度创新与技术创新，实现了政务数据的高效流通与社会化利用。截至 2022 年，其累计开放数据集达 3 327 个、接口 3 731 个，数据总量突破 58.5 亿条，覆盖交通、医疗、市场监管等 20 余个领域。① 这一实践不仅提升了政府透明度，更通过信用评分体系构建起市场主体的行为规范框架。杭州市政府制定了浙江省首个市场监管领域许可类信用承诺监管实施意见，按照"一诺一模板""一诺一核查""一诺一监管"原则，制定信用承诺书格式文本 15 类，明确信用承诺内容、违诺情形判定准则、惩戒制约等监管标准 20 项。② 数据与信用协同作用，为杭州营商环境的优化、社会信任机制的强化提供了双重支撑，标志着从"数据治理"向"信用治理"的范式跃迁。

中国开放数林指数是针对我国政府数据开放工作目前仍存在不充分、不协同、不平衡、不可持续等问题和挑战而发布的测评

---

① 徐珉川. 论公共数据开放的可信治理［J］. 比较法研究，2021（6）：143-156.
② 国信高端智库. 信用承诺闭环监管地方实践经验［EB/OL］.（2024-12-31）［2025-03-12］. https://credit.hangzhou.gov.cn/art/2024/12/31/art_1229634353_38737.html.

指数。杭州以开放数林指数全国领先的实践表明,[①]杭州市政府对数据开放工作确实给予了长期持续的重视并进行了积累,不断优化数据开放工作的方向与方法。更具战略意义的是,杭州将数据开放与产业创新深度绑定:通过"数据开放创新应用大赛"聚焦共同富裕扩中提低、高质量就业创业、强村富农、公共卫生、绿色低碳发展、社会保障等规定赛道,以及城市大脑2.0、数字工会、动态人口建库等分赛区特色赛道,围绕群众所期所盼,力求"小切口、大突破",挖掘培育一批"更便捷、更智能、更舒适、更有温度"的重大应用,为高水平推进共同富裕示范区建设提供强劲动力。[②]这种"需求侧驱动"模式,使数据从静态资源转化为动态生产要素,为市场参与者提供了精准决策依据。

杭州信用体系的核心在于,构建"评价—应用—修复"全周期机制。在评价层面,《杭州市行业信用评价指引》建立A~E五级分类标准,覆盖企业登记、合同履约、能源消耗等488类数据。[③]电商监管则依托"红盾云桥"系统,打通政企数据通道,动态识别网络"炒信"行为,2023年累计拦截虚假交易4.2

[①] 复旦发展研究院.资讯丨2024中国开放数林指数发布(复旦DMG)[EB/OL].(2024-09-26)[2025-03-12].https://fddi.fudan.edu.cn/_t2515/96/fe/c21257a694014/page.htm.

[②] 庄郑悦.2022年浙江数据开放创新应用大赛杭州分赛区启动[EB/OL].(2022-07-15)[2025-03-12].https://cs.zjol.com.cn/jms/202207/t20220715_24525662.shtml.

[③] 杭州市发展和改革委员会.市发改委关于印发《杭州市行业信用评价指引》的通知[EB/OL].(2024-04-02)[2025-03-12].https://credit.hangzhou.gov.cn/art/2024/4/2/art_1229634358_33371.html.

万笔。[1]在应用层面，信用嵌入政策兑现、融资授信等场景。在修复层面，截至2024年5月22日，萧山区完成信用修复552件，数量居全市各区县第一，线下零跑率达到94.75%，[2]切实解决企业信用修复"线下跑、多头跑、重复跑"的困境。这一机制设计，既强化了守信激励，也通过柔性修复降低了市场退出成本。

数据与信用的协同，在杭州呈现为"制度－技术－生态"三重耦合。制度层面，《浙江省公共数据条例》与《杭州市社会信用条例》形成互补，前者规范数据供给，后者约束数据使用；技术层面，IRS（一体化数字资源系统）归集跨部门数据，AI算法生成企业多维标签，支撑动态信用评估；生态层面，长三角信用合作示范区建设推动跨区域评价互认，实现了信息数据贯通和评价结果共享互认。[3]这种协同显著提升了市场效率。杭州经验证明，数据公开与信用体系深度融合，能够降低交易成本，抑制机会主义行为，最终形成"透明促进信任、信任反哺透明"的良性循环。

杭州的探索揭示，数据公开与信用体系建设是现代化治理的

---

[1] 伏创宇.我国社会信用体系建设的功能定位及其边界［J］.行政法学研究，2024（1）：28-39.

[2] 萧山区信用中心.数量居全市各区县第一 线下零跑率94.75% 萧山高质量实施"企业信用修复一件事"［EB/OL］.（2024-06-06）［2025-03-12］.https://www.xiaoshan.gov.cn/art/2024/6/6/art_1229429165_59100957.html.

[3] 长三角示范声.两省一市打造企业公共信用综合评价跨区域创新应用示范区［EB/OL］.（2022-10-26）［2025-03-12］.https://credit.zj.gov.cn/art/2022/10/26/art_1229636048_2755.html.

一体两面。通过构建"全量归集、分级开放、动态评价"的数据治理框架，以及"承诺闭环、场景嵌入、区域协同"的信用管理机制，杭州不仅实现了政务效能的提升，更培育出以信用为核心的市场资源配置模式。其园林绿化、家政服务等细分领域信用指数，更为全国首创。[①] 这一范式为其他城市提供了三重启示：其一，需以制度创新保障数据安全与信用公正；其二，需以技术赋能实现治理精准化；其三，需以生态思维推动跨区域协同。未来，随着长三角信用一体化的深化，杭州经验或将成为中国数字化治理的标杆样本。

三、服务型政府的"有为"与"有效"

经济发展是一个技术、产业、基础设施和制度结构不断变迁的过程，随着技术不断创新、产业不断升级，上层制度安排也需要不断改进和完善。但是仅凭单个企业家的力量是无法推动基础设施的完善和上层制度的改革的，因此政府必须因势利导发挥自身角色的作用，通过组织协调相关企业进行投资，或者由政府自身提供基础设施和完善上层制度。作为赶超型国家的中国，政府还需扶持技术创新、产业升级过程中的先行企业，协助企业应对先行所面临的风险和不确定性，这样技术和产业才能根据比较

[①] 刘悦，熊艳.杭州发布全国首个园林绿化行业地方信用指数 [EB/OL].（2025-02-24）[2025-03-12]. https://www.hzzx.gov.cn/cshz/content/2025-02/24/content_8867151.htm.

优势的变化不断顺利进行创新和升级。[①]一个发展成功的国家必然是以有效市场为基础，并且还有一个有为政府发挥积极作用的国家。

本节将重点解析服务型政府如何通过"有为"与"有效"实现有效市场与有为政府的互动。本节还将通过对破除二元结构的分析，探讨服务型政府如何通过制度创新与精准政策引导，形成高效的政府与市场合作机制，推动创新生态的可持续发展。

（一）有为政府的定位与边界

有为政府是社会主义市场经济体制下政府治理能力的核心表达，其本质在于动态平衡有效市场与公共价值的关系。不同于全能型政府的无限干预，有为政府强调法理授权与功能补位的辩证统一：一方面通过制度供给保障市场规则公平性，如杭州建立全国首个电子营业执照区块链平台，实现251项涉企事项"一照通办"；[②]另一方面以风险托底机制弥补市场失灵。

新结构经济学将有为政府定义为"因地制宜、因时制宜地培育市场、纠正失灵、增进全社会长期福利的政府"，其行为集合

[①] 林毅夫. 转型国家需要有效市场和有为政府［J］. 中国经济周刊，2014（6）：78-79.
[②] 杭州市人民政府. 杭州积极打造优质的数字化营商环境［EB/OL］.（2022-08-26）［2025-03-12］. https://www.hangzhou.gov.cn/art/2022/8/26/art_1229492730_59064140.html.

排除了"不作为"（应尽职责缺失）与"乱作为"（非理性干预），聚焦于市场无法覆盖的公共领域。[1] 这种定位源于"有限权力、无限责任"的治理逻辑：政府既不替代市场配置资源的决定性作用，又在市场失灵时精准补位，形成"阳光、土壤与护栏"式治理生态。

在现代社会经济发展过程中，有为政府扮演着至关重要的角色，尤其是在基础设施建设、制度保障以及风险托底方面。

首先，在基础设施建设方面，政府通过投资于交通、能源、通信等关键领域，不仅能直接拉动经济增长，还能为后续的产业发展奠定坚实的基础。例如，我国近年来大力推进新型基础设施建设，包括5G（第五代移动通信技术）网络、数据中心、人工智能平台等，极大地促进了数字经济的发展，并为各行各业的数字化转型提供了有力支撑。[2]

其次，在制度保障方面，有为政府需要建立并完善一系列法律法规，以确保市场竞争的公平性和透明度。这包括但不限于反垄断法、消费者权益保护法等，旨在防止企业滥用市场支配地位，损害消费者利益。相关研究表明，强化法治环境可以显著提

---

[1] 王勇，华秀萍. 详论新结构经济学中"有为政府"的内涵：兼对田国强教授批评的回复［J］.经济评论，2017（3）：17-30.
[2] 贾珅. 发挥基础设施投资"托底"作用［EB/OL］.（2022-05-17）［2025-03-12］. https://theory.gmw.cn/2022-05/17/content_35740414.htm.

高市场的运行效率,增强投资者信心。[1]

最后,在风险托底方面,全球经济不确定性增加,有为政府肩负着防范化解重大风险的任务。特别是在当前复杂多变的国际形势下,政府需通过制定相应的政策措施,确保金融系统的稳健性,避免系统性风险的发生。比如,2022年设立的金融稳定保障基金,就是为了应对可能出现的地方政府债务危机和其他潜在的金融风险,从而为整个经济体系提供强有力的安全网。[2]从长远来看,这样的举措有助于提升国家的整体竞争力,促进可持续发展。

尽管有为政府在多个领域发挥了重要作用,但这并不意味着它可以无限制扩展其职能范围。事实上,有为政府的核心理念之一就是强调适度性和精准性。这意味着政府应聚焦于那些仅仅依靠市场机制难以有效解决的问题,而不是试图替代市场功能。例如,一些地方出现"内卷式竞争"现象,正是由于地方政府过度介入市场活动,采取了过多的财政补贴和优惠政策,导致资源错配和低效竞争。[3]因此,真正的有为政府应该是在明确自身职责

---

[1] 洪俊杰.统筹好有效市场和有为政府的关系[EB/OL].(2025-01-07)[2025-03-12].http://www.qstheory.cn/20250107/487575275ce74b72be539a40efa2fb38/c.html.

[2] 彭扬.加强"兜底"防护 金融稳定保障基金建设料加快[EB/OL].(2023-12-20)[2025-03-12].https://epaper.cs.com.cn/zgzqb/html/2023-12/20/nw.D110000zgzqb_20231220_1-A02.htm.

[3] 闫桂花.破解"内卷式竞争",建立"有为政府"的合理边界是关键[EB/OL].(2025-01-09)[2025-03-12].https://www.stcn.com/article/detail/1486324.html.

界限的前提下，通过科学合理的政策设计，实现对市场的适度干预和支持。

具体而言，有为政府应当遵循以下原则：一是尊重市场规律，避免不必要的行政干预；二是注重政策实施效果的评估，及时调整策略以适应变化的市场需求；三是加强与其他利益相关者的合作，形成多方共赢的局面。只有这样，才能真正实现政府与市场的良性互动，推动经济社会持续健康发展。

综上所述，有为政府作为一种治理模式，其本质在于平衡好政府与市场的关系，既不过度干预也不完全放任自流。通过在基础设施建设、制度保障及风险托底等方面的积极参与，有为政府为社会经济发展注入了强大动力。然而，为了确保这种参与的有效性和可持续性，政府必须坚持适度而精准的原则，专注于解决市场失灵问题，而非全面接管所有事务。唯有如此，有为政府才能在新时代背景下更好地履行其使命，推动国家走向繁荣昌盛。

（二）破除二元结构：有效市场与有为政府的协同

在构建社会主义市场经济体制的进程中，有效市场与有为政府的协同作用显得尤为重要。所谓有效市场，指的是通过价格机制和竞争来实现资源的最优配置，而有为政府则强调政府在提供公共物品、维护公平竞争环境以及应对市场失灵等方面发挥积极作用。两者的协同不仅能够优化资源配置，还能促进经济增长和社会进步。这种协同关系打破了传统上将政府与市场视为对立面的二元结构观念，强调两者在经济发展中相互补充、相辅相成的关系。[1]通过有效的政策引导和市场机制的良性互动，可以更好地满足社会需求，提高经济运行效率，推动高质量发展。

破除政府与市场的二元对立，关键在于建立一套完善的政策体系，使政府的宏观调控与市场的微观调节能够无缝对接，从而实现信息流动与资源配置效率的最大化。

一方面，在政策制定阶段，政府应当基于市场需求进行科学决策，避免过度干预或放任自流。为此中共中央和国务院出台了一系列政策，旨在通过深化要素市场化配置改革，打破地方保护主义，促进生产要素自由流动，提高资源配置效率。[2]这些政策措施鼓励地方政府减少对市场的直接干预，转而通过制定规则和标准来规范市场行为，确保市场竞争的公平性和透明度。

另一方面，有效市场的前提，是有为政府的适度介入。以山西省电力现货市场为例，该市场针对实时供需变化调整电价，实现了电力资源的动态分配。这一机制不仅提高了电力供应的灵活性，还促进了能源的有效利用。[3]更重要的是，它展示了如何通

---

[1] 洪俊杰.统筹好有效市场和有为政府的关系［EB/OL］.（2025-01-07）［2025-03-12］. http://www.qstheory.cn/20250107/487575275ce74b72be539a40efa2fb38/c.html.

[2] 中共中央 国务院关于构建更加完善的要素市场化配置体制机制的意见［EB/OL］.（2020-04-09）［2025-03-12］. https://www.gov.cn/zhengce/2020-04/09/content_5500622.htm.

[3] 潘洁.两会新华述评｜深化要素市场化配置改革——用好总书记全国两会上指导的方法论（三）［EB/OL］.（2025-03-09）［2025-03-12］. https://www.stdaily.com/web/2025-03/09/content_307429.html.

过政府监管与市场价格信号相结合的方式，解决长期以来困扰电力行业供需矛盾的问题。

此外，长三角 G60 科创走廊的发展也是一个典型实例。这里，9 座城市联合起来，共同推进创新链、产业链、资金链、人才链的一体化发展，突破了行政区划限制，促进了区域内资源的优化配置。[①] 这不仅提升了区域整体竞争力，也为其他地区提供了可借鉴的经验。

"政府与市场，不是对手，而是搭档。"这一观点准确概括了两者之间的关系。在实践中，无论是通过政策引导还是市场机制的运作，最终目标都是实现资源的有效配置和社会福利的最大化。只有当政府和市场各自发挥其应有的作用，并在此基础上形成合力时，才能真正打破传统的二元对立思维，构建起一个既充满活力又秩序井然的现代市场经济体系。[②] 这样的体系不仅可以激发各类市场主体的创造力和积极性，也可以为经济社会持续健康发展奠定坚实的基础。

（三）制度创新与治理能力的提升

制度创新与治理能力的提升对于产业发展和营商环境具有深

[①] 潘洁. 两会新华述评丨深化要素市场化配置改革——用好总书记全国两会上指导的方法论（三）[EB/OL].（2025-03-09）[2025-03-12]. https://www.stdaily.com/web/2025-03/09/content_307429.html.

[②] 尹庆双，肖磊. 处理好政府和市场关系[J]. 红旗文稿，2024（23）：30-33.

远影响。通过优化制度设计，政府能够有效降低企业运营成本，激发市场主体活力，从而促进产业转型升级。一个高效的治理体系不仅需要完善的法律法规支持，还需要灵活的政策工具来应对不断变化的市场需求。杭州"最多跑一次"改革就显著减轻了企业的行政负担，使企业可以将更多资源投入核心业务发展中。[1]同时，通过设立产业引导基金，政府能够在关键领域提供资金支持，帮助企业解决融资难题，推动技术创新和产业升级。这些措施共同作用，有助于营造一个公平、透明且富有竞争力的营商环境，吸引更多的投资，促进经济持续健康发展。

在新时代背景下，服务型政府通过一系列制度创新举措，如"最多跑一次"改革和设立产业引导基金等，大大提升了治理能力和行政效率，为创新生态的可持续发展提供了强有力的支持。

首先，"最多跑一次"改革是中国近年来深化"放管服"改革的重要成果之一。这项改革旨在简化行政审批流程，降低企业和居民办事的时间成本。浙江省作为这一改革的先行者，实现了超过80%的政务服务事项可以在网上办理，极大提高了行政效率和服务质量。[2]这不仅降低了企业的制度性交易成本，而且增强了市场的活力，激发了各类市场主体的积极性和创造性。

其次，设立产业引导基金是政府支持新兴产业发展的又一重

---

[1] 张定安，何强．"高效办成一件事"是新时代新征程行政管理改革的务本之策和务实之举［EB/OL］．（2024-01-18）［2025-03-12］．https://www.gov.cn/zhengce/2024 01/content_6926914.htm．

[2] 同上。

要举措。以深圳为例，该市通过设立多个专项基金，重点扶持人工智能、生物医药、新材料等前沿领域的创新创业项目。正是在深圳市政府的有为适度扶持下，2024年深圳新增国家级专精特新"小巨人"企业296家，总数达1 025家，新增国家级制造业单项冠军企业29家，总数达95家，增量均居全国各城市首位。① 通过这种模式，政府不仅为企业提供了急需的资金支持，还促进了产业链上下游的合作，加速了科技成果向实际生产力的转化。

最后，治理能力的提升，关键在于用制度托底，用效率说话。以上海为例，该市在构建具有全球影响力的科技创新中心过程中，也充分展示了如何通过制度创新来提升治理能力。根据《上海市建设具有全球影响力的科技创新中心"十四五"规划》，上海致力于打造一个开放、高效、充满活力的创新生态系统。具体措施包括：加强知识产权保护机制，完善科技金融体系，以及建立更加科学合理的科研评价体系。② 这些措施共同作用，使上海成为全国乃至全球范围内重要的科技创新高地。数据显示，到2025年，上海计划国家高新技术企业数量突破2.6万家，③ 凸显其

---

① 2025年深圳市政府工作报告全文发布［EB/OL］.（2025-03-10）［2025-03-12］. https://www.sz.gov.cn/cn/xxgk/zfxxgj/zwdt/content/post_12063381.html.

② 上海市人民政府.上海市建设具有全球影响力的科技创新中心"十四五"规划［EB/OL］.（2021-09-29）［2025-03-12］. https://www.shanghai.gov.cn/nw12344/20210928/5020e5fdf5ac4c6fb4b219da6bb4b889.html.

③ 上海市发展和改革委员会.关于上海市2024年国民经济和社会发展计划执行情况与2025年国民经济和社会发展计划草案的报告［R/OL］.（2025-01-23）［2025-03-12］. https://www.shanghai.gov.cn/nw12337/20250213/cff1fa36a4f440409c911ee55a240663.html.

在推动高质量发展方面的坚定决心。

不可忽视的是,在推进制度创新的过程中,政府还需注重跨部门协作与数据共享的重要性。通过建立统一的数据平台,实现信息互联互通,政府部门间的工作效率得到了极大提升。比如,北京通过整合各部门的数据资源,建立了全市统一的政务服务平台,实现了从申请到审批全流程的在线化处理,极大便利了企业和居民。这种基于数字技术的治理方式,不仅提高了行政效率,也为构建现代化治理体系奠定了坚实的基础。

制度创新是治理能力现代化的关键路径。面对复杂多变的社会经济发展需求,唯有不断创新和完善现有制度框架,才能确保政府治理的有效性和适应性。无论是"最多跑一次"改革带来的行政效率革命,还是产业引导基金对新兴产业发展的有力支持,都证明了制度创新对于提升治理能力的重要性。通过持续深化体制改革,强化公共服务职能,政府能够更好地服务于社会经济发展大局,推动形成更加公平、公正、透明的市场环境,最终实现经济社会的全面进步和发展。因此,各级政府应积极探索适合本地实际情况的制度创新路径,不断提升自身的治理水平和服务质量。

四、小结:服务型政府如何塑造杭州模式

本章深入探讨了服务型政府在构建高效市场与创新生态中发挥的核心作用,强调通过"有为"与"有效"的互动模式,实现

制度创新和治理能力的提升。从管制型政府到服务型政府，不仅仅是一种行政理念的转型，服务型政府更是推动地方经济发展的关键力量，如杭州模式所示，杭州市政府在治理能力和创新生态系统建设方面提供了强有力的制度支撑。通过具体措施，如"最多跑一次"改革、设立产业引导基金等，不仅降低了企业的制度性交易成本，还增强了市场的信任度和预期稳定性。

我们还可以看到，无论是优化行政审批流程，还是提供资金支持以促进科技创新，服务型政府都在其中扮演了至关重要的角色。例如，"最多跑一次"改革极大地提高了行政效率和服务质量，而设立产业引导基金则为企业尤其是初创企业提供了宝贵的资金来源，促进了新兴产业的发展。这些实践不仅体现了政府职能的有效转变，也为其他地区提供了可借鉴的经验。

此外，本章还为第四章的信息效率与价值共识理论框架奠定了基础，揭示了杭州模式背后的治理智慧与执行力，通过案例分析和数据支持，展示了如何通过制度创新打破传统二元对立思维，构建既充满活力又秩序井然的现代市场经济体系。这不仅是对现有理论的补充和完善，也为未来研究指明了方向。因此，服务型政府通过不断的制度创新，正在成为引领社会经济发展的重要引擎，其成功经验值得广泛学习和推广。

第四章

双轮驱动

信息效率与价值共识的融合突破

信息效率革命通过数据透明化、流程标准化、决策可视化、服务智能化四个关键环节加速落地。具体而言，数据透明化推动政务数据开放，提升社会协同效率；流程标准化优化跨部门审批，缩短办事周期；决策可视化依托城市大脑，实现公共资源的精准调配；服务智能化借助 AI 技术，全面覆盖政务服务。而价值共识体系则通过创新包容机制、数字伦理体系、共享发展模式构建了"三大核心支柱"。创新包容机制通过失败项目补偿基金降低创业风险；数字伦理体系以 AI 开发负面清单确保技术可控；共享发展模式建立数据收益分配机制，实现多方共赢。

从产业周期的视角可以发现，信息效率革命正在重塑信息流动的方式，推动产业周期加速演进与结构优化。同时，价值共识的达成则通过长期主义与社会信任，为市场的协调运作和持续创新提供了稳定的基础。这两大支柱相互支撑、协同作用，正引领杭州逼近产业爆发的临界点。在信息高效流动与价值深度认同的双重驱动下，杭州已为引领中国新一轮产业创新与经济增长做好战略准备。

一、信息效率革命与产业周期的重塑

随着数字技术的深度应用和信息基础设施的持续完善,信息效率日益成为重构产业周期、驱动创新扩散和优化资源配置的核心力量。本节将从产业周期视角出发,深入剖析信息效率如何改变产业周期的演进逻辑,勾勒杭州产业地图的新特征,探讨其为新一轮产业爆发创造的条件,进而揭示信息效率在促进产业创新与发展中的战略意义。

(一)信息效率与产业周期的演进逻辑

信息的流速,决定了产业的进程。在数字技术深度渗透的今天,这一论断正变得越发鲜明。传统产业周期理论将产业发展描述为从导入、成长到成熟、衰退的线性过程(见图 4-1),主要受制于技术扩散速度、资本积累水平和市场扩张节奏。然而，随着信息技术的广泛应用和信息流动方式的根本变革，产业周期的内在运行机制正发生深刻转变。信息效率——信息获取、传播、处理和应用的速度与精准度——正成为塑造产业周期的决定性变量。

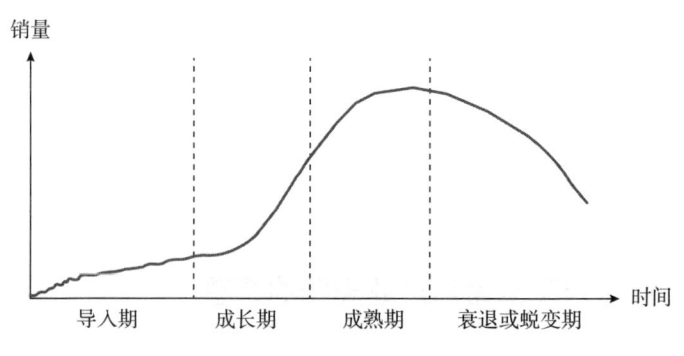

图 4-1　传统产业周期理论示意图

杭州作为中国数字经济的先行者，通过构建"三化一智能"，即数据透明化、流程标准化、决策可视化和服务智能化的信息生态，系统性提升了全市信息效率，重塑了产业创新与发展的时空维度。杭州的信息效率革命不仅加速了产业周期的演进，还优化了资源配置效率，为新一轮产业爆发积累了关键动能。

数据透明化是信息效率提升的首要条件。根据《杭州市数字政府建设"十四五"规划》，杭州已汇聚数据量 1 590 亿条，累计交换数据 1 580 亿条，日均交换量超过 500 万条。[①] 这种前所

[①] 杭州市数据资源管理局，杭州市发展和改革委员会. 杭州市数字政府建设"十四五"规划［EB/OL］.（2021-10-18）［2025-03-14］. https://www.hangzhou.gov.cn/art/2021/10/18/art_1229541463_3946897.html.

未有的数据透明化和共享程度，极大降低了市场主体获取信息的成本和时间，缩短了从信息到决策的转化周期。在传统环境中，信息往往以碎片化、延迟性方式流动，市场主体需要付出高昂成本来获取决策所需的关键信息。而杭州的数据共享体系使信息能够更加完整、及时地触达需求方，将信息从封闭的"孤岛"转变为开放的"湖泊"，为创新决策提供更加充分的信息基础。

流程标准化则是确保信息高效传递和处理的关键机制。杭州通过"标准化+"行动计划，对政务服务、企业运营和社会治理等领域的流程进行了系统性重构和标准化改造。流程标准化不仅提高了各环节的处理效率，更重要的是建立了不同主体间协同的共同语言，降低了沟通成本和理解偏差。杭州的"12345"热线系统通过流程标准化和数字化技术，实现了从受理到解决的全流程闭环管理。系统自动分类、智能分派和标准处理，使市民反馈能够快速传递到相关部门，并得到及时响应。这种流程标准化不仅提升了公共服务效率，还为企业提供了稳定、可预期的政务环境，降低了制度性交易成本，缩短了企业从决策到执行的周期。

决策可视化是信息从数据转化为价值的关键环节。杭州通过构建多层次决策可视化系统，实现了从数据到决策的实时转化。决策可视化不仅提供了直观的数据展现，更通过算法和模型，挖掘数据背后的规律和趋势，为决策提供智能支持。杭州城市大脑在交通领域的应用，是决策可视化的典型案例。系统已接管128个信号灯路口，通过实时分析交通流量数据和智能调控信号灯，使试点区域通行时间平均减幅达15.3%，高架道路出行时间节省

4.6分钟。①这种基于数据的智能决策不仅提高了城市交通效率，也为物流业、商业和服务业创造了更高效的运营环境。

　　服务智能化是杭州信息效率革命的最新发展成果。杭州通过AI大模型和智能算法，实现了信息处理和应用的智能化升级。智能服务不仅提高了信息的处理效率，还通过对信息的深度理解和分析，实现了从被动响应到主动预测的转变。杭州的"审点芯"智能平台覆盖全市3 000余项政务服务，通过自然语言理解和知识图谱技术，实现了政务服务的智能问答和精准引导。②平台不仅能够回答用户的常规问题，还能根据用户的具体情况，提供个性化的服务建议和操作指引，大大提升了服务的精准度和效率。

　　产业周期的加速，不是资源的堆积，而是信息的高效流转。杭州的信息效率革命带来了产业效率的全面提升，主要体现在数字经济指数提高和技术转化周期缩短两个关键维度上。

　　数字经济指数的提高实质上反映了信息技术对产业发展的倍增效应。它不仅加速了信息在产业系统中的流通，还改变了信息的价值释放方式。赛迪研究院发布的《2023中国城市数字经济发展研究报告》公布了2023年数字经济百强市，杭州位居全

---

① 澎湃新闻.建设新型智慧城市的杭州实践：累计归集数据310.68亿条［EB/OL］.（2018-01-20）［2025-03-14］.https://www.thepaper.cn/newsDetail_forward_1960127.

② 杭州网.AI大模型驱动！"审点芯"助力杭州政务服务迈向智能化新高度［EB/OL］.（2025-03-03）［2025-03-14］.https://hwyst.hangzhou.com.cn/xwfb/content/2025-03/03/content_8871904.htm.

国第四。①杭州数字安防产业市场占有率位居全球第一，云计算IaaS市场份额亚太第一，电商平台交易量和第三方支付能力全国第一。在《2024浙江省数字经济发展综合评价报告》中，杭州以133.2分的高分连续7年位居全省第一。②

技术转化周期，即从技术突破到规模化商业应用的时间跨度，是产业创新效率的核心指标。在杭州，这一周期呈现显著的收缩趋势。杭州市知识产权保护中心通过"特快专利"服务，大幅缩短了专利授权周期。③其中，外观设计专利授权周期从原来的4~6个月缩短至1个月；发明专利授权周期从平均18~26个月缩短至80天，较全国平均15.5个月缩短了83%；实用新型专利授权周期从6~10个月缩短至2个月。④技术转化周期的缩短意味着快速将科研成果转化为实际生产力，提升产业竞争力，优化资源配置，加速创新生态的形成，同时也意味着投资回报周期的缩短，提高了资本对创新活动的支持意愿，形成了创新资源

---

① 邵婷.升级！杭州位居全国数字经济百强榜第四位［EB/OL］.（2024-09-25）［2025-03-14］.https://www.hzzx.gov.cn/cshz/content/2024-09/25/content_8792295.htm.

② 杭州市经济和信息化局（杭州市数字经济局）.《2024浙江省数字经济发展综合评价报告》发布，杭州市连续七年位列第一［EB/OL］.（2025-01-26）［2025-03-14］.https://jxj.hangzhou.gov.cn/art/2025/1/26/art_1229407639_58941733.html.

③ 朱晶晶，卢辉珈.发明专利授权周期从18至26个月缩短至80天 杭州"特快专利"助企"抢"出市场黄金期［EB/OL］.（2025-03-11）［2025-03-14］.https://hznews.hangzhou.com.cn/chengshi/content/2025-03/11/content_8890080.htm.

④ 朱晶晶，卢辉珈.发明专利授权周期从18至26个月缩短至80天 杭州"特快专利"助企"抢"出市场黄金期［EB/OL］.（2025-03-11）［2025-03-14］.https://hznews.hangzhou.com.cn/chengshi/content/2025-03/11/content_8890080.htm.

更加充分的良性循环。

信息效率革命的"三化一智能"变革，正在为杭州新一轮产业爆发积累关键动能。信息效率的系统性提升不仅加速了单个企业的创新节奏，也优化了整个产业生态的协同效率，使杭州在全球产业竞争中占据了时间优势。这种以信息效率为驱动的产业发展模式，将成为杭州在数字经济时代持续领先的核心竞争力，推动城市迈向更高质量的发展阶段。

（二）杭州的产业地图与新兴产业集群

地图的价值，不在于分布，而在于协同。杭州的产业地图正经历深刻重构，从传统的静态分布向动态网络转变，从简单的产业链条向复杂的产业生态演进。这种转变既反映了产业本身的内在演化规律，也体现了信息效率对产业组织方式的深刻影响。

从空间布局看，杭州已形成多个各具特色的产业集聚区：西湖区聚焦数字内容和人工智能，滨江区专注信息技术和智能制造，余杭区发展电子商务和数字健康，钱塘新区布局生物医药和新材料。这种空间分布既有历史沿革和产业演进的自然积淀，也有政策引导和战略规划的刻意安排。与传统产业集群不同，杭州的产业集聚区并非孤立的空间单元，而是通过信息网络和创新链条紧密连接，形成相互支撑、相互促进的有机整体。

西湖区依托浓厚的人文底蕴和丰富的高校资源，在数字内容与人工智能领域形成了独特优势。区内咪咕数字传媒等企业通过

"内容+科技+融合创新"模式，打造了"闪'元'产品"等元宇宙应用，为数字文创产业注入新动能。①在人工智能领域，西湖区聚焦算力、算法和场景应用，集聚了阿里云智能、蚂蚁集团等头部企业。2024年发布的《"AI西湖"人工智能产业发展白皮书》和成立的"西湖之光"算力联盟，构建了政府、高校、企业协同的创新生态。通过紫金港科技城、环浙大人工智能产业带和云栖小镇三大板块的战略布局，②西湖区形成了龙头引领与创新孵化互促共进的发展格局，正成为人工智能技术与数字内容融合的全球创新高地。

滨江区作为杭州的高新技术产业核心区，已形成以智能物联和集成电路为双引擎的创新格局。区内物联网小镇汇聚了海康威视、大华股份等行业巨头，构建了从芯片设计到系统集成的完整产业链。2024年上半年，滨江物联网小镇实现营业收入1 401.5亿元，数字经济产业营业收入占比高达96.1%。滨江区通过实施"中国视谷"战略和"5050"人才政策，持续突破视觉智能关键技术壁垒，同时培育了以士兰微和矽力杰为代表的芯片设计企业集群，助力滨江区成为全国集成电路产业的核心区域之一。③

---

① 骆盈颖.杭州西湖区新产业布局新未来[EB/OL].(2024-05-16)[2025-03-14].https://epaper.zjgrrb.com/html/2024/05/16/content_2850217.htm.
② 智安物联网.新产业布局新未来，杭州西湖区插上AI"翅膀"[EB/OL].(2024-05-07)[2025-03-14].https://www.seiot.com.cn/detail/22923.htm.
③ 王延春.高新区（滨江）：科创蓄势未来[EB/OL].(2024-11-11)[2025-03-14].https://www.mycaijing.com/article/detail/534113.

余杭区依托未来科技城和良渚新城，打造了以电子商务、数字健康和人工智能为主导的创新生态。国际数字商务区已集聚阿里巴巴、字节跳动、快手等数字经济巨头。2024年，余杭区数字经济核心产业增加值达2 298亿元，占地区生产总值的比重高达68.5%，总量稳居浙江省首位。① 通过实施"创业科学家"和"科学企业家"计划，余杭区构建了政产学研深度融合的创新网络，如企业优基尔与之江实验室的合作案例展现了"企业出题、院所答题、产线验证"的协同创新成效。在低空经济和类脑智能等前沿领域的前瞻布局，正加速将余杭区打造成为全球数字经济和未来产业的重要策源地。

钱塘新区专注"车药芯化航"五大硬核产业，已成为杭州先进制造的主阵地。2024年，该区实现工业总产值3 756亿元，位居全市首位，签约亿元以上产业项目101个，包括1个百亿级和22个十亿级项目。② 区内5.25%的R&D（研究与试验发展）经费投入强度和300余家省级以上重点实验室与研究中心，支撑起强大的创新能力。通过"1+6+X"技术转移体系，钱塘新区3年技术交易额达200亿元，实现了科技成果高效转化。③ "百企扩

---

① 澎湃新闻.2亿元！余杭将下一场"科技春雨"！［EB/OL］.（2025-02-16）［2025-03-14］.https://www.thepaper.cn/newsDetail_forward_30172494.
② 陈烨.杭州钱塘：持续锻造"硬核产业"，不断推动新质生产力发展［EB/OL］.（2025-03-08）［2025-03-14］.https://news.qq.com/rain/a/20250308A07K5H00.
③ 杭州网.钱塘这场发布会揭秘新质生产力"核心密码" 展现创新发展新实力［EB/OL］.（2025-03-08）［2025-03-14］.https://ori.hangzhou.com.cn/ornews/content/2025-03-08/content_8883005.htm.

产"攻坚行动推动区内数字经济企业达251家，增加值年均增速达10.4%。《钱塘（新）区新型工业化行动方案（2025—2027年）》[1]为区域确立了2027年规模以上工业总产值突破5 000亿元的宏伟目标，通过"中国医药港"和"杭州核酸药谷"等标志性项目，钱塘新区正迅速崛起为全球先进制造业基地的重要支点。

区域间的产业分工与协作不再受限于地理距离和行政边界，而是基于功能互补和价值链位置形成更加灵活的协同关系。这种跨区域协同大大提升了整体产业生态的创新效率和竞争力，也使各区域产业集群能够更好地发挥自身特色和优势，形成差异化发展路径。

从产业类型看，杭州的新兴产业集群主要集中在三大领域：数字经济核心产业（见图4-2），包括云计算、大数据、人工智能、区块链等；数字赋能产业，包括智能制造、数字健康、智慧金融等；融合创新产业，如虚拟现实、元宇宙、生命科学等。这种产业布局既符合数字经济发展的一般规律，也充分利用了杭州在信息技术和应用创新方面的独特优势。更重要的是，这三类产业之间形成了有机联系：核心产业提供技术基础，赋能产业拓展应用场景，融合创新产业探索前沿方向。这种互补结构确保了产业生态的完整性和可持续发展能力，避免了单一产业路径依赖的

---

[1] 王逸飞.杭州钱塘（新）区新型工业化行动方案：打造全球先进制造业基地主平台［EB/OL］.（2025-03-08）［2025-03-14］.https://www.zj.chinanews.com.cn/jzkzj/2025-03-08/detail-ihepievk2343135.shtml.

风险。

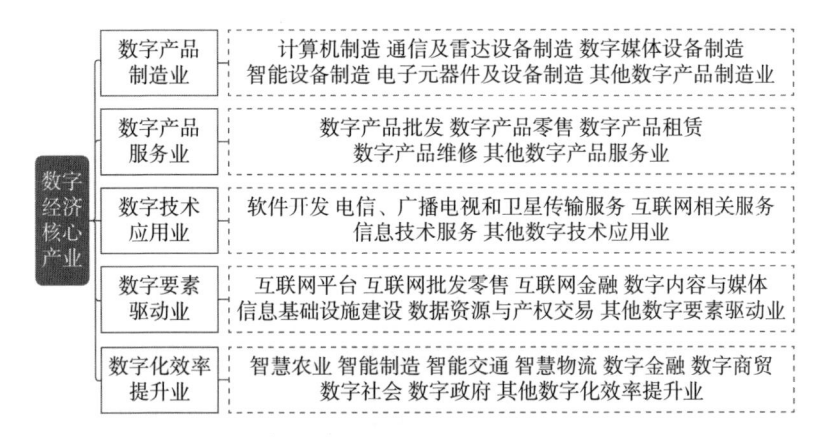

数字经济核心产业		
	数字产品制造业	计算机制造 通信及雷达设备制造 数字媒体设备制造 智能设备制造 电子元器件及设备制造 其他数字产品制造业
	数字产品服务业	数字产品批发 数字产品零售 数字产品租赁 数字产品维修 其他数字产品服务业
	数字技术应用业	软件开发 电信、广播电视和卫星传输服务 互联网相关服务 信息技术服务 其他数字技术应用业
	数字要素驱动业	互联网平台 互联网批发零售 互联网金融 数字内容与媒体 信息基础设施建设 数据资源与产权交易 其他数字要素驱动业
	数字化效率提升业	智慧农业 智能制造 智能交通 智慧物流 数字金融 数字商贸 数字社会 数字政府 其他数字化效率提升业

图4-2 数字经济核心产业分类示意图

资料来源：《数字经济及其核心产业统计分类（2021）》。

从发展动态看，杭州的产业地图呈现三个突出特征：一是边界持续模糊化，传统产业分类越来越难以描述新兴技术和商业模式的融合创新；二是价值链网络化，从线性的上下游关系向多维的价值创造网络转变，企业角色更加多元，协作方式更加灵活；三是创新源多元化，从少数龙头企业和研究机构向广泛的社会创新主体扩展，中小企业、创业团队、个人开发者等都成为创新的重要力量。

新兴产业的崛起，往往是信息效率革命的前奏。从产业演进规律看，新兴产业集群的形成通常预示着新一轮产业变革的来临。杭州当前的产业地图正处于关键转型点：从单纯的技术应用向核心技术突破转变，提升产业发展的自主性和持续性；从简单的商业模式创新向系统性产业变革升级，拓展创新的广度和深度；从局部性增长点向全局性增长极扩展，增强产业带动和辐射能力。这些转变表明，杭州的产业发展正在从量的扩张向质的提高跃升，为新一轮产业爆发积累势能。

（三）信息效率革命与新一轮产业爆发的前夜

爆发的前夜，往往是信息积累的临界点。纵观产业发展史，每一轮重大产业爆发都伴随着信息处理方式的革命性变革：工业革命时代，是机械信息处理的兴起；电气时代，是电子信息处理的普及；互联网时代，是网络信息处理的爆发。而我们正处于人工智能驱动的智能信息处理革命前夜。信息效率革命演进的三个阶段如图4-3所示。

这一轮信息效率革命的核心特征是信息处理从被动响应走向主动预测，从标准化操作走向智能化决策，从专业领域走向全面渗透。这种革命性变革正在创造一个全新的产业可能性空间，为新一轮产业爆发奠定基础。

图4-3 信息效率革命演进的三个阶段

从宏观视角看，新一轮产业爆发的前夜呈现三个关键特征：一是技术要素的临界性积累，人工智能、量子计算、区块链等技术经过长期演进，正在接近实用化临界点；二是制度环境的系统性重构，数据要素市场化、知识产权保护、创新风险分担等制度安排日益完善；三是市场需求的结构性变化，消费升级、人口老龄化、碳中和目标等趋势创造了大量新需求。这三个因素的叠加，形成了新一轮产业爆发的时代背景。

杭州在人工智能、量子计算等前沿技术领域的积累已从量变步入质变的关键阶段，尤其是在人工智能领域展现出显著的临界性积累。西湖大学的基础理论研究为人工智能的发展奠定了坚实的学术基础。阿里巴巴达摩院则通过不断的技术平台开发和大模型迭代，将人工智能性能提升至实用门槛，同时大幅降低了算力成本。其中，杭州的人工智能芯片行业在2023年实现了销售收入约114亿元，企业数量同比增长222.7%，达到71家，凸显了强大的市场活力和发展潜力。[1]

与此同时，杭州在量子计算与区块链领域也展现了强劲的发展势头。尽管量子计算目前仍处于技术探索阶段，但杭州已通过政策支持和科研投入，推动量子信息技术的发展。例如，之江实验室等科研机构在量子计算的关键技术攻关方面取得了显著进展，为未来量子计算的实用化奠定了基础。杭州全面推进"中国

---

[1] 杭州政协网. 浙江AI产业年产值破5700亿元，杭企利润占比超七成［EB/OL］.（2025-02-12）［2025-03-14］. https://www.hzzx.gov.cn/cshz/content/2025-02/12/content_8858629.htm.

数谷"建设，加快区块链基础设施建设，推动区块链技术在数据交易、供应链金融、数字政务等领域的应用。这不仅提升了数据的安全性和可信度，还优化了社会治理和商业运营模式，为数字经济的高质量发展提供了保障。

杭州正全力推进制度环境的系统性重构，其中数据要素市场化、知识产权保护和创新风险分担等关键领域的制度安排日益完善。数据要素作为数字经济的核心资源，其市场化配置成为推动产业创新的关键。杭州通过设立数据交易所、探索数据知识产权登记制度等创新举措，不仅完善了数据产权体系，还为数据要素的高效流通提供了坚实的法律保障。同时，杭州积极拓展数据应用场景，通过数联网、隐私计算等基础设施建设，推动数据要素在更多领域的应用，进一步提升信息效率。

在知识产权保护方面，杭州通过《杭州市知识产权保护和促进条例》[1]等法规的实施，明确了数据知识产权的登记和保护机制，优化了司法与执法流程，提升了知识产权纠纷的处理效率；通过财政补贴、算力支持等政策引导，为创新企业提供了有力的资金支持和资源保障。在金融创新方面，知识产权质押融资、保险等模式的探索，为创新企业开辟了多元化融资渠道，降低了创新成本。这不仅提升了信息效率，更为数字经济和创新生态的健康发展筑牢了根基。

---

[1] 杭州市市场监督管理局. 杭州市知识产权保护和促进条例[EB/OL].（2024-12-31）[2025-03-14]. https://scjg.hangzhou.gov.cn/art/2024/12/31/art_1693458_58926832.html.

杭州市场需求的结构性变化正成为推动产业变革的关键力量，特别体现在消费升级趋势上。2024年，杭州全体居民人均消费支出52 996元，①政府通过发放消费券、举办购物节等活动，进一步激发了消费潜力。同时，杭州的消费结构正从传统的商品消费向服务消费、体验消费转变。

人口老龄化和碳中和目标也为杭州创造了新的市场机会。人口老龄化加剧了居民对养老服务的需求，截至2024年底，杭州60岁及以上人口达到258.2万人，占总人口的20.5%，②养老服务设施不断完善。在碳中和领域，杭州制定了到2030年高质量实现碳达峰目标，清洁能源及节能环保产业规模达1 580亿元，同比增长18.7%，通过"绿色金融+产业投资+技术创新"联动机制，将环境压力转化为创新动力，形成了需求变化驱动产业革新的典型路径。消费升级方面，杭州的房地产市场呈现明显的两极化趋势，刚需和改善型需求成为主流，大户型和小户型需求扩容明显。同时，随着数字经济和新兴产业的崛起，杭州的商业地产市场也迎来了新的发展机遇，写字楼成交面积同比增长66.3%，③租赁市场活跃度显著提升。此外，在碳中和目标的推动下，杭州

---

① 杭州市统计局.2024年度杭州市人民生活等相关统计数据公报［R/OL］.（2025-02-10）［2025-03-14］.https://www.hangzhou.gov.cn/art/2025/2/10/art_1229063404_4331250.html.
② 杭州市统计局.2024年杭州市人口主要数据公报［R/OL］.（2025-03-11）［2025-03-14］.https://www.hangzhou.gov.cn/art/2025/3/11/art_1229063404_4336594.html.
③ 中指研究院.2024年上半年杭州商业地产市场报告［R/OL］.（2024-07-31）［2025-03-14］.https://xueqiu.com/8600435193/299362382.

的绿色能源投资和新能源汽车市场也在快速发展，尽管具体数据尚未明确，但其作为数字经济和绿色发展先锋城市的定位，使其在相关领域的发展速度预计高于全国平均水平。

与此同时，杭州的市场结构正在发生深刻变化。一方面，刚需和改善型住房需求的两极化趋势，推动了房地产市场的结构性调整；另一方面，随着人口老龄化程度的加深，养老服务和医疗健康领域的需求不断增长，为相关产业带来了广阔的发展空间。此外，碳中和目标的推进促使杭州加快绿色能源布局和新能源汽车的普及，推动了经济结构的绿色转型。在消费升级的背景下，杭州的商业地产市场也在不断优化，写字楼需求的回升和租赁市场的活跃，反映了数字经济和新兴产业对办公空间的旺盛需求。这些结构性变化不仅为杭州的经济发展提供了新的增长点，也为城市的高质量发展奠定了坚实基础。

信息效率革命是连接这三大因素的关键纽带。技术要素的临界性积累提高了信息处理能力，制度环境的系统性重构降低了信息传递的制度性成本，市场需求的结构性变化创造了信息价值实现的多元场景。这三者相互促进，共同提升了杭州的整体信息效率，使创新要素能够以前所未有的速度和精度在产业系统中流动和配置。

杭州的经验表明，信息效率的系统性提升是新一轮产业爆发的关键引擎。随着技术积累达到临界点、制度环境日益完善、市场需求持续变革，杭州正站在产业创新的新起点，一场以信息效率革命为核心的产业爆发即将到来，这不仅将重塑杭州的经济格局，也将为中国乃至全球的数字经济发展提供宝贵经验并发挥示范引领作用。

二、价值共识的塑造与有效市场

产业发展不仅依赖于信息效率这一"硬变量"，也受制于价值共识这一"软变量"的深刻影响。如果说信息效率解决的是资源如何更高效地流动和配置的问题，那么价值共识则解决资源为何朝特定方向流动的问题。本节将从产业周期的视角，深入分析价值共识如何通过塑造长期主义、稳定预期和构建信任机制，推动市场协调与产业创新，为新一轮产业爆发奠定文化与制度基础。

（一）价值共识与产业周期的稳定性

产业周期稳定性本质上取决于市场主体的价值共识构建程度。传统经济周期理论基于完全理性假设下的个体效用最大化模型，难以解释集体行动中个体理性与集体非理性的结构性矛盾。制度经济学视角揭示，价值共识作为制度性认知资本，通过构筑共享心智模型，在信息不对称和外部性普遍存在的市场环境中形成规范预期，有效协调跨期决策的时际偏好，从而降低交易摩擦系数。这种基于共同价值范式的制度性认知框架，不仅修正了新古典主义对短期利益函数的单一依赖，更通过构建可置信承诺机制，实现了产业演进路径中决策函数的结构性收敛，最终在动态博弈过程中生成具有鲁棒性的周期稳定器。

价值共识对产业周期稳定性的影响主要体现在三个层面。

首先是时间维度上的长期主义。短期利益导向容易引发市场主体的羊群效应和过度反应，加剧周期波动。而共同的长期价值观能够引导企业超越短期波动，坚持战略方向，减少盲目跟风和频繁调整。从杭州创新型企业的实践看，即使在市场下行时期，研发投入仍保持稳定增长，体现了其对长期价值的坚守。这种长期主义使产业发展更加连贯稳定，避免了因短期市场波动导致的战略摇摆和资源浪费。而产业发展的实际成效也强化了杭州市政府的方法论自信，同时推动领导团队建立了"种树思维"。杭州市政府10年累计投入45亿元科创资金，撬动社会资本380亿元，财政资金杠杆率达8.4倍。杭州市政府10年投入300亿元建设数字经济产业园，前期忍受空置质疑，如今集聚400余家上下游企业，引进DeepSeek时承诺"10年不考核营收"，为其突破AGI（通用人工智能）技术赢得窗口期。滨江区有关领导曾明确表态："我们要做时间的朋友，而非数据的奴隶。"

分析杭州人工智能领域的发展案例，我们可以清晰看到长期价值导向对产业周期的稳定作用。2018—2019年，全球人工智能投资热潮退却，许多地区的人工智能企业面临融资困难和市场质疑。然而，杭州的人工智能企业群体展现出明显的韧性和持续性，核心技术研发未因短期市场波动而停滞。这种稳定性的背后是对人工智能技术长期价值形成共识：无论短期市场如何波动，人工智能作为改变生产方式和组织形态的基础技术，其长期战略意义不会改变。

这种价值共识不仅影响了企业决策，也影响了投资机构的资本配置和政府的政策支持，形成了多方合力维护产业发展稳定性的格局。例如，杭州市政府出台了一系列政策支持人工智能产业的发展，包括《杭州市人工智能全产业链高质量发展行动计划（2024—2026年）》[1]和《杭州市促进人形机器人产业创新发展的若干政策措施》[2]。通过这些政策，杭州市政府不仅提供了资金支持，还利用优化营商环境、提供技术实验场地等方式降低了企业的创新成本。

其次是空间维度上的协同意识。产业发展不仅是时间上的演进，也是空间上的协同。价值共识促进了企业间、产业间的协同行为，使资源配置更加合理，减少无序竞争和重复投资。在杭州，领军企业与中小企业、上下游企业之间形成了紧密的协同网络，大企业开放资源和技术，中小企业深耕细分领域，形成"共生共荣"的产业生态。这种协同模式提高了资源利用效率，也增

---

[1] 杭州市经济和信息化局（杭州市数字经济局）.杭州市经济和信息化局（杭州市数字经济局）关于印发《杭州市人工智能全产业链高质量发展行动计划（2024—2026年）》的通知［EB/OL］.（2025-02-27）［2025-03-14］.https://jxj.hangzhou.gov.cn/art/2025/2/27/art_1229145719_1849723.html.

[2] 杭州市人民政府网.关于《杭州市人民政府办公厅关于印发杭州市促进人形机器人产业创新发展的若干政策措施的通知》的政策解读［EB/OL］.（2024-12-27）［2025-03-14］.https://www.hangzhou.gov.cn/art/2024/12/27/art_1229063385_1848310.html.

强了产业链韧性，减少了外部冲击对整体产业的影响。

最后是价值维度上的多元平衡。单一的价值导向容易导致资源过度集中和系统性风险。杭州的价值共识体现了经济效益、创新驱动、生态友好、社会责任的多元平衡，避免了单一维度的极端化。这种多元平衡使产业发展更加全面和可持续，减少了因单一目标追求而产生的周期性矛盾和结构性失衡。

长期主义的力量，不在于坚持，而在于积累后的爆发。价值共识中的长期主义并非简单地放慢发展节奏，而是在快速变化的环境中保持战略定力，持续提高能力和积累资源，等待市场条件成熟时的爆发性增长。这种"长积累、厚爆发"的发展模式，体现了一种更加成熟的产业观，既避免了短视行为带来的资源浪费和结构失衡，又保持了对市场机会的敏感性和快速响应能力。

价值共识对产业周期稳定性的保障还体现在危机应对上。在面对外部冲击时，共同的价值观能够引导企业做出一致性反应，避免恐慌性行为和过度调整。2020年，受新冠疫情冲击后，杭州企业展现的韧性和适应性，很大程度上源于对数字化转型、创新驱动等核心价值的共识。企业没有简单地削减成本，而是加快数字化转型，探索线上市场和新商业模式，最终于危机中实现升级。

从产业演进规律看，价值共识与产业周期稳定性之间存在正向循环：稳定的产业环境有利于价值共识的达成，而共同的价值认同又进一步增强产业稳定性。这种良性循环为杭州的持续创新和长期繁荣奠定了基础，也为理解产业发展的软性驱动力提供了重要视角。

（二）社会信任与政策导向的协同作用

信任的基础，是透明与可预期的政策。在市场经济中，政策环境的稳定性和透明度直接影响市场主体的信任水平和行为预期。杭州通过构建透明高效的政策制定和执行机制，形成了政府与市场之间的高度信任关系，为价值共识的达成创造了有利条件。

政策透明的核心在于降低信息不对称。杭州通过多种渠道公开政策制定的背景、过程和依据，使市场主体能够理解政策意图，形成合理预期。政策征询、听证、专家论证等参与机制，使政策过程更加公开透明。政策执行过程中的进展、调整和效果评估也会定期公开，增强了市场主体的信任感，降低了政策不确定性带来的风险。

政策可预期性则体现在连续性和一致性上。杭州的产业政策注重长期规划和稳定执行，避免频繁变动或朝令夕改，即使需要调整，也会设置合理过渡期和缓冲措施。同时，不同层级、不同部门的政策保持高度一致性，可以避免出现政策冲突和混乱信号。这种可预期的政策环境使企业能够制定长期战略，增强了发展的连续性和稳定性。

2019—2025年，杭州在人工智能领域出台了一系列政策文件，体现了政策的连续性和稳定性，为产业发展提供了有力支持。2019年，杭州出台了《杭州市建设国家新一代人工智能创新发展试验区行动方案》①和《杭州市建设国家新一代人工智能创新发展试验区若干政策》②，全面推动试验区建设。2024年，杭州发布了《杭州市人工智能全产业链高质量发展行动计划（2024—2026年）》③，明确提出到2026年，力争全市智能算力集群规模在国内同类城市中领先。杭州通过创建长期稳定的政策环境，使企业能够制定长期战略，减少政策变动所带来的不确定性，增强企业发展的连续性和稳定性。

共识的力量，往往是政策与市场的双向支撑。在杭州，政策导向与市场选择形成了相互促进的关系。政策通过引导和激励，影响市场行为和价值取向；市场的实践和反馈，又影响政策的调整和完善。这种双向互动使政策更加符合市场实际，市场行为更加符合长期发展方向，形成良性循环。

分析杭州数字经济的发展路径，我们可以看到这种政策导向与市场选择的协同机制。早在互联网经济兴起初期，杭州就确

---

① "中国杭州"政府门户网站.市委办公厅 市政府办公厅关于印发《杭州市建设国家新一代人工智能创新发展试验区行动方案》的通知［EB/OL］.（2019-12-30）［2025-03-14］.https://www.hangzhou.gov.cn/art/2019/12/30/art_1345197_42617875.html.
② "中国杭州"政府门户网站.杭州市人民政府关于印发杭州市建设国家新一代人工智能创新发展试验区若干政策的通知［EB/OL］.（2019-12-19）［2025-03-14］.https://www.hangzhou.gov.cn/art/2019/12/19/art_1229063381_460950.html.
③ 杭州市经济和信息化局（杭州市数字经济局）.杭州市经济和信息化局（杭州市数字经济局）关于印发《杭州市人工智能全产业链高质量发展行动计划（2024—2026年）》的通知［EB/OL］.（2025-02-27）［2025-03-11］.https://jxj.hangzhou.gov.cn/art/2025/2/27/art_1229145719_1849723.html.

立了数字经济作为战略性产业的定位，通过土地、税收、人才等政策措施提供系统性支持。这一政策导向吸引了大量企业和人才投入数字经济领域，形成了初步的产业集聚区。随着市场实践的深入，政策重点从单纯的规模扩张转向质量提升和融合创新，引导企业从应用创新向核心技术突破转型。这一调整又促进了企业研发投入的扩大和技术创新能力的提升，带动产业向更高层次发展。政策与市场之间的这种良性互动，不仅加速了数字经济的发展进程，也确保了发展方向的持续优化和调整，避免了发展中的结构性失衡和路径依赖问题。杭州近5年数字经济核心产业的发展情况如图4-4所示。

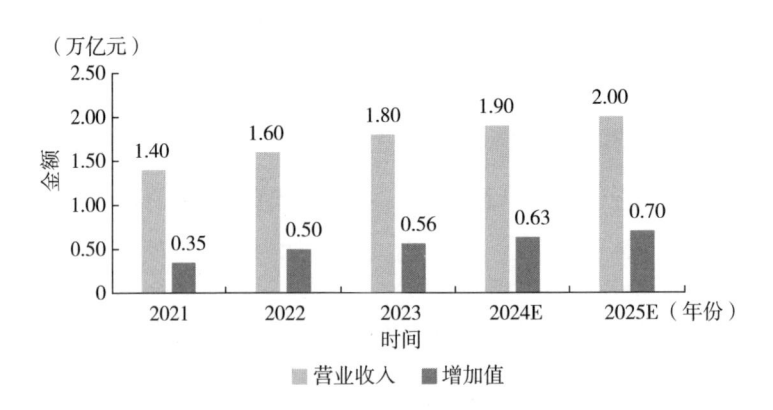

图4-4　杭州近5年数字经济核心产业发展情况

资料来源：杭州市统计局，国家统计局杭州调查队。

政策导向对价值共识的塑造体现在三个方面：战略指引、激励引导和示范带动。在战略指引层面，杭州的产业政策不仅关注短期目标，更强调长期发展方向，引导企业形成对未来的共同认知。在激励引导方面，政策通过资源配置、风险分担和成本补偿等机制，影响企业的行为选择和价值判断。例如，对基础研究和原始创新的持续支持，促进了企业对长期技术积累的重视；对绿色低碳技术的政策倾斜，推动了对可持续发展理念的认同。在示范带动方面，政府通过自身行动和公共项目示范，影响社会价值取向。杭州在城市治理中的数字化实践，为企业转型提供了参考；政府采购对创新产品的优先考虑，增强了创新企业的信心。

社会信任与政策导向的协同，为价值共识的达成和产业发展的稳定性提供了制度保障。高信任环境中，政策能更有效地传递和落实，市场主体能更一致地理解和响应政策信号，形成对长期发展方向的共同认知。这种协同机制是杭州产业持续创新和稳定增长的重要支撑，也是其面对不确定性时展现韧性的深层原因。

（三）价值共识与新一轮产业爆发的文化基础

文化的力量，往往在于润物细无声。在分析产业发展驱动因素时，我们常关注资本、技术、政策等显性要素，而忽视文化因素的深层影响。实际上，文化作为一种隐性但持久的力量，塑造着社会对创新、合作、风险的基本态度，影响着产业发展的方向和特质。杭州的价值共识不仅体现在具体政策和制度安排上，更深刻根植于其独特文化土壤中。

长期主义文化是杭州价值共识的重要特征。不同于短期利益驱动的投机文化，杭州的企业家和创新者普遍表现出对长期价值的追求和战略耐心。这种长期主义既源于杭州深厚的商业传统，也受到现代创新理念的影响。许多杭州企业家表示，他们的创业和经营决策不仅考虑短期回报，更看重长期发展空间和社会价值。这种长期主义文化使企业能够在市场波动中保持定力，持续投入创新和人才培养，为产业爆发积累势能。

开放包容的创新文化是杭州价值共识的另一重要特征。杭州自古就是文化多元交融的城市，这种开放包容的基因延续至今，表现为对新技术、新理念、新模式有极高的接纳度。在杭州，不同领域、不同背景的人才能够自由交流并进行思想碰撞，产生创新火花；不同技术路线和创新方法能够并行发展，形成丰富多样的创新生态。这种创新文化不仅催生了众多创新成果，也培养了社会对创新的普遍认同和支持，为新一轮产业爆发创造了文化条件。

实干与理想平衡的务实文化也是杭州价值共识的重要组成部分。杭州的创新创业文化既有理想主义的激情和远见，又有脚踏实地的务实精神和执行力。这种平衡使创新既能够着眼于长远目标，又能够解决实际问题；既有突破性思维，又有渐进式改良；既追求技术领先，又重视市场价值。这种务实文化避免了空谈和泡沫，确保了创新能够真正落地并创造价值。

以杭州云计算产业的发展为例，我们可以观察到价值共识如何通过文化基础支撑产业创新和爆发。云计算作为基础设施型技术，前期投入大、回报周期长、不确定性高，在投资导向上容易受到短期市场波动的影响。然而，杭州的云计算企业展现出明显的长期投入特征，持续构建自主创新能力，不断完善技术体系和服务模式。

2009年，阿里云正式成立，成为中国第一家商用云计算公司，开启中国云计算产业新纪元。随后，杭州在2011年成立了云计算产业园，为云计算企业提供良好的发展环境和政策支持。2013年，阿里云相关业务落地云栖小镇，这一举措不仅推动了小镇的转型升级，还吸引了大批涉云企业入驻，使其逐渐发展成为全国云计算产业的重要基地。这种发展路径背后是对云计算长期战略价值的共识：参与者普遍认同云计算不仅是一项技术或服务，而且是未来数字经济的基础设施和创新平台，具有长期战略意义。

这种价值共识通过三种途径转化为实际行动：首先，企业决策层基于长期价值判断，保持稳定的研发投入和技术积累，即使短期盈利压力增大，也不轻易调整战略方向；其次，投资机构更加注重评估企业的技术积累和创新能力，而非单纯的短期增长数据，为技术密集型企业提供更有耐心的资本支持；最后，政策制定者从战略高度理解云计算的关键作用，提供稳定的政策环境和适度的引导支持，避免频繁调整导致的市场不确定性。这三个层面协同作用，使杭州云计算产业能够避开短期市场波动的干扰，沿着技术进步和应用创新的主轨道稳步发展，最终在行业整合和应用爆发期占据有利位置。

共识的深度，决定产业爆发的厚度。价值共识的达成不是一朝一夕的结果，而是长期积累的过程。深层次的价值共识超越了简单的利益博弈，成为一种内化的行为准则，能够在不确定的环境中提供稳定指引，在利益冲突中促成合作，在市场波动中维持长期投入。这种深度共识为产业爆发提供了厚实的文化基础，使爆发不仅具有速度和规模，更具有持久性和抗风险能力。

价值共识的文化根基与新一轮产业爆发之间存在密切联系。一方面，价值共识为产业爆发创造了文化条件，包括对创新的社会支持、对合作的信任基础、对长期投入的战略耐心；另一方面，产业的成功实践又强化了这些价值认同，形成正向循环。在杭州即将迎来的新一轮产业爆发中，这种文化基础将继续发挥关键作用，影响爆发的质量、深度和可持续性。

三、双支柱模式与新一轮产业爆发的前夜

通过前文的介绍，我们可以清晰地看到，信息效率与价值共识这两个看似独立的要素相互支撑、相互强化，共同构成杭州产业发展的双支柱模式。这一模式不仅解释了杭州过去的产业成就，更为理解新一轮产业爆发的动力机制提供了系统框架。本节将深入分析双支柱模式的内在逻辑及其对产业周期的重塑作用，探讨杭州模式在新一轮产业爆发中的战略意义和发展前景。

（一）双支柱模式与产业周期的协同演进

周期的稳定，取决于支柱的稳定。传统产业理论将周期波动

视作不可抗的自然规律，但杭州通过创新实践打破了这一认知框架，构建起信息效率与价值共识的双支柱模式（见图 4-5），实现了对产业周期的主动干预。该模式通过数字化基建提升全产业链信息传导效率，借助政企协同机制构建价值共同体，使产业演进从被动适应转向内生性重构，为突破传统周期宿命论、建立可持续增长范式提供了可复制的实践样本。

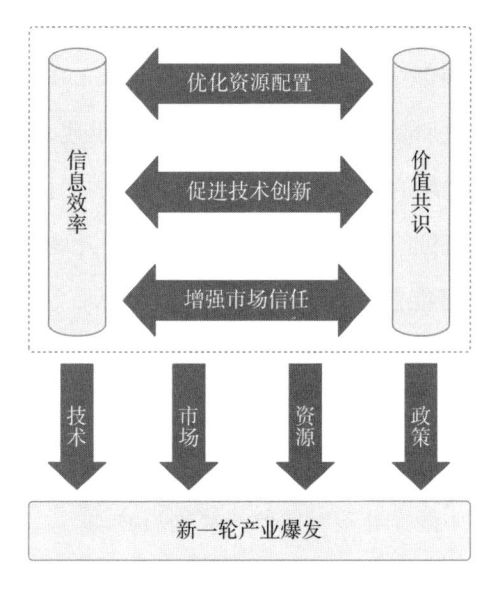

图 4-5　双支柱模式示意图

双支柱模式对产业周期的影响首先体现为周期波动的平滑化。信息效率提升使市场信号更清晰、资源配置更精准，减少了盲目投资和过度反应；价值共识的形成使市场主体行为更加一致、预期更加稳定，避免了羊群效应和恐慌性调整。这两个因素共同作用，大大降低了产业周期的波动幅度，使发展更加平稳和可持续。

其次是周期转换的平滑化。产业周期各阶段之间的转换往往伴随着剧烈调整和资源浪费。信息效率使转换信号更加及时和准确，市场主体能够提前感知和适应变化；价值共识则提供了转换过程中的行为协调机制，减少了无序竞争和破坏性创新。这种平滑转换既降低了社会成本，又提高了资源利用效率。

最后是周期结构的优化。双支柱模式不仅影响周期波动性，还重塑了周期内部结构。在信息高效流动和价值共识的引导下，孵化期的试错更加高效，成长期的扩展更加迅速，成熟期的创新更加持续，衰退期的转型更加主动。这种结构优化使产业能够在周期中持续创造价值，避免落入传统周期中的价值陷阱。

以杭州的智能制造产业为例，我们可以观察到双支柱模式如何重塑产业周期。智能制造作为传统制造业与新一代信息技术深度融合的产物，其发展过程涉及复杂的技术路线选择、标准制定、系统集成和商业模式创新，传统上容易陷入"技术推动与市场接受"的不协调，导致发展停滞或剧烈波动。

杭州通过信息效率与价值共识的双支柱模式有效克服了这一挑战。在信息效率方面，杭州建立了制造数据共享平台和智能制造创新网络，使技术供给方能够及时了解应用需求，制造企业能够快速获取技术解决方案，大幅缩短了技术从概念到应用的转化周期；同时，通过标准化接口和开放式架构，降低了系统集成与升级的复杂度和成本，使企业能够以渐进方式实现智能化转型，避免了"大爆炸式"改造带来的风险和中断。

在价值共识方面，杭州培育了对智能制造长期战略价值的共同认知，不仅强调其提升效率和降低成本的短期效益，更强调其改变产业组织方式和创新模式的长期意义。这种价值共识引导各方超越短期利益博弈，持续投入技术研发和能力建设，即使在市场不确定性增加的情况下也保持战略定力。同时，杭州通过构建多元参与的产业联盟和创新平台，培养了协作创新的文化和机制，使技术供给方、制造企业、解决方案提供商、研究机构等能够基于共同目标进行有效协作，避免了分散行动和无序竞争。

这种双支柱模式驱动使杭州智能制造产业周期展现出与传统产业周期不同的发展特征：一是从"阶段性跃升"转向"持续性进化"，企业能够通过小步快跑的方式不断提升智能化水平，避免了大规模技术更迭带来的断层和风险；二是从"单点突破"转向"系统协同"，整个产业链上下游形成了协同演进的整体发展模式，避免了局部优化带来的系统性瓶颈；三是从"技术推动"转向"需求牵引与技术赋能"的平衡发展，确保了技术创新与实际应用的有效对接，避免了技术与市场脱节的风险。

协同演进，才是可持续的产业爆发。双支柱模式的核心价值在于，促进了产业生态中各要素的协同演进。信息效率提供了协同的技术基础和工具支持，价值共识则提供了协同的行为准则和动力来源。两者结合，形成了一种自适应、自组织的产业生态系统，能够在外部环境变化中保持弹性和活力。

这种协同演进在杭州表现为三个方面：技术与市场的协同、大企业与小企业的协同、政府与企业的协同。技术与市场的协同使创新更加符合实际需求，避免了技术自我循环和市场短视的两个极端；大企业与小企业的协同促进了完整创新生态的形成，既有规模化的平台支持，又有灵活多样的创新探索；政府与企业的协同则确保了战略方向的一致性和资源配置的有效性，避免了政策与市场脱节的风险。

双支柱模式实质上代表了一种新型的产业组织和治理范式，超越了传统的市场机制和计划调控的二元对立，构建了信息驱动、价值引领、多元协同的复合型发展模式。这种模式既充分发挥了市场在资源配置中的决定性作用，又有效发挥了政府在战略引导、环境营造和系统协调中的作用，形成了"有效市场＋有为政府"的新型组合。同时，这种模式也超越了纯粹的经济理性，将长期价值和社会责任纳入考量，使产业发展获得更加深厚的文化基础和更加广泛的社会支持。

（二）制度创新与产业爆发的制度支撑

制度的创新，才是产业爆发的底层代码。产业爆发不仅需要技术和市场的成熟，更需要与之匹配的制度环境。杭州双支柱模式的形成过程，实质上是一系列制度创新的系统组合，这些创新为新一轮产业爆发提供了坚实的制度基础。

首先是信息治理制度的创新。为提高信息效率，杭州构建了一套开放共享、安全可控的信息治理体系。在数据开放方面，杭州建立了分级分类的政务数据开放制度，明确了各类数据的开放范围、方式和程序。例如,《杭州市公共数据开放工作实施细则》规定了公共数据的分类分级管理,要求公共数据开放主体对数据进行评估,具备条件的应及时转为无条件开放类数据。在数据流通方面,《杭州市数据流通交易促进条例》作为全国设区市层面首部关于数据流通交易的地方性法规,明确了数据权益,消除了经营主体的后顾之忧。这套信息治理制度为高效率的信息流动提供了规则保障,是信息效率支柱的制度基础。

其次是创新协作制度的创新。为促进多元主体的高效协同,杭州开发了一系列新型组织形式和协作机制,包括产业联盟、创新联合体、开源社区、共享平台等。例如,《杭州市推进软件和信息技术服务业高质量发展的若干政策》[1]鼓励龙头骨干企业牵头协同创新,支持基础软件、工业软件以及人工智能、大数据、区块链、元宇宙等未来产业领域的重大软件产品创新研发。这些机制打破了传统组织边界,构建了更加开放灵活的协作网络,降低了创新的协调成本和信任风险。同时,通过知识产权保护、收益分配和风险共担等制度安排,平衡了开放共享与专有权益的关系,为持续的协作创新提供了激励保障。这些创新协作制度为多元主体的有效协同提供了组织保障,是双支柱模式正常运转的关键支撑。

最后是政策执行制度的创新。为增强政策效力和市场信任,

---

[1] 杭州市人民政府门户网站.关于《杭州市推进软件和信息技术服务业高质量发展的若干政策》政策解读[EB/OL].(2022-10-25)[2025-03-14].https://www.hangzhou.gov.cn/art/2022/10/25/art_1229063385_1826677.html.

杭州重构了政策制定和执行的流程与机制，在政策制定上建立了"开放参与—科学论证—评估反馈"的制度化流程，提高了政策的科学性和针对性。例如，《杭州市落实省"315"科技创新体系建设工程2024年工作计划》提出，支持科技领军企业、链主企业牵头组建体系化、任务型创新联合体，开展企业主导的产学研深度合作。在政策执行方面，实行了责任清单、进度公示和第三方评估制度，增强了执行透明度和可问责性；在政策协调方面，构建了跨部门、跨层级的政策协同机制，减少了政策冲突和执行碎片化。这套政策执行制度为稳定的政策环境和市场预期提供了程序保障，是价值共识支柱的重要基础。

以杭州数据要素市场建设为例，我们可以看到制度创新如何为新兴产业爆发创造条件。数据作为新型生产要素，其市场化配置面临产权不明、价值难估、风险难控等一系列制度挑战。传统产权制度和交易规则难以有效应对这些新问题，成为数据价值释放的制度瓶颈。

杭州通过系统性制度创新破解了这一难题：首先，探索建立了"分级分类、权责匹配"的数据权属制度，明确了不同类型数据的权属界定原则和使用规则；其次，开发了基于数据质量、应用价值和使用场景的多维度价值评估方法，为数据定价提供了参考框架；再次，构建了"数据可用不可见"的安全交易机制，通过技术手段和制度规则平衡了数据流通与安全保护的关系；最后，建立了数据交易的监管框架和纠纷解决机制，为市场参与者提供了制度保障。

这一系列制度创新不是孤立进行的，而是在信息效率与价值共识的双支柱模式下协同推进：信息效率支柱提供了数据流通和价值挖掘的技术条件，价值共识支柱则提供了市场参与者对数据共享价值的认同基础。两者结合，共同推动了数据要素市场的形成与发展，为数字经济新业态的爆发创造了关键条件。

只有规则透明，才能有稳定的预期。制度环境的透明度和可预期性是市场主体形成长期投资信心的关键前提。杭州在制度建设过程中特别注重透明度和可预期性的提升，主要体现在三个方面：一是制度制定过程的公开透明，通过多种渠道吸纳市场主体参与制度设计，提高了制度的适应性和接受度；二是制度内容的清晰明确，通过详细的实施细则和操作指南，减少了执行中的模糊地带和自由裁量空间；三是制度调整的渐进有序，重大制度变革设置适当的过渡期和缓冲措施，避免了突然改变导致的市场震荡。

这种透明、可预期的制度环境，使企业能够形成稳定的预期并据此制定长期发展战略，也增强了投资者对市场稳定性的信心，为新一轮产业爆发营造了良好的制度氛围。特别是对于新兴产业而言，由于技术路径和市场前景本身就存在较大不确定性，如果再叠加制度环境的不确定性，将大大增加投资风险，阻碍产业发展。杭州通过建立透明、可预期的制度环境，有效降低了不确定性，使市场主体能够更加专注于技术创新和市场开拓，为新兴产业的快速发展创造了有利条件。

从更深层次看，杭州的制度创新体现了"包容审慎"的监管理念，既为创新活动预留了充分空间，又确保了底线安全和公平竞争。这种平衡对于新兴产业的健康发展至关重要：过度管制会扼杀创新活力，而放任自流则可能导致无序竞争和系统性风险。杭州的经验表明，有效的制度创新应当以促进创新为导向，以风险可控为底线，通过柔性引导与刚性约束相结合，创造既有利于创新又能确保安全的制度环境。

制度创新本身也是一个持续演进的过程，需要与产业发展同步更新。杭州建立了制度评估和动态调整的机制，定期评估制度实施效果，根据产业发展新情况适时优化制度安排，确保制度环境能够持续适应产业发展需求。这种动态适应性使制度能够发挥持久的支撑作用，为产业的长期健康发展提供保障。

（三）杭州模式与新一轮产业爆发的前夜

前夜的静默，往往是爆发前的蓄势。当前，杭州正处于新一轮产业爆发的前夜，各类要素正在双支柱模式的作用下加速聚集和重组，积累着巨大的发展势能。从产业周期的视角看，多个领域已经显示出临界状态的特征，预示着即将到来的系统性变革和爆发式增长。

从技术维度看，杭州在人工智能、云计算、区块链、生物技术等前沿领域的技术积累已经接近临界点。经过多年投入，杭州企业和研究机构在这些领域已经从跟随者向并跑者甚至领跑者转变，掌握了一批原创性技术和核心专利。随着这些技术逐渐成熟并寻找到合适的应用场景，有望引发新一轮技术扩散和产业应用浪潮。

从市场维度看，数字化转型的深入推进正在创造海量新需求。传统产业数字化升级、城市治理智能化、健康医疗精准化、文化内容个性化等趋势，正在形成对新技术和新解决方案的巨大市场牵引力。这些市场需求不仅规模巨大，而且具有多样化、场景化的特点，为创新提供了丰富的应用空间和验证环境。

从资源维度看，杭州的人才、资本、数据、场景等创新要素正在高效聚集和组合。高水平研发人才、经验丰富的产业人才和创新创业人才，形成了互补的人才链；天使投资、风险投资、产业资本和金融机构，构建了全链条的资本支持体系；政务数据、企业数据和社会数据，经过整合形成了丰富的数据资源池；城市场景、产业场景和社会场景，提供了多样化的应用环境。这些要素在双支柱模式的引导下，正在从分散状态向有序组合转变，形成创新的强大合力。

以人工智能与实体经济融合为例，我们可以观察到为通过双支柱模式推动新一轮产业爆发杭州做了哪些准备。传统上，人工智能技术与产业应用之间存在"最后一公里"的对接难题：技术开发者往往缺乏对产业需求的深入理解，产业用户则难以准确表达技术需求和评估技术方案，导致技术与应用之间存在明显的鸿沟。

杭州通过信息效率与价值共识双支柱模式，有效弥合了这一鸿沟。在信息效率层面，通过建设人工智能产业创新平台和行业数据中心，使技术开发者能够获取真实场景数据和应用需求，产业用户能够便捷地了解技术能力和解决方案；同时建立了技术评估、测试认证和效果验证的标准化流程，降低了双方对接的信息成本和信任风险。在价值共识层面，通过产业联盟和创新社区建设，培育了技术方与需求方的共同语言和价值观，形成了协同创新的文化基础；同时通过成功案例的示范推广，增强了产业用户对人工智能技术的理解度和接受度，也深化了技术开发者对产业痛点的认知。

这种双支柱模式，使杭州的人工智能产业生态呈现与传统模式不同的特点：从"技术推动"到"需求牵引与技术赋能"并重，确保了创新方向的市场相关性；从"单点突破"到"系统解决方案"转变，提升了技术应用的综合价值；从"一次性交付"到"持续演进服务"模式，形成了更加可持续的合作关系。这些变化使人工智能技术与产业需求之间的对接更加顺畅和高效，为人工智能技术的规模化应用创造了条件。

目前，杭州在制造、医疗、金融、零售等多个领域积累了一批成熟的人工智能应用案例和解决方案，技术水平和应用成熟度已经接近规模化扩散的临界点。随着标准化解决方案的形成和应用门槛的降低，人工智能赋能实体经济有望迎来爆发式增长，成为推动产业结构升级和效率革命的关键力量。

模式的可复制性，决定爆发的广度。杭州模式的战略价值不仅在于推动杭州自身的产业爆发，更在于为其他地区提供可借鉴的发展范式。双支柱模式的核心要素——信息效率与价值共识，具有一定的普适性和可复制性，能够根据不同地区的条件进行适应性调整和应用。

从信息效率看，其核心机制和技术支撑具有较强的可迁移性。数字基础设施建设、数据共享平台、创新网络等关键要素，可以根据各地实际情况进行构建；信息治理制度和运行机制，也可以结合地方特点进行调整和应用。虽然不同地区在起点和资源禀赋上存在差异，但提升信息效率的基本路径和方法是可以借鉴的。

从价值共识看，其形成机制虽然深受地方文化和历史传统影响，但核心价值观如长期主义、创新导向、协同合作等具有跨区域的适用性。各地可以结合自身文化特点和产业基础，培育适合当地发展的价值共识，创建支持创新和可持续发展的文化环境。

从国家发展战略的角度看，杭州模式为中国新一轮产业变革提供了重要参照。在全球科技革命和产业变革加速演进的背景下，如何构建新型产业发展模式，实现高质量发展和可持续发展，是中国面临的重大课题。杭州通过信息效率与价值共识双支柱模式，探索出一条以信息驱动、价值引领、协同创新为特征的新型产业发展道路，为国家产业政策和发展战略提供了有益启示。

特别是在当前数字经济与实体经济深度融合的关键时期，如何通过数字化转型提升传统产业效率，如何通过体制机制创新释放创新活力，如何通过文化价值引领构建可持续发展模式，都是国家层面需要解决的重大问题。杭州的实践经验为这些问题提供了一套系统性解决方案，具有重要的战略参考价值。

爆发孕育于积累，跃升源于共识。站在新一轮产业爆发的前夜，我们有理由相信，杭州通过信息效率与价值共识双支柱模式构建的创新生态，将在未来释放出巨大的发展势能，引领新一轮产业变革和经济增长。这种发展不仅将体现在量的扩张上，更将表现为质的提升，推动杭州在全球创新版图中占据更加重要的位置。

总结而言，双支柱模式为杭州的新一轮产业爆发提供了坚实基础和强大动力：通过信息效率的系统性提升，优化了资源配置和创新扩散机制；通过价值共识的深度培育，构建了长期投入和协同创新的文化基础；通过两者的协同作用，重塑了产业发展的基本逻辑和演进路径。在这一模式的引领下，杭州有望在人工智能、生命健康、新材料、绿色能源等前沿领域实现突破性发展，成为中国乃至全球新一轮产业变革的重要策源地和引领者。

杭州的经验表明，产业发展不仅是技术和资本的竞争，更是发展模式和制度创新的竞争。信息效率与价值共识双支柱模式作为一种新型发展范式，代表了对传统产业发展理论和实践的创新超越，为理解和引导新时代产业发展提供了新的分析框架和行动指南。这一模式的成功实践和广泛应用，将为中国经济高质量发展和现代化建设注入强大动力，也将为全球产业变革提供中国智慧和中国方案。

第五章

协同进化

"杭州六小龙"与有机社会的良性互动

杭州构建了"三核驱动"的产业生态，涵盖头部企业阿里系、专精特新的 52 家隐形冠军企业，以及人工智能小镇内的 200 多家初创企业集群这三大板块。依托产业大脑平台，杭州实现了跨行业数据共享，推动"数字安防—智慧物流—AI 医疗"的链式创新。不同产业的发展路径各有侧重。传统制造业加速数字化，如老板电器的智能工厂。新兴产业强调场景化应用，如云栖大会的技术示范。未来产业则专注前沿孵化，如之江实验室的量子计算研究。整体来看，杭州的产业生态高度多样，因此企业协同创新成本可以有效降低，创新网络不断自我强化。

在全球化的经济格局中，城市产业生态的构建与发展已成为区域经济竞争的核心。杭州，作为中国数字经济的先驱城市，通过构建多样化的产业生态，实现了从领军企业到中小企业的协同共进。下面我们将深入探讨杭州模式的内在逻辑，从产业生态的构建与多样性、信息效率革命的实践与成效到从现象到模式的提炼，全面解析杭州在产业生态与创新协同方面的成功经验。本章通过具体案例分析和数据支撑，揭示杭州模式的核心特征与可持续发展的战略路径，为其他城市提供有益的借鉴与启示。

一、产业生态的构建与多样性

在杭州的产业生态中，领军企业和中小企业之间的协同关系是推动创新和经济增长的关键。这种协同关系的构建，不仅有助于提升企业的市场竞争力，还能增强整个产业生态的韧性和创新能力。本节将通过分析"六小龙"与6 000条"小龙"的成长路径，探讨杭州如何通过政策扶持、产业协同与技术创新，构建出多层次、多样化的产业生态。具体而言，本节将聚焦领军企业的引领作用、中小企业的创新活力，以及产业集群与创新生态的协同机制，揭示杭州产业生态的独特优势与成功逻辑。

（一）产业生态的多层次结构：从领军企业到中小企业

"多层次的产业生态，是城市创新能力的安全垫。"多层次的产业生态结构不仅促进了创新扩散，还为城市的创新能力提供了坚实的安全垫，为杭州产业的高质量发展奠定了坚实基础。在全球创新竞争日趋激烈的背景下，杭州探索出一条独特的产业生态构建路径，形成涵盖头部企业、专精特新企业和初创企业等多种类型的产业结构。这种结构不仅增强了产业链的韧性，还加速了创新的扩散与应用，成为杭州产业高质量发展的关键支撑。

头部企业作为多层次产业生态的中流砥柱，不仅仅在资源、技术和市场份额上占据着主导地位，更重要的是它们在创新引领和资源整合中扮演着关键角色。"强者不仅仅要独行，更要带领'小伙伴'前行。"以阿里巴巴为例，这家互联网巨头利用其庞大的资源和强大的市场号召力，通过开放平台战略，使中小企业也能共享其先进的技术和资源，构建了一个协同发展的创新生态。

笔者于2025年2月19日在钉钉调研期间，对某位参与钉钉相关工作的阿里巴巴员工进行采访，他表示："在钉钉上，借助AI对非结构化信息的处理能力和多模态能力，很多以前难以处理的场景有了新的解决方案。比如，会议结束后AI能进行分析闪记，总结代办事项；多人共创文档时AI可以分析并给出改进建议，文档还能进入组织知识库。此外，我们还利用AI开发了销售陪练、物业晨会规范检查等产品，提高了企业运营效率。"

阿里系企业通过提供包括云计算和人工智能在内的基础设施，降低了中小企业的技术进入门槛，同时也通过其广泛的市场和用户资源，为初创企业提供了开拓创新的肥沃土壤。阿里巴巴的钉钉平台、高效的数据处理能力和先进的智能算法应用，不仅拓宽了中小企业的技术应用领域，而且帮助中小企业加速了数字化转型。

笔者于2025年2月22日在实在智能调研期间，对实在智能公司负责人进行采访，他表示："钉钉与我们是战略合作关系，这对我们这样的中小企业的发展意义重大。钉钉上面有个叫宜搭的产品，与我们的RPA（机器人流程自动化）进行了合作。和钉钉合作后，我们明显感觉到公司发展加速了。钉钉有着庞大的用户基础和完善的生态体系，依托钉钉的底层开发能力，比如在AI助理的开发上，我们的技术与钉钉相结合，能够更好地满足用户在办公场景下的各种需求。这不仅提升了产品的实用性，还让实在智能在行业内更具竞争力，吸引了更多客户关注，为公司带来了更多的业务机会。"

除了头部企业的带动作用，杭州还特别注重培育和发展具有专业化、精细化、特色化、新颖化特征的中小型企业群体，即所谓的"专精特新"企业。2024年9月，杭州共有157家企业入选第六批国家级专精特新"小巨人"企业，该数量位居全省第一，至此杭州已累计拥有478家"小巨人"企业。① 截至2024年1月，杭州已培育专精特新中小企业2 613家、省隐形冠军企业64家，数量均居全省第一。② 这些企业在各自的专业领域深耕细作，拥有独特的技术和产品优势，能够有效填补产业链上的空白环节，提升整体竞争力。

杭州通过实施专精特新中小企业培育计划，构建了"科技型中小企业—高新技术企业—专精特新企业—科技领军企业"的梯度培育体系，为中小企业提供了从初创到成长的全生命周期支持。数据显示，杭州的国家高新技术企业数量从2020年的7 711家增长至2023年的1.5万家以上（见图5-1），占全省的35.9%；科技型中小企业数量从2020年的1.4万家增长至2023年的2.9万家，占全省的25.4%。③

---

① 汪株燚. 新增157家 数量位居全省第一 杭州新一批专精特新"小巨人"诞生［EB/OL］.（2024-09-11）［2025-03-07］. https://hznews.hangzhou.com.cn/jingji/content/2024-09/11/content_8786353.htm.
② 蔡杨洋. 到2025年，累计培育国家级"小巨人"企业500家 杭州全力打造全国专精特新名城［EB/OL］.（2024-01-05）［2025-03-07］. https://hznews.hangzhou.com.cn/jingji/content/2024-01/05/content_8670390.htm.
③ 陈文婧. "杭州六小龙"崛起 创新土壤孕育未来科技之星［EB/OL］.（2025-02-09）［2025-03-07］. https://z.hangzhou.com.cn/2025/hzlxl/content/content_8863770.html.

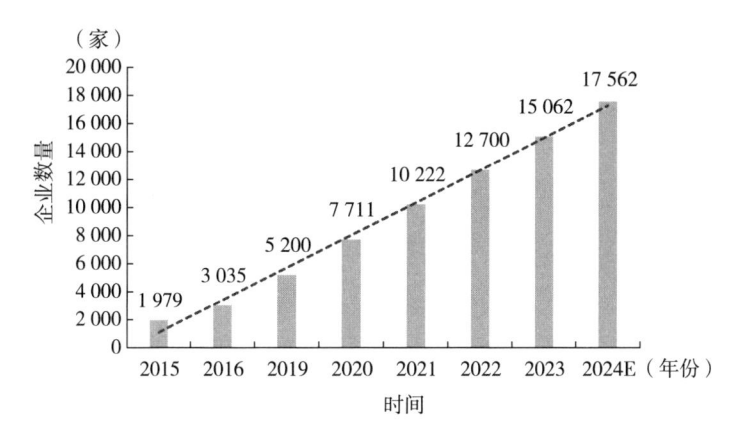

图 5-1　杭州市近 10 年国家高新技术企业数量

资料来源：杭州网。

此外，杭州通过实施"415X"先进制造业集群培育工程，构建起智能物联、生物医药、高端装备、新材料和绿色能源五大产业生态圈。这不仅为专精特新企业提供了适宜生存与成长的产业生态，更进一步通过政策推动，鼓励企业创新研发，完善产业链协同。2025 年，杭州财政预算安排 24.8 亿元，其中 7.4 亿元用于支持五大产业生态圈发展，3.2 亿元用于支持中小企业专精特新发展。①

初创企业在多层次产业生态中担当着引入新鲜血液、激发创新活力的重要角色。在杭州中国人工智能小镇，累计有科创企业 989 家，培育创新项目 1 361 个，招引创新创业人员近 1.6 万名。

---

① 杭州市人民政府. 关于推动经济高质量发展的若干政策（2025 年版）[EB/OL].（2025-02-08）[2025-03-07]. https://www.hangzhou.gov.cn/art/2025/3/3/art_1229819195_7991.html.

这里不仅是技术创新的摇篮，还是企业家精神的温床，许多初创企业在这里找到了成长的空间，并逐步发展壮大，成为行业内的翘楚。

这些新兴公司是杭州科技创新和产业突破的一股重要力量，它们凭借灵活创新的机制，能够迅速响应市场变化，成为杭州创新成果实现的重要支撑。曾位于小镇 6 号楼的杭州实在智能科技有限公司，经过 7 年的发展，已成长为智能化办公及 RPA 领域的领军企业，是国家级专精特新"小巨人"企业，以及省级高新技术研发中心，其核心产品包括实在 Agent（智能体）、塔斯大模型、IDP（智能文档审阅产品）等。

笔者于 2025 年 2 月 22 日在实在智能调研期间，对实在智能公司负责人进行采访，他表示："实在智能于 2018 年成立。最开始尝试做人工智能加法律的相关业务，后来转型做 RPA 相关产品，从第一代产品到现在的第三代智能体产品，不断进行技术创新和产品迭代。在商业上，从最初的艰难起步，到现在拥有 3 000 家客户，还在积极拓展海外市场。企业在发展过程中，不断探索新的业务模式和技术应用，为杭州的科技创新和产业发展注入了新的活力。像我们在 RPA 领域的创新，提高了企业的工作效率，也为行业发展提供了新的思路，成为杭州创新成果实现的一部分。"

杭州在构建多层次产业生态的过程中，针对不同类型的产业和企业，采取了差异化的培育路径，形成传统制造业数字化、新兴产业场景化和未来产业孵化的全方位发展格局。

通过政策支持和产业集群效应，杭州传统制造业逐步实现数字化转型。政府出台了一系列鼓励措施，促进企业采用先进的信息技术，优化生产流程，提升产品质量，并增强市场竞争力。这种自上而下的推动方式，结合领军企业的示范作用，使整个产业链能够迅速适应新技术带来的变革，从而形成一个有利于创新扩散的良好环境。例如，老板电器的未来工厂通过全流程自动化和智能化管理，帮助公司产品合格率提升至99%，生产效率提升45%，产品研制周期缩短48%，生产成本降低21%，运营成本降低15%。[①] 这种转型不仅提升了企业的市场竞争力，还为行业树立了标杆。

新兴产业的发展依赖实际应用场景的拓展与验证。杭州通过搭建各类平台，为新兴技术提供了展示和应用的机会，不仅促进了科技成果向市场的转化，还为企业间的合作创造了条件。比如，每年在杭州举行的云栖大会，是由阿里巴巴主办的全球云计算顶级峰会，涵盖了云计算、大数据、人工智能等多个前沿科技领域，为新兴技术提供了展示和应用的平台。通过这样的活动，新兴产业不仅能获得更多的关注和支持，还能直接面对用户需求，从而加快了技术向市场的转化速度。

未来产业孵化侧重于前瞻性技术研发及早期项目的培育。杭州利用其丰富的科研资源和政策优势，建立了多个专注于前沿科

---

① 搜狐网. 以"智造"赢未来，这座未来工厂如何烹出"赛博烟火"？[EB/OL].（2025-02-14）[2025-03-07]. https://it.sohu.com/a/859051464_121627717.

技研究的实验室和孵化器。这不仅为初创企业提供了必要的资金和技术支持，还构建了一个开放的合作网络，促进了跨学科、跨行业的知识共享与协同创新。例如，之江实验室聚焦智能计算、人工智能等方向，致力于打造国家战略科技力量，[①] 同时，之江实验室还积极探索与其他科研机构和企业的合作模式，试图构建一个开放共享的创新生态系统。

杭州通过构建"三核驱动"的多层次产业生态，实现了从领军企业到中小企业的协同发展，建立了一个具有强大创新能力和市场适应性的产业体系。这种生态结构不仅能够高效整合资源，促进创新扩散，还具备了应对市场波动和技术变革的弹性与韧性。通过差异化的培育路径，杭州有效推动了传统产业的转型升级、新兴产业的场景应用和未来产业的前瞻布局，形成可持续发展的产业格局。

这一独特的产业生态模式，凝聚了政府、企业、科研机构和市场的集体智慧，成为杭州引领数字经济发展和推动产业高质量发展的关键优势，也为其他城市的产业发展提供了有益借鉴。

（二）"六小龙"与 6 000 条"小龙"的成长路径

"虽然成长的路径各有不同，但成功的底色却惊人相似。"在

---

① 张留，龚勤，胡珂.杭州科创生态的"建圈"与"破圈"［EB/OL］.（2024-09-09）［2025-03-07］. http://www.chinatorch.gov.cn/kjb/dfdt/202409/dc175b179542416a9b83ab00e6a64c74.shtml.

杭州的产业生态中，既有 DeepSeek、宇树科技、云深处科技等被称为"六小龙"的新兴领军企业，也有 6 000 余家各具特色的创新型中小企业。虽然它们的规模、领域和发展阶段各不同，但在创新驱动和政策赋能方面却呈现出相似的成功逻辑，共同构成杭州模式的生动实践。

杭州市政府充分发挥政策引导与资源整合优势，通过杭州科创基金与产业基金，为创新型企业提供了贯穿早期创业与成长阶段的关键资金支持。以云深处科技为例，在其创业之初的 2018 年，杭州科创基金便通过其参股的云栖基金和道生灵境对云深处科技进行了天使轮投资，并在 2019 年和 2020 年持续追加，为其技术研发、产品迭代以及团队扩张等关键环节提供资金保障，助力云深处科技成功跨越从概念验证到初步商业化的关键阶段，并进一步实现规模化增长的跨越。

杭州科创基金采用"母基金＋子基金＋直投"的模式，与社会资本合作设立了专注人工智能、生物医药、集成电路等领域的子基金，为企业提供不同阶段的融资支持。产业基金则以"引导放大"为目标，通过风险补偿、贷款贴息、股权投资等多种方式，降低企业融资成本，扩大企业融资规模。截至 2025 年 2 月，杭州创新基金与杭州科创基金累计批复组建规模突破 2 054 亿元，[①] 这标志着杭州资本在助力杭州构建"科技－人才－产业－

[①] 杭州市国资委.两大千亿基金组建规模破两千亿：何以耐心资本，杭州资本这样做［EB/OL］.（2025-02-24）［2025-03-07］.http://gzw.hangzhou.gov.cn/art/2025/2/24/art_1689495_58902979.html.

金融"生态圈、培育新质生产力方面取得重要进展。

"'六小龙'的背后,是政策、资本与市场的精准协奏。"杭州的产业政策以"一企一策"和"一链一策"为核心,为不同企业提供个性化支持。"一企一策"针对具有高成长性的企业,提供包括研发补贴、人才引进、融资支持等在内的"定制化服务包";"一链一策"则针对特定产业链,通过补链强链、资源配置、市场拓展等综合措施,构建完整的产业生态。这种精准施策的方式,避免了政策支持的"撒胡椒面",提高了资源使用效率和政策落地效果。

在"杭州六小龙"与6 000家中小企业构建的梯度式创新生态中,中国算谷的崛起正是这种协同模式在算力经济领域的深度延伸。作为杭州继"中国数谷""中国云谷"后的第六个产业地标,中国算谷以杭钢半山基地为物理载体,将"钢铁重镇"转型为算力枢纽的实践,完美复刻了"政策靶向供给+资本精准滴灌"的杭州范式——曾经的"十里钢城"通过部署"杭钢云""浙江云"两大算力底座(已上柜运行近10万台服务器),规划31万平方米的算力装备产业园,实现了从钢铁产能到算力产能的质变。[①] 这与云深处科技等"六小龙"的成长轨迹形成镜像:前者依托杭钢专班定向调配能耗指标,后者借助杭州科创基金完成天使轮至B轮的资本接力,二者共同印证了杭州"空间重构即创

---

① 杭州市经济和信息化局. 杭州市人工智能全产业链高质量发展行动计划(2024—2026年)政策解读[EB/OL].(2025-01-08)[2025-04-10]. https://jxj.hangzhou.gov.cn/art/2025/1/8/art_1229145720_1848838.html.

新"的底层逻辑。当 DeepSeek-V3 大模型在算谷内 8 000 tokens/s 的推理效率引发全球关注时，其背后正是"杭钢里·云创中心"即将投产的年产 10 万台服务器制造项目。这种"算法突破驱动硬件迭代，算力供给反哺场景落地"的闭环，恰似云深处科技从西湖区科创基金扶持到四足机器人量产的全周期跨越，揭示了杭州"政策－技术－资本"三螺旋机制的普适性。①

中国算谷的创新生态构建，本质上是对"一链一策"政策的垂直演绎。在云计算、云服务、云智造三大产业集群中，政府通过"靶向政策包"实现要素精准配置：针对算力装备制造链，拱墅区以"零土地"技术改造政策破解空间约束，形成芯片设计、液冷技术、设备组装的完整链条，由之江成果转化基金牵线阿里云、寒武纪等企业与科研机构共建联合实验室。② 这种"硬科技攻坚＋软生态培育"的双轨策略，与"六小龙"中 DeepSeek 坚持内生驱动、游戏科学打造文化 IP（知识产权）的差异化路径形成互补。当算谷的国资云平台日均处理 500PB 政务数据时，群核科技的云设计平台正以 SaaS 模式重构家装产业链，二者共同诠释了杭州"基础层夯实物联底座、应用层绽放场景创新"的生

---

① 梁先生私塾. 从六小龙到中国之龙：为什么中国创新的希望在杭州？[EB/OL]. （2025-04-01）[2025-04-10]. https://mp.weixin.qq.com/s/Z7zCn2DbCGX4Pp9u2MkDEA.
② 杭州日报. 杭州市数据流通交易促进条例[EB/OL]. （2025-01-04）[2025-04-10]. https://hznews.hangzhou.com.cn/xinzheng/tongzhi/content/2025-01/04/content_8836253.htm.

态架构。① 杭州的基金池也在将资本势能转化为创新动能，在钢铁与硅基、传统与未来的交响中，书写着数字经济时代的"炼数成金"传奇。

笔者于 2025 年 2 月 21 日在云深处科技调研期间，对云深处科技相关负责人进行采访，他表示："从人才角度看，杭州有大量的人才流入，这为我们补充了新鲜血液。像我是从沈阳来到杭州，之前在多座城市工作过，对比发现杭州对人才的包容性更强，不局限于年龄等因素，更看重人才的实际能力，这对企业的长远发展十分有利。而且，政府有各种人才补贴政策，像住房补贴、职称补贴等，办理相关业务也很便捷，只跑一次就能解决很多问题，吸引了不少像我这样的人才留在这里，为公司的发展贡献力量。"

除了"六小龙"，杭州还有 6 000 余家创新型中小企业在各个细分领域展现出蓬勃生机。这些企业虽然规模不大，但在技术创新和市场开拓方面同样表现突出。

在精准扶持企业方面，杭州市政府秉持"量体裁衣"的理念，推出"一企一策"的定制化政策服务。针对不同企业在发展过程中面临的独特难题，政府深入调研，量身定制个性化的政策支持方案。此外，杭州市政府推行的"一链一策"，则聚焦产业链的整体协同发展，从原材料供应、生产制造到产品销售等各个

---

① 丁珊."中国云谷"来了 将在杭州构建"智算云"全产业链生态体系［EB/OL］.（2024-10-30）［2025-04-10］. https://www.toutiao.com/article/7431565857437876748/.

环节，加强上下游企业间的沟通与协作，确保产业链的畅通无阻，为企业成长营造了良好的产业生态环境。①

政府还积极开放城市数据与丰富的场景资源，为企业打造天然的商业化验证"试验场"。杭州市政府先后发布了《杭州市公共数据开放工作实施细则》②和《杭州市公共数据授权运营实施方案》③，明确了数据开放的范围、标准和流程，以及场景资源的开放机制和支持政策。通过"城市大脑开放平台"，政府向企业开放了交通、医疗、教育等领域的数据资源和应用场景，为人工智能、大数据、物联网等技术的落地应用提供了现实环境。这种"政府搭台、企业唱戏"的模式，不仅加速了企业产品的迭代优化，还提升了政府服务的智能化水平，实现了双赢效果。

政策支持与市场机制的有机结合，是推动中小企业快速成长的关键。杭州的产业政策注重发挥市场在资源配置中的决定性作用，通过"有形之手"引导"无形之手"发挥作用。④例如，在人工智能领域，杭州市政府明确提出每年设立总额2.5亿元的

---

① 刘美平.新发展格局视角下的产业结构政策研究[J].改革与战略，2021，37（12）：87-97.
② 杭州市数据资源管理局.杭州市数据资源管理局关于印发《杭州市公共数据开放工作实施细则》的通知[EB/OL].（2024-07-29）[2025-03-13].https://www.hangzhou.gov.cn/art/2024/7/29/art_1229063383_1845012.html.
③ 杭州市人民政府办公厅.杭州市人民政府办公厅关于印发杭州市公共数据授权运营实施方案（试行）的通知[EB/OL].（2023-09-08）[2025-03-13].https://www.hangzhou.gov.cn/art/2023/9/8/art_1229063382_1837127.html.
④ 李华林.怎样投出更多"小龙"[N].经济日报，2025-02-20（007）.

"算力券"[1]，重点支持中小企业购买算力服务，显著降低了中小企业使用算力资源的门槛，推动了人工智能、大数据等技术的落地应用，助力企业创新发展。[2]

（三）产业集群与创新生态的协同自组织机制

"产业集群的力量，不在于数量，而在于协同。"杭州的产业集群发展已从传统的地理集聚，演进为基于价值链和创新网络的协同体系。通过产业集群内的资源共享、技术扩散与市场协同，杭州形成具有强大竞争力和持续创新能力的产业生态，为城市经济发展提供了坚实支撑。

杭州产业集群的空间布局呈现出"中心创新、周边制造"的特点[3]（见图5-2）。在城市中心区域集聚的主要是研发设计、总部管理等创新要素密集的企业，而在城市周边和产业园区则分布着制造加工、物流仓储等生产要素密集的企业。这种灵活分散的布局，既保证了创新资源的集聚共享，也兼顾了产业发展的空间需求和成本控制。

---

[1] 杭州市人民政府办公厅.杭州市人民政府办公厅关于印发支持人工智能全产业链高质量发展若干措施的通知［EB/OL］.（2024-07-23）［2025-03-07］.https://www.hangzhou.gov.cn/art/2024/7/23/art_1229063382_1844867.html.
[2] 马光选,陆涛.从算力看待权力：数字智能时代算力对政治权力的系统性改造论纲［J］.党政研究,2025（1）：36-48,124-125.
[3] 张勇.长三角飞地经济的特征及优化策略［J］.宏观经济管理,2023（8）：53-61.

领军企业在产业集群中扮演着技术扩散和资源整合的关键角色，它们通过技术共享、供应链协同和开放创新平台，促进中小企业的创新发展和能力提升。

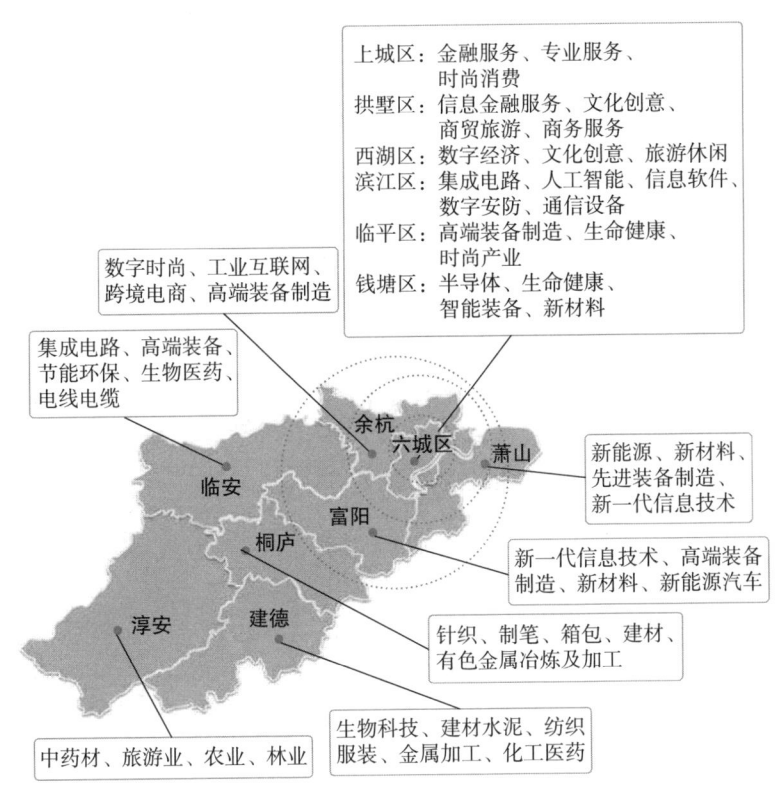

图 5-2 杭州产业集群空间布局示意图

资料来源：前瞻网。

在杭州滨江区，产业集群的协同发展模式展现出了强大的活力与成效。以阿里巴巴为核心，其凭借强大的电商平台运营能力，与众多围绕电商服务的中小企业紧密协作。小型物流企业借助阿里巴巴的物流大数据平台,精准优化配送路线,有效降低物流成本;众多网店代运营、美工设计等小微企业,依托阿里巴巴的电商生态,精准对接市场需求,实现业务快速拓展。与此同时,海康威视作为数字安防领域的领军企业,与区内上下游企业深度合作:在研发环节,与芯片研发、算法优化等企业共享技术成果,协同攻克关键技术难题;在生产制造环节,带动零部件生产、产品组装等企业发展,通过供应链协同保障产品质量与供应效率。这种协同模式,不仅让企业间实现了资源共享、优势互补,而且可以让企业共同构建起具有全球竞争力的产业集群,彰显了产业集群协同发展的巨大优势。

"没有协同的集群,只是一盘散沙。"一方面,杭州通过"链长制"和产业基金,有力地推动了市场协同机制的形成与优化。由市领导担任重点产业链的"链长",全面统筹协调产业链上下游的资源配置,及时解决发展过程中出现的问题。这显著提升了产业链的协同效率与服务水平。另一方面,杭州的产业政策鼓励"鲲鹏企业"(估值超过10亿美元的独角兽企业)和"链主企业"(在产业链中具有核心地位和带动作用的企业),发挥连接作用,通过供应链协同和产业联盟,构建大中小企业融通发展的生态。[1]

政府设立的产业基金发挥着投资引导和风险分担的重要功能,促进了产业链上下游企业协同发展、风险共担。杭州打造规

---

[1] 杭州市人民政府网.2021年杭州市制造业产业基础再造和产业链提升工程工作要点[EB/OL].(2021-04-29)[2025-03-07]. https://www.hangzhou.gov.cn/art/2021/4/29/art_1229243382_59034186.html.

模超 3 000 亿元的"3+N"基金集群，整合组建了杭州科创基金、杭州创新基金和杭州并购基金三大母基金，通过"母基金＋专项子基金＋市场化基金"的模式，为不同发展阶段的企业提供差异化资金支持。①

杭州市余杭区设立 30 亿元的未来产业基金，专注于支持人工智能、低空经济、类脑智能和人形机器人等前沿领域，②帮助初创企业和成长型企业加速技术创新与产业升级。这不仅为高科技企业提供了必要的资本保障，还吸引了社会资本参与，增强了区域竞争力，创造了就业机会。此外，这加快了科技成果的转化，促进了科研成果市场化。这些都是实现创新驱动发展战略的重要步骤。

在招商和企业培养机制上，杭州建立了一套企业服务、联络、互助的高效机制。这套以"小镇"模式进行企业管理、服务的机制，被用于当地行政工作第一线，承担了大量信息往来的功能。也是因为这一模式，当地企业普遍认可杭州的行政工作是"润物无声"的。在滨江区，企业接触政府的第一个窗口不是行政大厅，而是"小镇经济"中的服务专员。物联网小镇、互联网小镇等微型管理单元，承担着政策传达、需求收集、资源对接的职能。这种"去官僚化"的设计，让政府服务呈现出令人惊讶的

---

① 杭州市人民政府办公厅.杭州市人民政府办公厅关于打造"3+N"杭州产业基金集群聚力推动战略性新兴产业发展的实施意见［EB/OL］.（2023-06-28）［2025-03-07］.https://www.hangzhou.gov.cn/art/2023/6/28/art_1229063382_1832727.html.
② 余杭区融媒体中心.杭州一区政府为企业设立 30 亿产业基金［EB/OL］.（2025-02-19）［2025-03-07］.https://weibo.com/3280632060/Pf10RsH7J.

颗粒度。每个小镇设立独立运营中心，配备懂技术的"首席服务官"。企业可通过小程序提交需求，系统自动匹配政策包。2024年，物联网小镇为34家企业协调实验室共享，节省研发成本超1 200万元。"小镇"模式高度符合产业发展理论中的"集群"模式，它使相关产业链条上下游聚集，不仅降低了企业协作成本，更催生了独特的"链式创新"，例如海康威视的视觉算法被服装企业用于质检，电商平台的用户数据反哺物流算法优化。一位投资人总结："在杭州，你永远不用从零开始造轮子。"

杭州通过实施"链长制"[①]、设立产业基金、建立行业小镇等策略，巧妙地将传统产业集群升级为高效的协同网络。在这个体系里，无论是大型企业还是小微企业，都能找到自己的位置并发挥作用。从城市中心的创新高地到周边的制造基地，一张全面覆盖、紧密协作的产业网已经形成，不仅推动了本地经济向高质量发展迈进，还为其他城市提供了可借鉴的成功案例。

二、信息效率革命的实践与成效

在现代产业发展中，信息作为关键生产要素的作用越来越凸显。杭州模式通过提升信息的流动效率，不仅革新了资源配置与技术扩散的方式，更在地方产业生态中奠定了独特优势。本节将

[①] 殷军领，汤晨琛.全市域实施产业链链长制 杭州：再创制造业新辉煌［EB/OL］.（2022-06-01）［2025-03-07］. https://hwyst.hangzhou.com.cn/xwfb/content/2022-06/01/content_8269412_2.htm.

详细探讨这场信息效率革命的实践与成效,解析其在杭州产业生态中的具体应用。

(一)信息流动与产业协同的逻辑

"信息的流速,决定了产业协同的深度。"在经济全球化深入的背景下,信息的作用已超越其传统辅助地位,成为驱动产业协同的重要力量,其流动效率直接影响产业创新能力和协同水平。杭州模式的独特之处在于,其将信息效率提升作为产业生态构建的核心战略,形成一套系统化的信息流动机制,有效打破了传统产业发展中的信息壁垒。

在杭州的实践中,政府主导构建起多层次数据共享平台,与此同时,企业之间也积极建立高效的信息交流机制。两者相辅相成,共同营造出信息高效流动的良好生态环境。根据《杭州市数字经济发展"十四五"规划》,[1] 信息流动被视作"促进要素优化配置、提升全要素生产率的关键变量",并且被纳入城市核心竞争力评估体系。这体现了杭州对信息效率的高度重视,以及信息效率在城市发展战略中的关键地位。

"封闭的信息必然带来低效的市场。"在产业集群的发展要素中,信息的高效流动是优化资源配置、加速技术扩散的关键所

---

[1] 杭州市人民政府办公厅.杭州市人民政府办公厅关于印发杭州市数字经济发展"十四五"规划的通知[EB/OL].(2021-12-28)[2025-03-07]. https://jxj.hangzhou.gov.cn/art/2021/12/28/art_1229234096_3991879.html.

在。杭州积极建设产业大脑和供应链协同平台，显著加快产业集群内的信息交流与资源匹配速度。产业大脑整合产业数据、企业数据、市场数据等多源信息，运用大数据分析和人工智能技术，为企业提供市场趋势、技术动态、政策信息等关键决策支持，帮助企业提高市场反应速度，做出更优质的决策。[1]

例如，杭州生物医药产业大脑由杭州市钱塘区揭榜，它整合了全生命周期的供应链和科学服务资源，汇聚了全国304万家医药企业的数据，并对区内1 200余家生物医药企业进行全息画像，[2]精准连接企业不同发展阶段的需求，大幅降低了企业资源获取成本，提升了创新效率。

信息流动的政策支持是杭州信息效率模式的一大特色。杭州先后出台《杭州市公共数据开放工作实施细则》[3]和《杭州市数据流通交易促进条例》[4]等政策文件，提出数据产权登记和权益保护的框架，明确了数据开放的范围、标准和流程，为信息高效流

---

[1] 孙久文，张翱.健全促进实体经济和数字经济深度融合的制度研究［J］.开发研究，2024（6）：10-18.

[2] 杭州市人民政府网.钱塘区这个"生物医药产业大脑"给力［EB/OL］.（2022-07-06）［2025-03-07］. https://www.hangzhou.gov.cn/art/2022/7/6/art_812264_59060755.html.

[3] 杭州市数据资源管理局.杭州市数据资源管理局关于印发《杭州市公共数据开放工作实施细则》的通知［EB/OL］.（2024-07-29）［2025-03-07］. https://www.hangzhou.gov.cn/art/2024/7/29/art_1229063383_1845012.html.

[4] 杭州市人民政府办公厅.《杭州市数据流通交易促进条例》3月1日起施行［EB/OL］.（2025-02-28）［2025-03-07］. https://www.hangzhou.gov.cn/art/2025/2/28/art_812266_59109946.html.

动筑牢制度根基。值得一提的是，杭州在数据产权制度方面进行了创新性探索，通过明晰数据权属、规范数据交易、保障数据安全，充分调动了各类市场主体参与数据共享和开放的积极性。这种将信息视为生产要素的政策理念，可以让企业更加主动地参与数据共享。

此外，杭州市政府借助数据共享平台，进一步促进了企业间的信息交流与协同创新。通过打造"城市数据大脑"，整合政务数据、行业数据和社会数据，并向企业开放应用接口与数据资源，为企业创新提供丰富的数据支撑。同时，政府搭建的"技术交易市场"和"知识产权交易平台"，推动了技术成果转化应用和知识产权流转共享。这种基于信息流动构建的协同机制，显著提升了产业集群的创新效率与市场响应能力，促使产业集群形成持续创新、优化升级的良性循环。

在政策的引导下，信息流动成为杭州产业协同的重要驱动力。产业链"数据联盟"的构建，就是通过构建数据共享与协同机制，促进产业协同和创新发展，让领军企业与上下游中小企业建立起紧密的信息共享机制，加速技术扩散和市场响应。以杭州市人工智能产业联盟为例，该联盟于2024年3月14日正式成立并落户杭州城西科创大走廊，由杭州人工智能企业、科研院所和各类机构自愿结成，[①] 通过整合算力和模型优势，将人工智能技

---

① 邵婷.杭州市人工智能产业联盟成立！人工智能，杭州发展下一个"黄金二十年"的入场券［EB/OL］.（2024-03-15）［2025-03-07］.https://hznews.hangzhou.com.cn/chengshi/content/2024-03/15/content_8701610_0.htm.

术应用于数据分析与价值挖掘，助力打造数据共享高地，进一步完善杭州人工智能产业链。

（二）政务信息公开与产业数据协同

"信息公开，是市场信任的起点。"政务信息的公开透明，不仅是政府治理现代化的重要体现，更是优化营商环境、促进市场公平竞争的基础。杭州在政务信息公开领域走在全国前列，借助"一网通办"和数据开放平台，实现了政务信息的全面透明化，促进了市场信息对称，优化了企业决策。

对于普通市民而言，"一网通办"带来了前所未有的便捷体验。浙江省自2014年开始构建政务服务"一张网"，即浙江政务服务网及其手机客户端应用"浙里办"，该平台覆盖省、市、县、乡镇（街道）、村（社区）五级政府部门，是浙江省"最多跑一次"改革的实现平台和技术支撑平台，实现了政务数据的共享互通。该平台整合了市、区、街道三级政务信息系统，实现了"数据一次采集、多次复用"，显著提升了政务服务效率和透明度。根据报道，截至2024年7月，杭州政务服务事项"一网通办率"已达到99.7%，585项个人事项实现"一证通办"，279项涉企事项实现"一照通办"。①

---

① 杭州市人民政府网.让群众没有难办的事——杭州政务服务改革里的民生温度［EB/OL］.（2024-07-25）［2025-03-07］. https://www.hangzhou.gov.cn/art/2024/7/25/art_812262_59100449.html.

与此同时，针对企业的需求，杭州同样采取了一系列措施以优化营商环境，助力企业发展。浙江政务服务网集成行政审批、公共服务、政策查询等功能，极大提升了政务服务的可及性和便捷性。平台的"企业服务专区"提供了从企业设立到注销的全生命周期服务，将原来分散在多个部门的业务流程整合为"一站式"服务。在"企呼我应"服务场景中，通过数字化平台实现涉企问题的高效闭环解决。2024年上半年，杭州线上受理涉企各类咨询、诉求、建议42万余件，办结率达99.84%，企业满意率为97.4%。[①] 同时，杭州数据开放平台已接入14个县区，共计62个部门的政府数据资源，数据集总量超过3 500个，应用程序接口达到近4 000个，[②] 为企业创新提供了丰富的数据支撑。

笔者于2025年2月20日前往滨江区政务服务中心调研，相关部门工作人员表示，杭州市滨江区作为政务服务创新发展的优秀案例，实现了从成立之初到快速发展的巨大跨越。1990年国务院批准成立高新区，1996年国务院批准成立滨江区，后于2002年两区合并为高新区（滨江），人口也相应从10万人迅速增长至53万人，管理服务需求激增。2003年，浙江省委、省政府的指导为政务服务改革奠定了基础，"一门式"服务模式应运而生，开集中办公、"一站式"服务的先河。

---

① 杭州市人民政府网.让群众没有难办的事——杭州政务服务改革里的民生温度［EB/OL］.（2024-07-25）［2025-03-07］. https://www.hangzhou.gov.cn/art/2024/7/25/art_812262_59100449.html.

② 资料来源：杭州市数据开放平台。

此后，杭州市滨江区持续探索创新，不断优化政务服务体系。通过迭代升级企业综合服务平台，联合人才企业服务站和产业园，构建了"1+6+X"服务矩阵，并于2018年在全浙江省率先建成信息驾驶舱，实现数据的实时分析与展示。在营商环境优化提升方面，滨江区深入贯彻相关决策部署，从便捷服务向增值服务全面升级。

在优化政务服务的具体措施方面，滨江区设立了民生、商务等多种特色服务专区与专窗，展示窗口实时办理情况。针对特殊人群，设置无障碍服务专窗，配备完善的无障碍设施并提供包办代办服务；设立法制服务专窗，由专业律师提供咨询。为助力小微企业创新创业，设立创新创业美好工作室，提供海关原产地证书相关服务，并组建帮办队伍，为初创企业"陪跑"。自2017年3月建成综合自助机后，地区政务便实现24小时不间断服务，实行"潮汐式"窗口管理，根据办事群众数量灵活调整窗口开放数量；推出免费复印、75分钟内免费停车、免费快递等便民服务，还开展领导坐班活动，及时解决企业和群众在办事过程中遇到的问题。这些举措全方位提升了服务效率，优化了营商环境，提高了社会满意度。该区以需求为导向、借助数字化转型、持续改革优化机制以及转变服务理念的成功经验，为其他地区政务服务的发展提供了极具价值的借鉴。

"只有透明的规则，才有稳定的预期。"政务信息公开对市场信息对称和企业决策优化有着深远的影响。通过政务公开，企业能及时掌握政策变化、市场监管要求和行业发展规划，从而制定出更符合政策导向和市场趋势的发展战略。

在 2023 年度浙江省万家民营企业评营商环境的调查中，杭州位居全省营商环境企业满意度综合排名第一，在政商关系方面，企业对政府诚信履约情况、公职人员与企业规范交往的认可度较高，99.8% 的企业没有遇到乱收费、乱罚款、乱摊派的情况。①

政务信息公开与产业数据协同在信息效率革命中发挥了重要作用。通过信息的透明化和数据的共享，杭州成功地促进了市场信息对称，优化了企业决策，提升了资源配置效率，推动了产业协同发展。这种信息流动的高效性，不仅提升了市场的整体效率，还为杭州的产业高质量发展提供了有力支持。

（三）信息效率革命的成效与案例

"信息是新的生产要素，效率是新的增长引擎。"通过系统化的信息效率提升，杭州在企业创新、产业协同和市场响应方面取得了显著成效。通过具体案例，如 DeepSeek，可以看到信息效率在产业协同与技术扩散中的重要作用。

DeepSeek 的成长历程是信息效率在人工智能领域应用的典型案例。在杭州城市大脑的建设中，引入 DeepSeek-R1 系

---

① 杭州日报. 杭州营商环境企业满意度位居全省首位［EB/OL］.（2024-01-19）［2025-03-07］. https://www.hangzhou.gov.cn/art/2024/1/19/art_812262_59092605.html.

列模型，使杭州城市大脑全面赋能"数智公务员"。一方面，DeepSeek 强大的语言理解和生成能力，大幅提升了城市大脑对复杂信息的处理效率。例如，DeepSeek 能够快速理解诸如市民反馈、政务文件等文本的含义，提取关键信息，并生成简洁而准确的总结或回复，促进政务服务咨询、舆情监测等工作更加高效。另一方面，DeepSeek 的创新应用拓展了城市大脑的功能边界，在智能交互方面实现突破，能与市民自然流畅对话，提供个性化服务。在应急管理上，DeepSeek 的模型整合多源数据进行风险预测和模拟推演，面对自然灾害或公共卫生事件，这一模型能快速分析各类数据，预测发展趋势，为城市大脑制定应急预案提供有力支持，增强城市应急响应和风险管理能力。

杭州城市大脑整合了交通、能源、公共服务等多领域的海量数据，为 DeepSeek 的大语言模型训练提供了丰富资源。以交通数据为例，DeepSeek 借助城市大脑的实时路况和车辆轨迹数据，优化模型对交通指令的理解，助力智能交通调度。除了数据支持，杭州城市大脑还为 DeepSeek 提供了丰富的应用场景和测试环境，以及参与城市安防监控、应急管理等实际场景的应用。在未来，随着杭州城市大脑的不断发展和完善，以及 DeepSeek 等企业的持续创新，信息效率将在更多领域发挥更大的作用，推动杭州乃至整个行业的创新发展。

"信息流通的速度，决定了创新扩散的半径。"在杭州模式中，信息不仅是辅助性资源，更是与资本、技术并重的核心生产要素，其高效流动和深度应用成为企业创新的关键驱动力。

信息效率的战略意义在于，它重塑了产业创新的组织方式和协作模式。传统产业创新主要依靠企业内部研发和封闭式创新，而信息效率革命推动了开放式创新和生态式创新的兴起。在杭州模式中，企业创新不再是孤立的活动，而是基于信息共享和数据协同的系统工程，各类创新主体通过信息网络紧密连接，实现创新资源的快速流动和优化配置。

信息效率对技术扩散和产业升级的推动作用尤为显著。通过信息的高效流动，前沿技术能够更快地从实验室扩散到应用场景，从领军企业扩散到中小企业，从先导产业扩散到传统产业，从而加速整个产业生态的技术升级和结构优化。浙江省通过工业互联网平台的建设，显著提升了信息效率，推动了制造业的数字化转型和产业升级。全省构建了"省级+市级+行业"三级数据仓体系，归集数据超67亿条，通过隐私计算等技术确保数据安全，激发了产业数据的网络效应。同时，首创"N+X"中小企业数字化改造模式，形成"浙江方案"，为中小企业数字化转型提供了范本，带动产业链升级和商业模式创新。①

信息效率已成为杭州产业生态的重要特征和核心竞争力。通过构建多层次、多维度的信息流动机制，杭州建立了一个高效、开放、协同的产业创新生态，为城市经济高质量发展提供了强大动力。未来，随着数字技术的深化应用和数据要素市场的发展完

---

① 中国电子报.浙江：工业互联网平台向"对外赋能"的产业互联网平台演进升级［EB/OL］.（2024-07-12）［2025-03-07］. https://epaper.cena.com.cn/pc/content/202407/12/content_10775.html.

善，杭州的信息效率优势将进一步得到强化，进而为产业创新和经济增长注入持久活力。

三、从现象到模式——杭州模式的雏形

在探讨杭州产业生态的多样性与成长路径后，本节将从具体现象中提炼出杭州模式的雏形，同时理解其内在逻辑和运行机制。杭州模式不仅是一系列政策措施和发展成果的简单叠加，更是产业生态与服务型政府长期互动形成的系统性创新。本节将从产业生态与服务型政府的互动逻辑出发，探讨信息效率与价值共识如何作为支柱，逐步形成杭州模式的核心特征。

（一）产业生态与服务型政府的互动逻辑

"政府与市场的互动，不是简单的加法，而是乘法。"通过观察杭州的发展轨迹，我们可以清晰地看到一种超越传统"政府－市场"二元对立的新型互动模式正在形成。在这一模式中，政府不再是高高在上的管控者，企业也不再是单打独斗的市场参与者，二者之间形成一种相互赋能、共同演进的复杂关系。这种互动的本质在于两个系统的深度耦合：一方面是以企业为主体、多元协作的产业生态系统，另一方面是以服务为导向、高效透明的政府治理系统。二者相互影响、相互塑造，共同构成杭州模式的基础框架。

产业生态系统的构建是杭州模式的核心特征之一。与传统的产业组织形态不同，杭州形成一种更加开放、多层次、高弹性的产业结构。这种结构不是简单的企业集聚或产业链延伸，而是一个由领军企业、专精特新企业、创新创业企业和各类服务机构共同构成的有机生态系统。在这一系统中，不同主体之间存在复杂的竞合关系，通过正式与非正式的网络进行资源交换和信息共享。

政府服务方面，转型为服务型政府是杭州模式的另一关键因素。杭州的政府治理正在经历从传统行政管理向现代服务治理的深刻转变。[1] 这种转变体现在三个方面：一是职能定位的变化，即从全能型政府向服务型政府转变，更加注重市场公共服务、营商环境营造和创新载体建设；[2] 二是工作方式的变化，即从行政命令向政策引导转变，更加注重激励相容、柔性治理和精准服务；三是组织形态的变化，即从科层制向网络化转变，更加注重跨部门协同、政企合作和社会参与[3]。这种向服务型政府的转型，使政府能够更加敏锐地感知市场需求，更加精准地提供公共服务，更加有效地支持企业创新和产业发展。

政策引导与产业生态之间存在深刻的互动关系。政府通过

---

[1] 刘开君，王鹭.数字化赋能服务型政府建设：理论逻辑、实践图景与未来路向[J].杭州师范大学学报（社会科学版），2022，44（3）：111-120.

[2] 顾爱华，佟熙.中国式现代化视域下政府责任伦理的价值重构[J].云南大学学报（社会科学版），2024，23（6）：96-104.

[3] 王小芳.智慧治理：当代中国政府治理范式创新的理论建构与实践路径[J].复旦城市治理评论，2024（1）：125-151.

实施"链长制"和设立产业基金等政策工具，为产业生态的形成与发展提供了关键支持。"链长制"的创新之处在于，它打破了传统行政体制中条块分割的局限，构建了一种跨部门、跨层级的协同机制，能够更加系统性地解决产业链发展中的堵点和痛点问题。同时，这一机制也改变了政府与企业的互动方式，从过去的单向管理转变为双向互动[①]，政府能够更加及时地了解企业需求，企业也能够更加直接地参与政策制定和执行。

此外，这种支持又具有相当的精准性。对于科创企业，杭州进行分层分级、因企施策创业支持。以滨江区为例，政府将企业分为A、B、C、D四级，初创企业可获得60%的房租补贴，营收过亿元的"瞪羚企业"享受上市绿色通道，顶尖项目通过"一事一议"获取定制化支持。这项在滨江区被称为"5050计划"，在杭州其他区各有不同叫法的政策，已经成为杭州招商体系的核心机制之一。[②] 这类计划提供对国内外技术人才创业的分级培育体系，通过动态评审匹配差异化的政策支持。企业需要通过技术前瞻性、团队构成、产业化能力等多维度的评估，在达标进入计划后可获得最高2 000万元的研发补贴。以2015年创立的览众数据为例，该公司通过B级评审后，累计获得的房租补助可覆盖60%~70%的办公成本，同时政府提供的技术对接服务促成其与华为云的算力合作，直接将研发成本降低30%。

---

① 郑琼. 数字赋能视角下数字政府整体智治的实现路径［J］. 郑州大学学报（哲学社会科学版），2024，57（3）：34–41+142.

② 资料来源：笔者在杭州的实地调研。

该政策在设计上纳入动态调整。览众数据在入驻滨江区的10年间，所获补助比例从最初的70%逐步降至后来的50%，但政府同步引入了"成长型企业技术对接倍增计划"——对年营收增长超过30%的企业，提供技术对接频次从季度提升至月度。这种模式既缓解了初创企业的资金压力，又为成熟期企业强化了产业链协同能力。企业继续发展成熟之后，各区还有更进一步的对科技公司的评选、支持计划，或者通过国家奖项评选的推荐给予企业支持。创业者们也会通过各层级的人才项目和政协、统战项目等获得认证和帮助，获得参与杭州营商环境改造工作的通道。

杭州模式的另一大创新是市场主体从单纯的政策接受者转变为政策制定和执行的积极参与者。杭州通过建立常态化的沟通机制和制定《杭州市优化营商环境条例》，积极鼓励市场主体参与政策的制定过程。[①] 政府应当建立常态化的与市场主体沟通联系的机制，鼓励市场主体建言献策、反映实情，及时听取和回应市场主体的意见诉求，依法帮助其解决生产经营中遇到的困难和问题。杭州市政府还设立了营商环境建设咨询委员会以提供专业建议，确保政策能够有效回应市场需求并解决实际问题。杭州市政府为市场主体提供了更多发声的机会，使政策更能反映市场需求，助力经济高质量发展。这些措施共同构成一个开放、包容的

---

① 市人大常委会法工委. 杭州市优化营商环境条例［EB/OL］.（2023-04-21）[2025-03-07]. https://www.hzrd.gov.cn/art/2023/4/21/art_1229690462_18221.html.

政策环境，有利于推动市场主体与政府之间的良性互动。

服务型政府的演进又受到企业创新的深刻影响。一方面，企业对高质量公共服务的需求不断提升，推动政府服务能力随之不断提升；另一方面，企业的技术创新成果被应用于政府治理领域，提升了政府的智能化水平和服务效率。例如，杭州城市大脑的建设就是政府与企业合作的产物，政府提供应用场景和数据资源，企业提供技术解决方案和运营服务，双方形成良性互动和互利共赢的关系。这种政企合作模式不仅提升了政府治理能力，还为企业创新提供了实践平台和市场空间。

"只有有效互动，才能产生可持续的创新生态。"产业生态与服务型政府的互动过程自身也是一个不断演化和自我组织的系统。这一系统的可持续性不仅取决于政府的引导能力和市场的创新活力，更取决于二者之间的协同机制和互动质量。在杭州，这种协同机制已经从初期的单向互动发展为更加复杂的网络化互动，政府、企业、高校、研究机构、社会组织等多元主体通过正式与非正式的网络进行持续互动，共同构建了一个开放包容、自我更新的创新生态系统。

从长远来看，产业生态与服务型政府互动的深层逻辑，是一种正在形成的全新的治理模式。这种模式超越了传统的政府主导模式和纯市场驱动模式，构建了一种基于合作共治、信息共享、价值共创的新型治理结构。在这一结构中，政府不再是简单的管理者或服务者，而是生态系统的营造者和赋能者；市场不再是简单的资源配置机制，而是复杂的价值创造网络；两者之间的关系不再是管控者与被管控者，而是相互塑造、相互演化的共生关系。这种新型治理模式为解决传统发展模式中的各种矛盾和问题提供了新的思路和方案，也为中国式现代化的探索贡献了杭州经验。

（二）信息效率与价值共识的雏形

"效率决定发展的速度，价值决定发展的方向。"在杭州产业生态的演进过程中，我们可以清晰地识别出两条相互交织的主线：一是信息效率的持续提升，二是价值共识的逐步形成。这两个维度构成杭州模式的核心支柱，既是其现有成就的关键驱动因素，也是其未来发展的重要支撑力量。通过深入分析这两个维度的内涵与演化轨迹，我们可以更加系统地理解杭州模式的内在逻辑与独特价值。

信息效率在杭州产业生态中表现出系统性、多层次的特征。这种信息效率不仅仅体现在数据传输的速度或信息处理的容量上，更体现在信息流动的广度、深度与价值创造的能力上。杭州的信息效率突破可以从三个层面进行观察：第一层是信息基础设施的完备性，包括数字政府平台、城市大脑系统、产业互联网络等硬性基础设施，以及数据标准、开放协议、共享机制等软性制度安排；第二层是信息流动的网络化程度，即信息在政府部门之间、企业主体之间、政府与企业之间的流动速度和覆盖范围；第三层是信息价值的释放能力，即如何将流动的信息转化为决策优势、创新能力和市场价值。

政务信息领域的效率变革具有引领与示范效应。杭州数字政府建设的核心理念是"用数据说话、用数据决策、用数据管理、用数据创新"。这一理念驱动下的变革不仅仅是技术工具的更新，更是治理模式的根本转型。政府通过整合分散在各部门的数据资源，打破"信息孤岛"和"数据烟囱"，实现了从"分散决策"到"整体决策"的跨越。更重要的是，这种变革改变了政府与社会的互动方式：从过去的单向管理转向双向互动，从被动响应转向主动服务，从经验决策转向数据决策。这一系列转变实质上构成了一场行政效率的革命，不仅大幅降低了政府运行的内部成本，还显著减少了社会主体与政府交往的制度性交易成本。

产业信息领域的协同共享呈现出自组织的特征。杭州的产业数据生态不是依靠行政命令强制建立的，而是在市场机制与政策引导的双重作用下自发演化的。这种自组织过程体现在三个方面：一是数据开放由点到面、由浅入深地渐进扩展，从非敏感领域开始，逐步向更多价值领域拓展；二是数据共享机制的多样化创新，包括对等共享、平台共享、联盟共享等多种模式并存；三是数据价值发现的市场化导向，通过市场交易和业务协作发现数据的潜在价值。例如，在供应链协同领域，企业间的数据共享不是被强制要求的，而是基于降低库存成本、提高响应速度等实际商业价值的考量自愿进行的。这种自组织特征使信息共享机制具有更强的适应性和可持续性。

信息效率的提升对产业创新的影响是多维度的。表层影响是降低了创新的搜索成本和交易成本，如企业可以通过开放数据平台快速获取市场需求信息，通过技术交易市场高效对接创新资源。中层影响是加快了创新的扩散和反馈循环，如新技术、新模式可以通过产业网络快速传播，用户反馈可以实时影响产品迭代。深层影响则是重塑了创新的组织模式和价值逻辑，从封闭式创新向开放式创新转变，从线性创新向网络化创新转变，从单点创新向系统创新转变。① 这些转变使创新过程变得更加分布式、协作化和加速化，极大地提升了整个产业生态的创新能力和响应速度。

与信息效率并行的是价值共识的逐步形成。价值共识是一种超越具体利益博弈的深层认同，它涉及对发展方向、行为规范、成功标准的共同理解。在杭州，我们观察到一种围绕创新驱动、开放合作、包容多元等核心价值的共识正在形成。这种共识不是通过政治宣传或强制灌输建立的，而是在长期的市场实践和政策互动中自然生成的。它既是对成功经验的总结与提炼，也是对未来发展方向的共同期望与认同。

"共识的背后，是信息的透明与规则的稳定。"价值共识的形成依赖两个基础条件：一是信息环境的透明度，即各方基于共同信息进行判断和决策；二是制度环境的稳定性，即规则的连续性和可预期性。在信息不透明、规则不稳定的环境中，各方往往陷

---

① 李律成，曾媛杰，彭华涛.数字创新生态系统驱动新质生产力发展的组态路径研究［J］.科研管理，2024，45（8）：1-10.

入短期机会主义和防御性行为,难以形成长期合作与共同价值追求。杭州通过构建透明的信息环境和稳定的制度框架,为价值共识的形成创造了有利条件。例如,政府通过公开政策制定过程、明确政策评估标准、保持政策执行连续性,增强了市场主体对政策环境的信心与预期;企业通过公开创新路线图、明确合作规则、保持战略定力,增强了合作伙伴的信任与投入意愿。这种透明与稳定共同构成价值共识的土壤。

价值共识的形成过程展现出从分散到聚合的动态演变特征。最初,不同主体基于各自的经验和认知形成不同的价值判断和行为偏好。随着信息交流的深入和互动经验的积累,这些分散的认知开始趋同和整合,形成更加一致的价值取向和行为规范。这一过程既有自发的市场选择机制,也有主动的引导和促进因素。成功企业的示范效应使更多市场主体认同创新驱动和开放合作的价值,政府的政策导向和资源配置又强化了这种价值取向的激励效应。最终,这种价值取向通过正式和非正式的制度安排得到固化和传承,成为整个产业生态的共同准则。

价值共识对发展模式的塑造作用不容低估。它影响着资源配置的方向、风险偏好的形成、合作模式的选择等多个关键决策维度。例如,对创新价值的共识使企业更愿意投入长期研发,政府更倾向于支持基础研究和原始创新;对开放合作的共识使企业间更容易形成战略联盟和创新网络,减少了封闭垄断和恶性竞争;对社会责任的共识使企业更注重可持续发展和社会影响,政府更强调包容性增长和共同富裕。这些价值导向共同塑造了杭州模式的特质，使其在追求经济增长的同时，也注重创新质量、社会公平和生态可持续。

信息效率与价值共识之间存在着复杂的互动关系，二者相互影响、相互强化。一方面，信息效率的提升为价值共识的形成提供了基础条件。高效的信息流动使各方能够基于共同的信息环境进行沟通和理解，减少了信息不对称所导致的误解和冲突。透明的信息环境也增强了信任建设的可能性，使各方更愿意进行开放交流和深度合作。另一方面，价值共识的形成又反过来促进了信息效率的提升。共同的价值观使各方更愿意分享信息、开放资源，减少了信息垄断和"数据孤岛"现象。一致的行为期望也降低了合作的不确定性和监督成本，提高了协作效率和信息传递效率。

这种双向促进关系在杭州的实践中得到了生动体现。政府数据开放和企业信息共享最初面临不少阻力，但随着成功案例的积累和价值共识的形成，数据开放和信息共享的范围和深度不断扩大，形成良性循环。例如，产业联盟和创新网络的建设初期往往需要政府的推动和资源支持，但随着协作价值的显现和共识的增强，这些联盟和网络逐渐形成自主运行的能力和可持续的发展动力。这种从"要我开放"到"我要开放"、从"要我合作"到"我要合作"的转变，正是信息效率与价值共识相互促进的生动写照。

深入分析杭州模式中的政策支持与市场机制关系，我们发现一种超越简单二元对立的新型互动范式。这种范式不是政府替代市场，也不是市场完全自治，而是政府与市场在各自优势领域发挥作用，并通过有效的协调机制实现优势互补。政府专注于提供公共物品、构建基础设施、营造公平环境、防范系统风险等市场难以有效解决的领域，市场则在资源配置、创新驱动、效率提升等方面发挥决定性作用。两者之间不是简单的分工，而是动态的互动和适应性的调整，根据具体问题的性质和阶段特征灵活确定政府与市场的角色分工和协作方式。

这种协作范式的核心在于政策工具的创新设计。杭州的产业政策更加注重"功能性"而非"选择性"，即不是挑选特定企业或产业进行定向扶持，而是通过构建开放的支持体系，为所有符合条件的主体提供平等的发展机会。就像产业发展资金更多采用"竞争性分配"而非"行政性划拨"，通过项目征集、专家评审、绩效考核等市场化机制提高资源配置效率；创新支持更加注重"机制构建"而非"直接干预"，通过建立技术交易市场、知识产权保护体系、科技金融服务平台等，为创新活动提供良好的制度环境和市场条件。这种功能性政策既避免了政府"选赢家"的信息不足问题，也克服了市场在提供公共物品和应对外部性方面的固有缺陷，实现了政府作用与市场机制的有机结合。

信息效率与价值共识的结合，构成了杭州模式最独特的竞争优势。信息效率提供了"快"的能力，使杭州能够敏锐捕捉市场机会、快速响应技术变革；价值共识奠定了"稳"的基础，使杭州能够保持战略定力、构建长期竞争力。"快"与"稳"相结合，使杭州既能在短期市场竞争中获得优势，又能在长期发展道路上保持正确方向。这种组合优势是杭州模式难以复制的核心所在，也是其在全球化竞争中脱颖而出的关键因素。

展望未来，信息效率与价值共识仍将是杭州模式演进的核心驱动力。随着数字技术的深入发展和全球化竞争的加剧，信息效率的提升将面临新的挑战和机遇，如数据安全与开放共享的平衡、人工智能与人类决策的协同、全球信息网络与本地创新系统的连接等。同时，价值共识的维护和更新也将面临更复杂的环境，如多元价值的包容与整合、短期利益与长期价值的平衡、本土特色与全球标准的协调等。这些挑战将推动杭州模式进入一个新的发展阶段，信息效率与价值共识的内涵和形式也将随之深化和拓展。

（三）杭州模式的早期特征与挑战

"模式的力量，不在于其完美，而在于其可持续。"杭州模式作为一种地方发展的制度创新，其形成过程既有鲜明的特征，也面临诸多挑战。通过系统梳理杭州模式的早期特征与发展过程中的问题，可以更加深入地理解这一模式的内在逻辑和演变路径。

政策透明化与信息公开构成杭州模式最显著的基础特征。相比于传统的政策制定模式，杭州实施了一系列制度创新，使政策过程更加透明和可预期。例如，2017年，杭州出台《杭州市全面推进政务公开工作实施细则》，[1] 明确要求全面推进决策公开、

---

[1] 杭州市人民政府办公厅.杭州市人民政府办公厅关于印发杭州市全面推进政务公开工作实施细则的通知（杭政办函〔2017〕82号）[EB/OL].（2017-09-13）[2025-03-07]. https://www.hangzhou.gov.cn/art/2017/9/13/art_1302349_4158.html.

执行公开、管理公开、服务公开和结果公开。这种透明化不仅体现在结果公开上，更体现在过程公开与参与机制上。政府决策由过去的"闭门造车"转向"开门纳谏"，企业和社会组织能够在政策形成阶段就参与讨论和建议，大幅提升了政策的针对性和可接受度。同时，政策执行的全过程监测与评估机制使政策落地更加透明可追溯，减少了执行偏差。这种政策透明机制对构建高度信任的市场环境至关重要，企业能够基于稳定预期进行长期规划，而不必过多担忧政策的突然变化。

政企关系的重构是杭州模式的另一核心特征。传统的政企关系往往呈现出主导与被主导、管理与被管理的单向权力结构，信息和资源流动也多为自上而下。杭州模式则呈现出一种更加对等、互动的新型政企关系。在这种关系中，政府不再是简单的管控者，而是转变为服务者和赋能者；企业则不仅是政策的接受者，更是政策的参与者和治理的协同者。这种关系重构最鲜明的体现就是服务流程的重组——从"以部门为中心"转向"以企业为中心"，打破了传统的部门壁垒和行政流程禁锢，大幅降低了企业的制度性交易成本。

这种新型政企关系的核心在于互动机制的转变。从互动频率看，由过去的偶发性互动转向常态化互动；从互动方式看，由单一的行政命令方式转向多元的协商合作方式；从互动内容看，由简单的政策宣讲和规制执行转向全方位的信息交流和资源协同。这一系列转变使政府能够更深入地理解企业需求，企业能够更清晰地把握政策导向，双方在更高水平上达成发展共识和行动协同。

产业生态的系统性构建是杭州模式的重要特征。不同于传统的产业规划多聚焦于单一产业或企业的发展，杭州采取了更加系统化的生态视角，将产业视为一个由多元主体、多层次要素和多维关系构成的复杂适应系统。在这一视角下，产业政策的目标从简单的规模扩张和结构优化，转向培育健康、可持续的产业生态系统。具体表现在三个方面：一是注重产业链的完整性与协同性，通过补链、强链、拓链提升产业体系的整体竞争力和韧性；二是注重创新要素的配套性与多样性，构建从基础研究、技术开发到成果转化的全链条创新生态；三是注重服务体系的精准性与系统性，为处于不同发展阶段、不同规模体量的企业提供差异化服务。

信息效率的提升是杭州模式的关键驱动力。杭州通过数字技术应用和制度创新，系统性地提升了信息流动效率，降低了信息不对称带来的各类成本。在政府内部，打破了部门间的信息壁垒，实现了数据共享和业务协同，提升了整体行政效能；在政府与市场之间，构建了高效透明的信息交流渠道，使政策信号更加清晰，市场反馈更加及时；在企业之间，搭建了开放共享的信息平台，促进了技术扩散和资源互补，加速了创新的传播和应用。这种多层次的信息效率提升，为杭州创新发展提供了关键支撑。

价值共识的形成是杭州模式的深层基础。在长期的发展实践中，杭州逐步形成关于创新驱动、开放包容、协同共治等核心价值的广泛共识。这种共识不是通过行政命令强制形成的，而是在市场实践和政策互动中自然生成的。它既是对成功经验的总结提炼，也是对发展方向的共同期许。价值共识的形成深刻影响了资源配置、风险感知和组织行为，为杭州模式提供了稳定的方向引领和内在动力。

"早期的挑战，往往是模式成熟的必经之路。"尽管杭州模式展现出诸多积极特征，但在实际运行中仍面临着一系列难题和挑战。分析这些挑战不仅有助于我们更全面地理解杭州模式的现状，还为其未来完善提供了重要参考。

政策执行的稳定性与灵活适应之间的平衡是第一大挑战。一方面，市场主体尤其是进行长期投资的企业，需要稳定可预期的政策环境；另一方面，面对快速变化的技术环境和市场竞争，政策又需要保持一定的灵活性和适应性。如何在稳定与灵活之间找到平衡点，成为杭州模式面临的重要课题。尤其是在数字经济、新兴技术等前沿领域，监管理念和政策工具常需根据市场和技术发展而调整，这种调整如果缺乏充分沟通和过渡安排，就容易引发市场不确定性。

从制度根源分析，这一挑战主要源于三个方面：一是政策制定过程中前瞻性研判不足，对未来技术和市场走向的预见性有限；二是政策调整机制不够完善，缺乏科学的政策评估和渐进式调整程序；三是政策执行过程中协同不足，不同部门、不同层级之间政策理解和执行标准存在差异。这些制度性问题需要通过更加系统的政策治理体系改革来解决。

信息透明与数据安全的平衡是第二大挑战。在追求信息高效流动的同时，如何保障数据安全和保护隐私，成为杭州模式面临的难题。一方面，数据开放共享有助于释放数据价值，促进创新和效率提升；另一方面，过度开放又可能带来安全风险和隐私侵害。在现有法律框架和技术条件下，如何建立既能促进数据流通又能保障数据安全的机制，是杭州模式需要解决的关键问题。

从技术角度分析，虽然差分隐私、联邦学习、安全多方计算等技术为解决这一矛盾提供了可能性，但这些技术仍处于发展阶段，应用成本较高，尚未得到广泛采用。从制度角度分析，数据产权界定不清、价值分配机制不明确、风险责任划分不合理等问题，也制约了数据共享机制的建立和完善。这一系列复杂挑战需要技术创新和制度创新的共同突破。

创新深度与产业协同是第三大挑战。杭州在应用创新和商业模式创新方面表现突出，但在基础研究和原始创新方面仍有提升空间。同时，虽然杭州已形成一批规模可观的产业集群，但在集群内部协同和集群间交叉融合方面仍存在不足，制约了创新的系统性突破和产业的高质量发展。

从创新体系看，杭州的创新资源配置仍存在一定的结构性失衡：应用开发投入充足，但基础研究投入相对不足；市场化创新机制活跃，但产学研协同机制尚不完善；短期项目支持丰富，但长期持续投入不足。这种结构性失衡限制了杭州在原创性、引领性创新方面的突破。

从产业协同看，杭州的产业集群仍面临三个方面的挑战：一是产业链关键环节和核心技术的短板制约了整体竞争力的提升；

二是产业集群内部分工协作的精细化程度和协同效率有待提高；三是不同产业集群之间的融合创新和交叉渗透不够充分，制约了新兴产业和跨界创新的发展。这些协同不足问题需要通过更加系统的产业政策和创新机制来解决。

政策执行的规范化和个性化平衡是第四大挑战。杭州在推进服务型政府建设的过程中，既需要通过标准化、规范化流程提高行政效率和公平性，又需要针对不同企业的差异化需求提供定制化、个性化服务。如何在规范与个性之间找到平衡点，是服务型政府建设面临的重要课题。

这一挑战的根源在于公共服务的内在矛盾：标准化是提高效率和保障公平的基础，但过度标准化又可能导致服务僵化、难以满足多样化需求；个性化能够提供精准服务，但过度个性化又可能导致资源浪费和公平性问题。如何构建"标准化＋个性化"的服务模式，既保证基本服务的规范高效，又能针对特殊情况提供弹性服务，成为杭州模式需要不断探索的方向。

面对上述挑战，杭州模式需要通过持续的自我调适和系统创新，不断增强其可持续性和竞争力。我们需要基于当前实践和未来趋势，探讨杭州模式的可持续发展路径。

首先，需要完善政策的科学化、稳定化机制。通过建立更加系统的政策规划、评估和调整程序，增强政策的前瞻性和连续性。具体可以从三个方面入手：一是强化政策研究的前瞻性，加强对技术趋势和市场变化的预判；二是完善政策评估的科学性，建立基于数据和证据的政策评估体系；三是优化政策调整的渐进性，通过试点先行、分步实施、设置过渡期等措施，减少政策调整对市场的冲击。

其次，需要探索数据价值释放与安全保障的平衡机制。在强化数据安全保护的同时，积极探索数据要素市场化配置的新机制。具体可以从三个方面推进：技术方面，加快推广可信计算、数据沙箱等技术，实现"数据可用不可见"；[①]制度方面，探索数据权属界定、价值评估、收益分配的规则体系；市场方面，培育专业化的数据服务机构和交易平台，降低数据流通的制度成本和技术门槛。

复次，需要构建更加系统化和深层次的创新生态。通过强化基础研究、完善产学研协同、促进跨界融合，提升创新的系统性和原创性。具体可以从多个方面推进：加大基础研究投入，培育长期、持续、稳定的研发支持机制；优化产学研协同体系，促进高校院所与企业之间的深度合作；加强产业集群之间的融合创新，培育跨界创新的新兴业态和新增长点。

再次，需要提高政府服务的智能化和精准化水平。通过数字技术和制度创新，构建既高效规范又灵活个性的服务新模式。具体可以从两个方面推进：一方面，通过数字技术提升基础服务的标准化和自动化水平，提高服务效率和一致性；另一方面，通过大数据分析和智能算法，实现对企业需求的精准感知和个性化响

---

① 丁晓钦，杨明萱.数字政府助推数字经济高质量发展：机理与路径[J].上海经济研究，2024（8）：33-42.

应，提高服务的针对性和有效性。

最后，需要加强价值共识的维护和更新。在社会环境和技术条件快速变化的背景下，价值共识需要不断更新和深化，以适应新的发展阶段和战略方向。这需要更加开放透明的社会对话机制，更加包容多元的价值整合机制，以及更加稳定持久的价值传承机制。通过这些机制，确保价值共识能够在保持稳定性的同时，不断吸收新的发展理念和时代精神，为杭州模式提供持续的方向引领。

综上所述，杭州模式作为一种新兴的地方发展范式，其真正价值不在于当前取得的成就，而在于其通过持续的自我反思和系统创新不断适应新环境、解决新问题的能力。对杭州模式的探索实践，有助于我们理解中国城市创新发展的内在逻辑和可持续路径，具有重要的理论和实践价值。

第六章

中国算谷

全球视野下的杭州新坐标

杭州作为中国数字经济的重要策源地，正在形成一套兼具本土适应性与全球竞争力的城市发展模式。横向对比显示，杭州在政策执行的稳定性与透明度、市场机制的信息效率，以及创新文化的长期主义导向方面，均展现出区别于硅谷的市场自组织逻辑、北京的政策主导型结构、深圳的资本驱动路径与合肥的政府深介入策略的独特优势，通过有效市场、有为政府与有机社会的三元互动机制，构建出以信息效率与价值共识为双支柱的制度生态，在资源配置效率、创新环境韧性和政策可预期性上形成系统优势。

杭州在政策执行、市场机制与创新文化上的表现，既令人瞩目，也引发了关于其优势与不足的讨论。相比深圳、北京、合肥以及遥远的硅谷，杭州的发展路径既有共性，也有鲜明的个性。而当时间的维度被拉长，在从电商之都到科技创新中心的演变历程中，杭州所展现出的内在动因与路径依赖更是值得深思。或许，只有深入理解这种横向比较与纵向演变交织出的独特模式，才能揭示新型生产关系在解放生产力中的真正力量。

一、横向比较——与其他城市的对比

　　杭州作为一座迅速崛起的创新型城市，在促进城市科技产业发展与创新方面展现出了独特的魅力。相比于深圳、合肥的政策透明度与可持续性，北京、硅谷的市场机制的高效配置与信息透明度，杭州有着不同的特点和优势。

本节将通过与深圳、北京、合肥、硅谷等国内外创新型地区的对比，深入解析杭州在政策执行、市场机制、创新文化上的优势与不足，为探讨有效市场与有为政府的互动机制做必要铺垫。

（一）政策导向的对比：杭州与深圳、合肥的不同路径

"杭州六小龙"的崛起显著提升了杭州的知名度，然而，当涉及对杭州模式进行定位时，人们往往只能以一种模糊的方式描述其特征。与近年来备受瞩目的深圳模式与合肥模式相比，深入分析杭州模式的独特之处显得尤为重要。本节将从城市产业发展政策的角度出发，对三座城市政策导向的异同进行比较分析，进而探讨杭州如何通过政策的可持续性与透明度来构建稳定的市场预期与创新环境。

深圳作为改革开放的窗口，以其开放型经济体系而著称。深圳早期依靠加工制造业起步，后来逐渐转型为高科技制造和服务型经济中心。深圳模式的一个显著特征是政府对市场的直接干预相对较少，这一特点主要得益于深圳拥有众多科技巨头以及强大的金融实力。相较于由阿里巴巴一家独大的杭州，深圳拥有更加强大的产业生态优势，并且深圳也有着强大的金融实力可以进行资本投资与运营。深圳的政策导向更加强调以市场机制为核心，注重资本运作和国资创投，因此其政策灵活性更强，强调快速响应市场需求。而相较于杭州的"平台赋能"模式，深圳更强调原始技术创新与产业链垂直整合。

深圳模式实际上是以资本的市场化运作为核心，政府化身资本，通过深圳国资旗下拥有的四大股权投资平台来投身市场，打造自身的科技创新生态体系。深圳模式主要体现为以下三个特点：在大型企业陷入流动性危机或经营低谷的节点介入，实现产业项目精准导入，起到推动产业发展和助企纾困的双重效果；国资市场化运作生态集群，通过各类基金组合市场化投资，打造完整产业链和营造产业生态圈，通过对众多项目的投资，分散投资风险，确保国资安全；依托国内外多层次资本市场，运用股权、基金、资金等运作方式，推进资源资产化、资产资本化、资本证券化，大力推动国有企业上市，加大市场化并购上市公司力度，推动国有资产向上市公司集中。

杭州与深圳在扶持政策的内容方面的差异较为明显，杭州在财政金融支持、产业扶持、科技成果转化、创新创业、环境营造方面所颁布的政策比较多，而在人才支撑、科技体制改革方面所颁布的政策还相对不足；深圳在财政金融支持、创新载体建设方面所颁布的政策最多，在企业培育和人才支撑方面所颁布的政策相对较少。值得注意的是，深圳模式还会因市场的变化而有很强的波动性，导致在追逐科技风口的同时其政策的稳定性和透明度略有不足，政府的服务性功能较弱。

合肥则与深圳不同，由于合肥并不具备金融、港口航运优势和殷实的产业生态，所以相比于深圳产业政策的多线发力和市场化资本运作，合肥则聚焦于"芯屏汽合"四大产业链，其产业发展政策也围绕着这四大产业链展开。合肥主要通过投资并引入上市公司募投项目的方式推动项目落地，围绕投资前期、中期、后期全链条打造"引进团队—国资引领—项目落地—股权退出"循环发展闭环，进而推动城市经济发展、项目招引和产业培育三者共融共生、协同发展（见图6-1）。

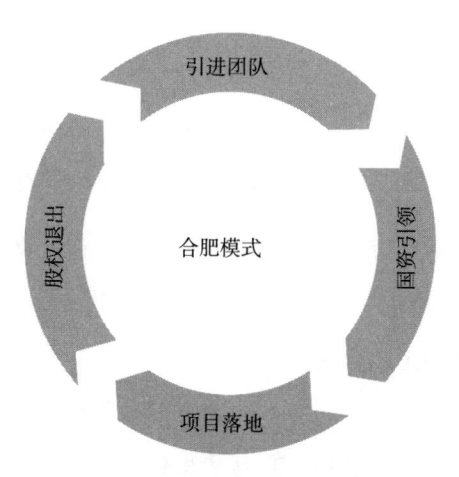

图6-1 合肥模式的循环发展

2025年2月21日笔者在浙江省机器人协会调研期间，对浙江省机器人协会相关负责人进行采访，他表示："安徽合肥现在是政府投资的形式，相当于私人投资者用国有的投资去做这种模式。但是这个模式不是每个地方都学得来的。江苏的很多企业都被安徽政府投了几百万元，甚至是几千万元，都是安徽冲过来投标的，而安徽投资的钱不是自己的，也是银行贷款的。这就是它的格局和胆识。然后江苏政协开会时有人说，为什么我们自己的政府不投我们的企业，为什么我们自己的企业'墙内不香墙外香'。这种状态就倒逼着像安徽这样的地方来江苏创新和投资。"

总结来说，合肥模式是一种政府主导的"精准布局＋资本运作"模式，以尊重市场规则和产业发展规律为前提，把资本纽带、股权纽带作为突破口和切入点，政府通过财政资金增资或国企战略重组整合打造国资平台，再推动国资平台探索以"管资本"为主的改革，通过直接投资或组建参与各类投资基金，带动社会资本服务于地方招商引资，形成产业培育合力。但政府属性很强也会导致其产业政策的调整力度和灵活性较为滞后。

杭州的产业政策则以"产学研用"深度融合为基础，通过打造适宜的营商环境和依托其在互联网技术与电子商务方面的深厚积淀，如阿里巴巴这样的企业巨头，推动自身产业在数字经济与人工智能等前沿科技领域深耕发展。

具体来讲，杭州模式的政策导向有着政策稳定性更强、政策透明度更高的特点。杭州模式的政策稳定性主要体现在杭州政策紧跟"八八战略"与"数字浙江"的发展思路，并且在多年的发展中持续沿着这一方向推进，不仅使政策具有连贯性和稳定性，还使整个社会就此形成广泛共识，为企业提供了长期发展的信心。虽然杭州市政府的政策也会依据产业发展的实际情况进行评估，并因地制宜进行调整，但其政策的大方向持续不变。因此，政策的价值，不在于频繁调整，而在于持续稳定。正是基于这样长期主义的政策导向，企业才可以在稳定的政策环境中与产业链上的其他企业建立长期合作关系，共同开展研发、生产和市场拓展等活动，提高整个产业链的稳定性和竞争力。杭州也由此可以通过阿里巴巴在数字产业领域的优势，培育上下游产业链企业，发展相关前沿科技。

在保持政策稳定性的同时，杭州还非常注重政策透明度。杭州的产业政策通常会通过政府官方网站、新闻发布会等多种渠道及时公开发布，确保企业和公众能够方便地获取政策信息。杭州还通过明确政策执行标准与流程的方式减少政策执行的随意性和不确定性。稳定的政策预期，是市场信任的压舱石。这样不仅降低了企业获取政策信息的成本和不确定性，还增强了企业对政策公平性的信任，激发了企业的创新活力。

因此，合肥、深圳、杭州在产业政策方面的差异在于，合肥以政府资本驱动战略性产业，深圳以国有资本市场化机制运作快速响应需求，杭州则以长期主义政策的可持续性与透明度构建平台以实现企业的自由发展和持续创新。杭州的可持续性与透明度优势还体现为长期稳定的政策规划、透明的规则设计以及政策与市场的深度协同，这些特点共同推动了市场预期的稳定和创新环境的繁荣。

（二）市场机制的对比：杭州、北京与硅谷的创新环境

杭州、北京与硅谷的市场机制呈现出三种截然不同的创新生态，其差异不仅体现在资源配置效率上，更深刻反映着制度环境与市场文化的深层博弈。这种分化的背后，是三座城市在信息流动机制、价值共识构建和市场调节能力上的结构性差异。

信息效率驱动市场生态演化。杭州通过构建"数据要素 ×

政策透明"的双轮驱动模式，重塑了市场运行的基础逻辑。市政府打造的城市大脑系统建设了包括公共交通、城市治理、卫生健康等在内的11个系统、48个应用场景，日均协同数据1.2亿条，对数据进行处理之后，再按照各方的需求，将各类信息通过网络发送给需求者，或对控制终端进行直接操作。① 这种信息基础设施的突破，使杭州市政府的办事效率迅速提高，使企业的时间等待成本迅速下降。"亲清在线"则是在杭州城市大脑的全面支撑下，通过对政府部门"轻量级"资源整合、数据协同所形成的政商"直通车式"在线服务平台。这一平台把国家省市出台的各项纾困惠企政策通过不见面、不间断的方式快速精准、不折不扣地送达企业和员工，有效地帮助企业渡过了难关。②

在科技创新与城市发展的价值共识凝聚层面，杭州通过独特的政企协作模式与民生导向的实践路径，构建了与硅谷技术精英主义、北京行政资源主导模式相区别的治理范式。杭州通过将技术应用深度嵌入市井民生，形成了技术普惠与基层治理的共生关系。杭州通过政企信息互通，在北京依赖国家级科研院所的垂直创新体系之外，又创造了独属于自己的模式，促进了自身数字产业的发展。因此，市场的效率，不仅在于竞争，更在于透明。

---

① 浙大城市学院继续教育学院. 智慧城市建设的浙江实践之杭州城市大脑篇（上）［EB/OL］.（2024-01-24）［2025-03-29］. https://peixun.hzcu.edu.cn/jmzj/138.
② 浙大城市学院继续教育学院. 智慧城市建设的浙江实践之杭州城市大脑篇（下）［EB/OL］.（2024-01-24）［2025-03-29］. https://peixun.hzcu.edu.cn/jmzj/139.

政策势能主导创新格局。北京市场机制的核心特征体现为"政策信号放大器"效应。央企总部聚集产生的信息虹吸效应，使部委政策动向往往提前6~8个月反映就在资本市场上。这种独特的政策敏感度塑造出特殊的市场节奏：北交所的IPO（首次公开募股）企业中有43%选择在重要政策发布窗口期上市，其目的正是利用政策信号释放带来的估值溢价。笔者在清华大学经济管理学院调研时，有专家向笔者表示，这种机制导致市场资源配置出现"政策套利"倾向。

在信息透明度方面，北京的矛盾性尤为突出。尽管北京政务公开指数连续5年居全国首位，但涉及科技创新领域的关键数据开放度仅为杭州的57%。以自动驾驶路测数据为例，北京累计采集的PB级数据中仅开放12%用于企业研发，而杭州通过分级授权机制开放了83%的PB级数据。这种差异在资本市场上形成独特镜像：北京科创板企业的招股书中，政策风险提示篇幅平均是杭州企业的2.3倍，这反映出市场对政策不确定性的防御性应对。在北京，读懂政策比读懂财报更重要。私营企业自行组织，进而推动科技演化是硅谷的重要特色。硅谷市场机制的本质是"分布式决策网络"的胜利。斯坦福大学2025年的研究报告显示，硅谷科技企业43%的资源配置决策由算法代理完成，这种自动化水平使市场调整速度达到北京的7倍。风险投资机构的"数据投研联盟"构建起独特的信息共享生态，500余家成员单位实时交换技术成熟度曲线和人才流动数据，使初创企业的估值模型更新频率达到每日1.7次。这种机制下，OpenAI在开发GPT-6时，通过算法实时匹配137家供应商，将研发周期压缩至传统模式的39%。

但硅谷的危机正潜伏在其引以为傲的市场自由中。例如，某医疗AI初创企业控诉，其融资失败源于竞争对手操纵人才流动预测模型。对此，硅谷风险投资教父马克·安德森在TechCrunch（美国科技类博客）峰会上发出警告："当信息权力过度集中时，自由市场就会退化为数字封建。"这种困境反衬出杭州模式的独特价值：通过制度性保障的信息对称，维系市场竞争的底线——公平。

制度演进有三重启示。首先，在信息效率层面，杭州的实践证明了公共数据开放的技术路径。杭州市政府建设了杭州市知识产权交易服务中心的数据知识产权交易平台，该平台已与浙江省数据知识一体化服务平台（数知通）贯通连接，实现从确权登记到交易转化的"一站式"服务，2023年落地全国首单数据知识产权交易和全省首单千万级数据知识产权交易，全年实现数据知识产权交易额1 276万元。① 反观硅谷，过度依赖企业间数据交易导致信息壁垒高筑，其数据流通成本高于杭州。其次，在价值共识层面，北京的政策传导机制值得反思。国务院国资委2024年试点的"政策稳定性指数"，将科技创新政策调整频率限

---

① 杭州市知识产权交易中心. 优秀A档，2023年度浙江省数据知识产权专业服务机构服务绩效评价杭知交名列前茅！[EB/OL].（2024-08-21）[2025-03-29］. https://data.hzjip.com/article/483.

制为每年不超过两次，[①]维持了政策的稳定性，强化了共识。最后，市场调节能力的较量则揭示了制度文化的深层差异。硅谷依靠"算法法庭"解决商业纠纷，2024年处理案件量首次超越传统司法系统；北京通过"监管沙盒"培育出自主可控的AI监管体系；[②]而杭州国际数字交易中心聚焦数据可信流通与数字文化，在数据要素服务和数字资产交易双赛道齐发力，进一步推动数据资源转化为生产要素，赋能实体经济。[③]因此，有效的市场，首先是信息对称的市场。

（三）创新文化的对比：长期主义与短期主义的博弈

通过前文的叙述，我们了解到杭州与其他城市的发展模式在政策导向和市场机制方面的区别和特点。下文我们将聚焦杭州、深圳和硅谷的创新文化进行讨论，通过与深圳和硅谷的对比，讲述杭州如何通过"重积累、轻消费"的文化特质，形成具有杭州特色的长期主义技术路线与创新策略。

[①] 詹碧华.国务院国资委部署2024年央企改革六大重点［EB/OL］.（2023-12-29）［2025-03-29］.https://www.thepaper.cn/newsDetail_forward_25847224.

[②] 温婧.《北京人工智能数据训练基地监管沙盒》成果发布 探索人工智能可控发展的创新手段［EB/OL］.（2024-06-26）［2025-03-29］.https://news.qq.com/rain/a/20240426A068AF00.

[③] 杭州市人民政府国有资产监督管理委员会.杭州国际数字交易中心揭牌 双赛道发力赋能实体经济［EB/OL］.（2023-01-04）［2025-03-29］.http://gzw.hangzhou.gov.cn/art/2023/1/4/art_1689495_58900575.html.

深圳的创新文化根植于改革开放前沿的实践逻辑，深受改革开放初期的制造业红利的影响，呈现出"市场导向、务实迭代、全球化嵌入"的复合型特征。作为中国制造业转型的标杆，深圳通过"硬件＋供应链＋出口"模式构建了全球最完整的电子产业链，其创新文化的核心在于市场化机制驱动下的技术突围。[1] 这种文化特质体现为三个特征：工程师群体庞大，强调技术纵深与产业绑定，注重"实验室直通生产线"高效转化能力的工程师务实精神；依托风险资本密集度高的优势，根据实际发展进行快速响应与试错的实用主义导向特质；毗邻香港，放眼全球，又拥有大量的移民人口，形成"敢于冒险、崇尚创新"的社会共识。[2]

硅谷的创新文化可以追溯到20世纪60年代，以"自由探索、风险包容、生态开放"为内核，是一种高度自由、高度创新、高度竞争、高度包容和高度分享的文化体系，其发展源于斯坦福大学的产学研联动和风险资本的支持。[3] 相较于杭州，硅谷更擅长颠覆式创新（如特斯拉的电动汽车），而杭州偏向商业模式优化。与深圳的"政策护航"相比，硅谷依赖市场自发性生态，其优势在于基础研究能力和全球资源整合，而这一文化特质也推动其形成"试错容错—跨界融合—全球连接"的创新特质。总体来

---

[1] 王海荣. 深圳全方位深层次建设创新之城［N］. 深圳商报，2025-02-24（A01）.
[2] 胡蓉. 让深圳成为创新最好的试验场［N］. 深圳商报，2025-02-27（A01）.
[3] 杨慧. 优势与挑战：当前美国硅谷创新创业环境［J］. 科技创新与生产力，2024，45（7）：26-30.

看，硅谷创新文化的本质是"极客精神＋资本共生＋开放式网络"的有机系统，其核心特质在于对"破坏性创新"的制度化包容。

短期的繁荣往往是长期积累的结果。"杭州六小龙"的崛起就源于杭州"重积累、轻消费"的文化特质。而这一文化特质源于浙商传统的"滚雪球"思维，表现为技术伦理优先于商业变现的价值理性。这种文化强调知识的积累和传承，注重长期的技术积累和创新。受这种"积累型创新生态"文化特征的影响，杭州的政府和企业愿意在创新上进行长期投入，为初创企业和技术创新提供长期的资金支持。而这样的支持又为创新提供了稳定的环境，让企业和科研机构能够专注于长期的技术积累和创新。

相比于硅谷和深圳，杭州的优势在于政策连续性与创新生态韧性，例如阿里云生态孵化出平头哥半导体等硬科技企业。但杭州的劣势在于短期爆发力不足，如游戏科学耗时 8 年开发《黑神话：悟空》导致资金链多次承压。相较于硅谷的颠覆式创新，杭州更擅长技术改良与场景适配；相较于深圳的硬件优势，杭州在平台经济与数据赋能上更具竞争力。①

2025 年 2 月 19 日笔者在浙江省政府调研期间，对浙江省某政府人员进行采访，他表示："当今世界开始出现一批小规模的

---

① 证券时报.杭州从电商之都迈向"中国硅谷"数字经济与科技产业协同发展成关键密码［EB/OL］.（2025-02-24）［2025-03-13］.http://m.toutiao.com/group/7474916546461041204/?.

创新型公司，有很年轻的成员，有着很小的规模，甚至只有20个人左右，但是会取得巨大的成就。这同当今世界生产力的社会化密不可分。生产力越发展，生产关系的社会化程度就越高，生产就越会成为一件社会化的事情。在这一时代，资本也开始社会化，一方面是更多的人开始投资、持股，另一方面是资本开始更加普遍地进行投资，推动这些小公司发展，用资本的社会化来适应生产力的社会化。"

创新的厚度取决于文化的深度。深圳、硅谷和杭州各自独特的创新文化特质，促使它们形成不同的技术路线与创新策略。深圳以"务实与效率"为核心，形成以硬件制造和产业链整合为核心的创新策略，代表着制造业升级的中国路径；硅谷以"开放与冒险"的极客精神为核心，引领颠覆性突破，形成以基础研究和高科技企业孵化为核心的创新策略，体现着技术资本主义的极致形态；杭州则以"重积累、轻消费"为核心，通过生态培育实现长期技术积累，形成以数字经济和平台经济为核心的长期主义创新策略，探索出了数字经济时代的生态型创新方法论（见图6-2）。

这些创新策略在各自领域取得了显著成效，同时也为其他地区的创新发展提供了宝贵的经验和启示。未来创新竞争的关键在于如何在不同文化特质间构建协同互补机制。

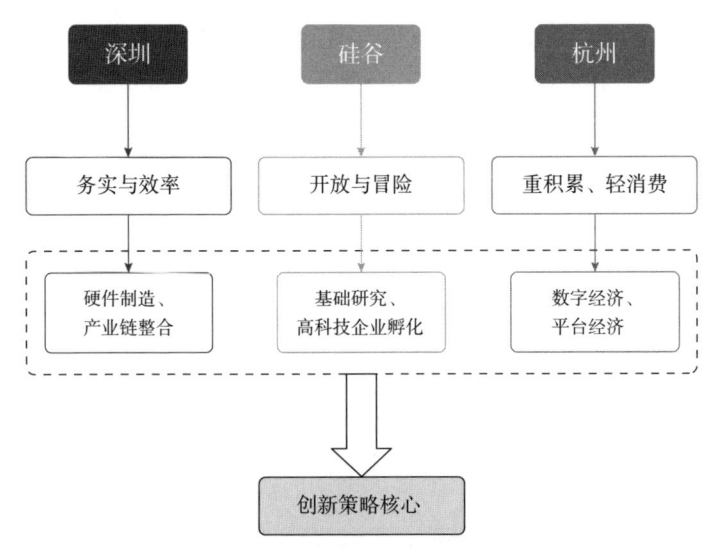

图 6-2　深圳、硅谷和杭州的创新策略核心对比

（四）技术资本主义与制度生态主义：硅谷与杭州的创新范式对比

在全球科技创新版图中，杭州与硅谷作为两个制度背景截然不同的城市，其创新生态的深层差异并非仅在于技术水平或企业数量的对比，更在于一套高度结构化的"创新驱动逻辑"之分。这种差异构成对"何以持续创新"的多元路径诠释。杭州所代表的是一种制度内生型、平台协同式的创新逻辑，而硅谷则以自由资本主义与技术极客文化主导的"原生创新"范式存在。两者的比较不应停留于产出结果，而应深入其底层结构与演化机制。

首先，从创新的驱动力来看，硅谷更强调原发性的技术突破。它所推崇的"从0到1"的颠覆式创新，大多源自基础科研与原始技术的长期积累和突破。从谷歌的搜索算法到 GPT 的生成式 AI，其核心价值在于先创造技术，再寻找应用场景。杭州的路径则明显不同，其创新往往建立在技术"嫁接"已有场景的基础上，通过平台型企业构建"从 1 到 N"的扩张生态。这种结构性创新逻辑并不依赖底层科研突破，而是擅长在现实应用中快速组合、迭代与优化，从而形成持续的技术适配与演化过程。可以说，硅谷以技术主导应用，杭州则以应用牵引技术。

制度环境的差异也尤为关键。硅谷代表的是一种制度背景隐退、市场机制主动扩展的自由扩散型创新机制，政府扮演的是基础设施建设者与规则制定者的角色，其余交由市场自组织解决。杭州的制度机制则具有强烈的主动性与结构性，杭州市政府不仅仅设计市场规则，更深度参与平台搭建、数据要素配置与创新生态协同。制度不再是创新的环境，其本身就是创新的一部分。像"亲清在线""城市大脑"等制度性平台，已成为推动中小企业进入创新轨道的重要基础设施。杭州以制度托底保证市场韧性，而硅谷以制度退场释放市场效率，这是两种城市治理哲学的区别。

在生产关系的组织方式上，硅谷具有极强的个体主义色彩，其创新过程往往围绕极客天才与风险资本展开，创始人是企业灵魂，风险投资是加速器。其生产关系的核心是高度个人化的突破与高风险博弈的资本支持。杭州则构建了平台生态驱动下的集成式生产关系，其创新力量不是由某一位创始人或单一技术所驱动，而是由平台企业、中小企业、政策体系共同构成的复合体驱动。这种方式降低了创新门槛，也让生产关系的协同性、扩展性变得更强，形成中国式的"托举型创新生态"。

风险配置逻辑的不同，是两地创新生态是否"可持续"的关键所在。硅谷那种由资本主导的资源配置体系注重"高风险－高回报"，以极快的失败速度换取极少的高价值成果，其"风险投资—私募股权投资—首次公开募股"的闭环机制，本质上是一种残酷的资源筛选机制。杭州的风险机制则更多依赖制度缓冲和平台协同，在早期给予政策托底和生态支持，降低创业失败的成本和系统性损失。杭州通过制度构建"软着陆"机制，使中小企业即使失败也能积累经验并重回市场。这种差异不仅反映了创新生态的文化差别，更体现了政府在创新过程中的角色定位的不同。

更深层的差异，还体现在技术观和时间观的根本区别上。硅谷强调"未来导向"，即便某项技术短期不可变现，也愿意为其未来的可能性押注。马斯克造火箭不是为了解决现有问题，而是为了构建技术新边界，这种技术哲学极具理想主义色彩，追求技术先行、市场后接。杭州则体现出"场景导向、长期主义"的技术观和时间观。技术必须嵌入现实需求场景不断迭代优化，再逐渐沉淀为平台能力。这是一种复利式的积累路径，强调技术的场景嵌入与制度协同。在硅谷，成功是一次次"硬跃迁"；而在杭州，创新更像是"生态渗透"。

从上述比较可以看出，杭州与硅谷代表了两种创新范式的制度化表达。硅谷是技术自由主义的巅峰，是"个人－技术－资本"三角架构下的典型形态；而杭州则是数字制度主义的实践样本，是"制度－平台－生态"构成的协同创新网络。它们不是可以互相替代的模式，而是面向未来社会复杂系统的两种解决方案。在一个趋于数据化、平台化、智能化的时代，杭州所展示的"制度即平台"的治理型创新逻辑，也许预示着创新型城市发展的另一种可能。

二、纵向演变——杭州模式的历史演变与路径依赖

本节将通过纵向回溯的方式，深入解析杭州这座城市从电商之都逐步演变为科技创新中心的历史演变路径，以此来探讨这一演变过程的内在动因以及路径依赖的形成机制。本节还会重点分析杭州的历史文化背景和区域特征是如何影响杭州模式演变的，并逐步揭示新型生产关系在解放生产力、推动社会进步中所发挥的重要作用。此外，本节还将着重分析新型生产关系在释放生产力潜能、促进社会经济进步方面所扮演的关键角色。

（一）从电商之都到科技创新中心的演变路径

杭州，这座曾经被誉为"电商之都"的城市，正经历着从电商经济中心向科技创新中心的深刻转变。随着互联网技术的发展和数字经济的兴起，杭州不仅仅孕育了如阿里巴巴这样的世界级电商巨头，更在人工智能、大数据、云计算等前沿科技领域取得了显著进展。这种转型不仅仅是产业的升级，更是城市发展战略的重大调整。通过持续的政策支持和创新生态系统的构建，杭州

成功地将自身定位为中国的科技创新重镇之一。这一演变过程充分展示了信息效率革命对城市发展路径的深远影响，同时也揭示了未来经济增长的新动能。

回顾杭州从电商经济中心迈向科技创新中心的历程，可以清晰地看到产业升级与政策引导之间的紧密联系。早期，杭州依靠其独特的地理位置和商业文化，迅速成为中国电子商务的重要枢纽。特别是自阿里巴巴成立以来，杭州逐渐确立了自己在全球电商领域的领先地位。然而，随着时间的推移，杭州并未满足于现状，而是积极探索新的增长点。杭州市政府意识到，仅依赖传统电商模式难以维持长期竞争力，因此开始大力推动信息技术与实体经济的深度融合，促进产业升级。

在此过程中，信息效率革命起到了关键作用。早在2017年杭州就在信息效率方面下大功夫，城市大脑1.0正式发布的第一年就交出了用智能治理城市的周年答卷：接管杭州128个信号灯路口，试点区域通行时间减少15.3%，高架道路出行时间节省4.6分钟；在主城区，城市大脑日均事件报警500次以上，准确率达92%。[1]此外，政府还出台了多项鼓励科技创新的政策措施，包括设立专项基金支持初创企业、提供税收优惠以及建设孵化器等。这些措施极大地激发了市场活力和社会创造力，吸引了大量高科技企业和人才聚集。

---

[1] 江旋.阿里巴巴王坚：城市大脑下一阶段要让"路尽其用"［EB/OL］.（2018-01-28）［2025-03-13］.https://www.yicai.com/news/5396089.html.

以海康威视为例，这家总部位于杭州的企业，凭借先进的视频监控技术和解决方案，已成为全球安防行业的领军者。根据2022年中国安防50强榜单，海康威视以651亿元的营收位居第一，占中国安防市场的7.6%。[①] 这不仅是企业自身发展的成就，还是杭州作为科技创新中心实力的体现。

再回过头来看杭州的云计算产业，阿里云作为国内最大的云计算服务提供商，不断推出新产品和服务，助力中小企业实现数字化转型。据不完全统计，目前已有超过1万家企业使用阿里云提供的各类服务，涵盖了金融、制造、医疗等多个行业。这一切都表明，杭州正在从一个单纯的电商中心转变为涵盖多个高科技领域的综合性创新基地。

从电商到AI，是信息效率革命的自然延伸。杭州的成功转型不仅在于其抓住了电商崛起的历史机遇，更重要的是，它能够及时适应市场需求的变化，通过政策引导和技术革新，实现了从传统产业向高科技产业的跨越。在这个过程中，信息效率革命贯穿始终，成为推动产业升级的关键动力。无论是城市大脑项目的实施，还是阿里云、海康威视等行业龙头企业的成长，都证明了这一点。展望未来，随着更多创新资源的汇聚，杭州有望继续引领中国乃至全球科技发展的潮流，成为名副其实的国际科技创新中心。

---

① 尚普咨询集团. 独家解读! 2023年安防行业竞争者分析与优势对比［EB/OL］.（2023-07-19）［2025-03-13］. https://baijiahao.baidu.com/s?id=1771837155460348119&wfr=spider&for=pc.

(二）历史文化与区域特征对模式演变的影响

文化决定方向，地理决定速度。杭州，这座拥有深厚历史文化底蕴的城市，其发展模式的演变既受到独特商业文化的引导，也得益于得天独厚的地理条件。从南宋时期的商贸繁荣地带到如今的科技创新中心，杭州以其特有的方式诠释了如何将传统文化与现代发展相结合，创造出独一无二的发展模式。这种模式不仅体现了其对历史文化遗产的尊重和传承，更展示了如何利用区域特征促进经济社会的全面发展。通过深入探讨杭州的历史文化与地理特征对其发展模式的影响，我们不仅能更好地理解这座城市的发展逻辑，还能为其他地区提供宝贵的可借鉴经验。

自南宋时期起，杭州便因其独特的地理位置和繁荣的商业文化成为东亚地区的贸易重镇。当时，作为南宋都城，临安（今杭州）不仅是政治中心，更是经济文化交流的重要枢纽。其发达的水系网络使杭州能够便捷地与外界进行物资交流，促进了商品经济的发展。随着时间的推移，这种基于商业活动形成的"价值共识"逐渐沉淀为杭州模式的文化基因，影响着当地居民的价值观和社会行为规范。在处理商业纠纷时，杭州商人也更倾向于采用协商解决的方式，这反映了对和谐关系的重视以及诚信经营的理念。

进入现代社会后，杭州凭借其优越的地理位置——位于长江三角洲南翼，靠近上海这一国际大都市——进一步巩固了其在国内外市场的地位。同时，随着互联网技术的发展，特别是阿里巴巴等科技企业的崛起，杭州成功转型为全球电子商务之都。然而，所有这些成就并非偶然，而是长期积累的结果。具体而言，杭州市政府积极倡导开放包容的文化氛围，鼓励创新创业精神，并通过制定相关政策支持新兴产业的发展。①

"梦想小镇"的建立就是一个典型案例，它旨在为初创企业提供一个低成本、高效率的成长平台。据统计，截至2024年，在"梦想小镇"诞生了蔚车、数澜科技等8家准独角兽企业，以及盛迈通信、虚现科技等32家国家高新技术企业。同时，"梦想小镇"通过政府基金的运作，强化资质对接，有效撬动社会资本，建立了成熟的创业生态。创业者在不同发展阶段都能享受实打实的资金支持：5 000万元的天使梦想基金、1亿元的天使引导基金、2亿元的创业引导基金、8亿元的风险池信贷规模、20亿元的信息产业基金……②

此外，杭州还注重加强区域内各城市间的协同合作，共同打造长三角城市群的核心竞争力。通过构建高效的交通网络和完善的信息共享机制，杭州与其他城市之间实现了资源互补和技术转移，形成良好的区域协同发展格局。以G60科创走廊为例，这条贯穿长三角多座城市的科技创新带，极大地促进了知识流动和技术扩散，提升了整个区域的创新能力。数据显示，参与

---

① 中国新闻网.杭州升级政策支持颠覆性技术创新 促科技成果转化［EB/OL］.（2024-11-26）［2025-03-13］. http://m.chinanews.com/wap/detail/chs/zw/10326021.shtml.

② 沈维，胡倩，陈昱涵.从"阳光雨露"服务到"新质生产力"之潮 杭州梦想小镇梦启新未来［EB/OL］.（2024-04-02）［2025-03-13］. https://hzxcw.hangzhou.com.cn/content/2024-04/02/content_9670528.html.

G60 科创走廊建设的城市中,高新技术企业数量从 1.49 万家增至 3.65 万家,省级以上专精特新"小巨人"企业数量更是增长了 226.4%。[①]

综上所述,杭州模式的成功离不开其深厚的历史文化底蕴以及优越的地理条件的支持。正是由于长期以来形成的商业文化和不断优化的区域协同机制,才使杭州能够在不同的历史阶段找到适合自身发展的道路,并在全球化竞争中占据一席之地。

(三)路径依赖与新型生产关系的演进

路径依赖不是束缚,而是积累后的跃迁。在探讨新型生产关系演进的过程中,我们发现,历史的选择和累积的经验为未来的变革提供了坚实的基础。杭州模式便是这一理论的生动体现。通过长期的发展积淀,杭州不仅形成了独特的商业文化和社会结构,还培育了适应新时代需求的创新生态体系。这些元素共同作用,促使杭州从传统制造业向数字经济产业转型,实现了生产力的巨大飞跃。正是这种基于历史路径的积累,使杭州能够在新的发展阶段迅速调整方向,探索出一条符合自身特点的发展道路。

---

① 中国证券报.高新技术企业从 1.49 万家增至 3.65 万家!长三角 G60 科创走廊催生科创"蝶变效应"[EB/OL].(2022-11-08)[2025-03-13]. https://news.qq.com/rain/a/20221108A099DP00.

杭州模式的成功在于它巧妙地结合了路径依赖与新型生产关系的演进，这背后离不开有效市场、有为政府与有机社会三者的良性互动。

有效市场的存在为各类市场主体提供了公平竞争的环境。以阿里巴巴为例，作为全球领先的电子商务平台，其崛起得益于杭州开放包容的市场氛围。这不仅是企业自身发展的成就，更是市场机制充分发挥作用的结果。

然而，仅有市场发挥作用是不够的，还需要有为政府的支持与引导。近年来，杭州市政府推出了一系列政策措施来支持新兴产业的发展，如设立专项基金、提供税收优惠以及建设孵化器等。[1]特别是在人工智能领域，政府投入大量资源用于技术研发和人才培养。例如，杭州高新区（滨江）已聚集了包括海康威视在内的多家知名数字技术企业，成为全国重要的数字技术产业基地之一。数据显示，该区科技创新、成果转化、科技人才发展、数字经济发展、制造业高质量发展等指数均稳居浙江省第一；高新技术企业创新能力500强、企业创造力百强等入榜数均居浙江省第一。[2]

---

[1] 杭州日报.进阶之路——迭代发展，杭州产业提质攀高［EB/OL］.（2024-01-31）［2025-03-13］.https://www.hangzhou.gov.cn/art/2024/1/31/art_812262_59093231.html.

[2] 浙江省科技厅.浙江杭州：高新区（滨江）坚持以科技创新引领产业创新建设创新滨江［EB/OL］.（2025-02-19）［2025-03-13］.https://www.most.gov.cn/dfkj/zj/zxdt/202502/t20250219_193089.html.

此外，有机社会也扮演着不可或缺的角色。杭州的社会组织和公众积极参与城市建设和治理，形成良好的社会治理格局。比如，城市大脑项目就是政企合作、全民参与的典范。该项目利用大数据和人工智能技术优化城市管理，涵盖了交通、医疗、教育等多个方面。这种多方协作的方式不仅促进了信息流通和技术进步，还为其他地区提供了宝贵的经验借鉴。

值得注意的是，在推动生产力解放的同时，杭州还注重构建可持续发展的创新生态系统。通过加强知识产权保护、完善科技金融体系以及建立科学合理的科研评价体系，杭州营造了一个有利于创新创业的良好环境。以梦想小镇为例，这里聚集了大量的初创企业和年轻创业者，他们在这里得到了资金支持、技术支持以及政策扶持。这一切都表明，只有当有效市场、有为政府与有机社会形成合力时，才能真正实现生产力的解放和创新生态的可持续发展。

生产关系的重塑是生产力解放的前提。通过对杭州模式的研究可以看出，路径依赖并非一种限制，而是一种宝贵的资源。它不仅仅包含对过去成功经验的总结，更为未来的发展指明了方向。国家人工智能专班相关负责人认为："AI的发展可能会改变就业结构，但也会创造新的服务和就业机会，如地图标注服务等。AI的应用应促进生产力的提高和生产关系的优化，鼓励创新和对新的应用场景的探索，为未来提供更多可能性。"在这个过程中，有效市场提供了必要的竞争环境，有为政府给予了有力的支持与指导，而有机社会则确保了广泛参与和持续创新。只有当这三者相互配合、协同工作时，才能打破旧的生产关系束缚，建立起更加适应现代经济发展需求的新体制。最终，这将促进生产力的全面释放，推动整个社会向更高层次迈进。

三、核心规律的提炼——新型生产关系的崛起

通过对杭州进行横向与纵向的比较可以发现，有效市场、有为政府与有机社会三者实际上在杭州模式成功实现的过程中扮演着重要角色。三者有效互动的良性作用又体现在了资源配置效率、政策执行效果和社会信任度等多个方面，它们共同作用激发城市的经济活力和发展潜力，助推信息效率与价值共识双支柱的杭州模式最终形成。

本节将在横向与纵向比较的基础上，提炼杭州模式的核心规律，深入解析杭州凭借新型生产关系（有效市场、有为政府与有机社会）崛起的路径，探讨其在解放生产力与市场协调中的作用，并在最后尝试总结杭州模式的可复制性与理论价值。

（一）有效市场、有为政府与有机社会的互动模式

市场与政府，不是对立的棋手，而是协同的搭档。在当今经济社会发展中，杭州以其独特的模式脱颖而出，实现了经济的高质量发展和社会的全面进步。其中，杭州的有效市场、有为政府

与有机社会的互动模式，起到了关键的作用。[①]本节将在解析有效市场、有为政府与有机社会之间有效互动的基础上，探讨三者如何通过信息透明、政策执行与市场信任，构建起杭州模式的核心支柱。

在杭州模式中，有效市场是经济发展的核心动力。市场机制的充分发挥，激发了企业的创新活力和竞争力。以杭州的数字经济产业为例，市场对数据资源的高效配置，推动了大数据、人工智能等技术的广泛应用。2024年杭州全市数字经济核心产业增加值6 305亿元，同比增长7.1%，占全市GDP比重达28.8%。阿里巴巴作为市场主体的典型代表，通过构建数字生态系统带动了众多关联企业的发展，形成"平台经济+创新生态"的协同创新网络。这种市场主导的资源配置模式，使杭州在人工智能、区块链等领域展现了强大的内生创新动力。

有效市场通过价格机制和供求关系，引导资源向最有效的领域和企业流动。在杭州的电子商务领域，市场对消费者需求的快速响应，推动了电商企业的不断创新和发展。例如，淘宝网通过对消费者购物行为的数据分析，精准把握消费者需求，为商家提供精准的营销服务，同时也为消费者提供了更加个性化、便捷的购物体验。这种市场机制的作用，使杭州的电子商务产业在全国乃至全球都具有领先地位，吸引了大量的商家和消费者，促进了

[①] 马富春. 从"西湖天堂"到"高科技天堂"这场讨论解码"数字杭州"[EB/OL]. （2025-03-10）[2025-03-13]. https://zqb.cyol.com/pad/content/202503/10/content_408090.html.

经济的繁荣。

有为政府在杭州模式中扮演着重要的引导者和支持者角色。杭州市政府通过制定科学合理的政策规划，为市场发展提供方向指引。例如，杭州市政府出台的《杭州信息经济智慧应用总体规划（2015—2020年）》，明确了信息经济发展的目标和重点领域，为市场主体提供了明确的发展方向。杭州市政府还通过加大基础设施建设的投入，为市场发展提供硬件支撑。

在政府的公共服务领域，杭州市政府的"放管服"改革就具有典型的以制度创新促经济发展的意义。2023年，浙江全省企业开办手续的办理时间从平均8.6天压缩至1个工作日，即在资料齐全的情况下，8个工作小时内便可完成。告知承诺许可事项从60项增至103项，已办理准入准营"一件事"2.5万件、迁移"一件事"4.6万件、股权转让"一件事"1.7万件，市场准入便利度位居全国前列。更值得关注的是制度创新的法治化路径。这些实践案例表明，杭州模式建立在对市场需求的深刻理解的基础上，并通过政府积极引导和公众积极参与形成良性循环。

有机社会在杭州模式中发挥着协同作用，促进了有效市场和有为政府的良性互动。市民、企业和社会组织等各方通过积极参与城市治理和社会事务，形成全社会共同发展的良好局面。有机社会还通过监督和反馈机制，促进政府和市场不断改进。市民通过参与政府决策和社会监督，对政府的政策制定和执行进行监督和反馈，促使政府不断提高治理能力和水平。企业通过市场竞争和社会评价，不断改进产品和服务，提升市场竞争力。

有效的互动是新型生产关系的核心。杭州的市场、政府和社会之间的互动还体现在一些综合措施上。例如，"未来社区"项目通过成立经合社自持物业企业，构建了自治共管体系，这是有效市场与有为政府合作的结果。同时，杭州推进的政务公开工作，如"亲清在线"，通过数字化手段实现了信息透明化，增强了公众信任。随着杭州在信息经济等领域的不断创新和突破，杭州市政府也积极推动企业品牌建设和知识产权保护。例如，杭州市政府通过出台相关政策，鼓励企业注册商标和申请专利，增强企业品牌效应，从而提升了杭州整体市场的信任度。

在有效市场、有为政府与有机社会的互动模式方面，其他城市也有不少成功的案例。例如，深圳作为中国改革开放的前沿城市，在经济发展过程中，充分发挥了有效市场的主导作用，同时政府也在基础设施建设、政策支持等方面发挥了积极有为的作用。深圳的华为、腾讯等企业在全球具有重要影响力，它们在市场机制的作用下不断创新和发展，同时也得到了政府在研发投入、人才政策等方面的支持。此外，深圳的市民和企业也积极参与城市治理与社会事务，形成有机社会的良好局面。在环保领域，深圳的企业通过技术创新和管理创新，实现了绿色发展，深圳的市民通过绿色出行、垃圾分类等方式参与环保，深圳的社会组织通过监督和引导，推动了环保事业的发展，为深圳的可持续发展提供了保障。

（二）信息效率与价值共识的双支柱模式

在全球数字化转型的浪潮中，杭州凭借独特的发展模式脱颖而出，成为城市发展的典范。杭州模式的核心在于信息效率与价值共识双支柱模式，该模式通过有效市场、有为政府与有机社会的互动，实现了信息资源的高效利用和社会价值的广泛认同，为杭州的经济社会发展提供了强大动力。

效率决定速度，价值决定方向。杭州的信息效率与价值共识双支柱模式是一种以信息技术为支撑，通过提升信息透明度和构建广泛的社会价值共识来促进城市经济和社会发展的新型治理模式，其本质是数字时代生产关系的制度创新。

信息效率支柱通过数据要素市场化配置，重构资源流动方式，强调利用先进的信息技术手段提高政府决策、服务提供和多主体信息交流的速度与准确性，这种技术赋能显著降低了制度性交易成本。例如，杭州政务服务"一网通办"聚焦打造最优营商环境，推动从依申请办事服务向增值式服务的升级。杭州构建"6e数智营商"体系，其中，"杭州e办"办件线上办理率超90%；"杭州e融"则累计撮合融资3 239亿元，服务26.2万家经营主体；"政策e享"累计上线政策7 233项，累计兑付893亿元，惠及60.5万家企业、218万名员工。由此可见，信息效率支柱对推进杭州数字化转型，完善适应新产业新业态创新发展发挥了重要作用。

价值共识支柱则侧重于通过公众参与和沟通，建立社会成员之间的共同价值观和信任关系，使城市发展目标与市场主体预期高度契合，有效降低了城市发展过程中因价值冲突而产生的机会成本。价值共识支柱还主要体现在政策引导与社会参与、文化科技融合以及企业社会责任等方面。例如，杭州在"拥江发展"战略制定的过程中，就全面征求各区县（市）意见，共收到5大类共计60余条反馈意见，形成广泛的价值共识。

杭州的信息效率与价值共识双支柱模式还通过数据公开与政策透明，极大地促进了市场的协调运作及创新生态系统的可持续发展。在该模式下，政府通过一系列措施，如政务公开、城市大脑等，确保了信息的公开透明，打破了信息壁垒。例如，城市大脑项目通过大数据分析优化交通管理，减少了拥堵时间，提高了资源利用率。同时，这种透明度还鼓励更多的社会力量参与城市管理，形成一个开放、包容的创新生态系统。比如，在新冠疫情发生后，杭州利用信息化手段进行精准防控，既保障了公共卫生安全，又维持了经济社会活动的基本运转，充分展示了信息效率带来的实际效益。

实际上，杭州双支柱模式的作用还远不限于此，其对新型生产关系也有着重要的战略意义，这一模式的形成昭示着新型生产关系的三重变革。

其一，重构了生产要素配置方式，通过数据要素市场化实现资源精准匹配。该模式通过优化生产关系，提升了全要素生产率。例如，杭州通过数据要素市场化改革，构建了数据指挥中心、全产业大数据图等，形成全新的产业链经营模式，提升了产业链的整体效率。

其二，推动了治理体系的范式变革。杭州凭借城市大脑建立了以数据为脉络的多元治理主体高水平协同机制，打破了传统治理的协调机制、监督机制、保障机制和预警机制的藩篱，实现了治理模式的变革与创新。

其三，为破解"效率与公平"的二元悖论提供了有益探索，通过有效市场、有为政府与有机社会的良性互动，打造了制度性交易成本降低与社会资本增值的作用机制，实现了信息资源的高效利用和社会价值的广泛认同。

（三）杭州模式的可复制性与深层规律

通过上文可以发现，杭州模式并不是天外来物让人无从抓起。恰恰相反，杭州模式是有迹可循的。从行为主体来看，有效市场、有为政府与有机社会三者的协调配合是杭州模式成功的关键。这种配合体现在政策制定、执行及反馈的每一个环节上，通过信息透明、公众参与和社会监督等机制确保了三者之间的良性互动。那么落实到具体环节，杭州又是如何做的呢？

首先，在有效市场的框架下，市场主体依据市场规律自主决策，追求经济效益最大化。然而，市场的自发调节有时会导致资源分配不均或产生负面外部效应。这时，就需要有为政府发挥作用。杭州市政府通过出台一系列政策措施，如优化营商环境、"最多跑一次"改革等，积极引导市场健康发展，同时在市场失灵领域进行必要干预。这些措施不仅促进了市场经济活力的释放，还保障了公共利益不受损害。

其次，有机社会在这一过程中扮演着重要角色。社会组织和公民通过各种形式参与社会治理，成为联结市场与政府的重要桥梁。比如，"未来社区"项目中的经合社自持物业企业，以及"亲清在线"平台上的公众参与，都是有机社会积极参与社会治理的具体体现。这不仅增强了社会凝聚力，还提高了政策执行的效率和效果。

再次，通过建立信息透明机制，如政务公开、城市大脑等项目，实现了信息共享，打破了政府、市场和社会之间的信息壁垒。这使各方能够基于准确的信息做出决策，同时也为公众监督提供了可能性，进一步促进了三者之间的协调配合。

最后，有效的政策反馈机制也是不可或缺的一部分。通过对政策执行效果的评估和社会反馈的收集，政府可以及时调整政策方向，保证政策始终符合市场需求和社会期待，从而实现三者的动态平衡和持续优化。

2025年2月19日笔者在浙江省政府调研期间，对浙江省某政府人员进行采访，他表示："西方国家在发展过程中依仗'无形的手'，认为掌握了先进技术，就能掌控整个局面，但是随着历史的发展，反而走向了去工业化，变成金融资本主义。而我们则通过'有形的手'不断推进技术发展，如数字福利、数字经济等。实际上，数字经济的本质是信息经济。但最初我们对此并不了解，我们也是通过模仿起步的。模仿是学习的最初阶段，不必回避，如小水獭模仿老水獭的生活方式，科学的进步也是在模仿中发展的，但是模仿的下一步就是超越。"

有效市场、有为政府与有机社会三者协调配合的另一个成功案例来自深圳。当地政府同样通过强化市场监管和优化营商环境，促进了高科技产业的发展，形成有效的市场机制，同时保持了较高的社会治理水平，展现了有效市场、有为政府与有机社会的良性互动。

综上所述，有效市场提供经济动力，有为政府保障公平正义，有机社会促进和谐稳定，三者相互支持、共同作用，构成一个良性循环的发展模式。有效市场、有为政府与有机社会共同作用，推动了杭州发展模式的深化。市场活力激发了经济潜力，而政府则通过科学规划和精准施策保障了市场的健康发展。社会组织和公民参与则是这一过程的润滑剂，保证了政策执行的顺利进行。例如，"8+4"经济政策的出台，既考虑到了市场需求，又结合了政府资源，还纳入了社会反馈，最终促成信息效率与价值共识的双支柱模式。这种模式不仅提升了杭州在全球竞争中的地位，还为其他城市提供了可借鉴的经验。通过不断优化这三方的协作，杭州持续引领着中国乃至世界的智慧城市发展潮流。

杭州模式的创新还在于突破了传统的"政府－市场"二元对立框架，构建了三元主体协同演化的新范式。其理论贡献体现在，揭示了制度创新与技术创新的互动规律，验证了社会资本在治理现代化中的乘数效应，构建了数字时代生产关系变革的分析模型。它对其他城市的启示在于，需构建"制度供给－技术赋能－社会参与"的协同机制,通过数据治理实现治理效能跃迁,以价值共识凝聚发展合力。深圳的"创新生态系统"、成都的"公园城市"建设虽然有着不同的路径,但均印证了三元互动的重要性。

四、小结：杭州模式的时空坐标与未来启示

杭州模式的独特性源于其在横向比较与纵向演变中形成的时空叠加效应。在横向维度上,杭州在政策执行精准度("亲清在线"平台实现政策全流程可视化)、市场机制创新(数据要素市场化配置将交易成本降低40%)、创新文化培育(科技企业研发投入占比提升至25%)三方面形成差异化优势,使其显著区别于深圳的动态政策迭代、北京的资源虹吸效应与硅谷的算法垄断困境。在纵向维度上,杭州从南宋都城的商业基因出发,历经改革开放的乡镇企业勃兴、互联网经济的范式突破,最终在数字技术革命中重塑生产关系。这种时空耦合催生"先发优势—网络效应—锁定效应"的创新循环,例如杭州2024年数字经济核心产业增加值达6 305亿元,占全市GDP比重达28.8%,专利授权量连续5年保持25%以上的增速,[①]这都印证了"路径依赖与制度创新辩证统一"的发展规律。

[①] 杭州市统计局,国家统计局杭州调查队. 2024年杭州市国民经济和社会发展统计公报［R/OL］.（2025-03-20）［2025-04-10］. https://tjj.hangzhou.gov.cn/art/2025/3/20/art_1229279682_4338665.html.

有效市场、有为政府与有机社会的互动是杭州模式得以持续发展的深层规律，而信息效率与价值共识双支柱则为其提供了坚实的支撑。杭州在提升信息透明度方面走在前列，通过一系列信息技术手段，实现了数据公开和政策透明，从而提高了市场的协调性和创新生态系统的可持续性。同时，政府积极参与社会治理，通过建立广泛的公众参与机制，增强了市民的信任感和社会凝聚力。例如，"未来社区"项目展示了社区层面自下而上的治理模式，强调居民参与的重要性，这有助于解决实际问题并提高居民生活质量。正是这种有效的市场运作、积极的政府角色和社会成员之间的紧密合作，共同促进了杭州模式的长远发展。

本章探讨了杭州模式的成功要素及其在全球化背景下的潜在影响，旨在为后续章节关于全球视野与未来趋势的研究奠定理论基础。杭州模式的独特之处在于，它不仅适应了本地的需求和发展条件，而且具备较强的可复制性和全球化潜力。其他城市可以通过学习杭州的经验，在各自的发展道路上寻找适合自己的创新路径。无论是信息效率的提升还是价值共识的构建，都是任何希望在全球竞争中取得优势的城市所必须重视的关键因素。因此，杭州模式不仅为中国城市的发展提供了宝贵经验，还为国际社会贡献了智慧和解决方案。

第七章

战略竞争

中美创新竞赛与杭州角色

在全球科技竞争日趋激烈的背景下，中美作为世界上最具科技实力的两大国家，其战略博弈不仅关乎两国未来的发展，更影响着全球科技格局的重塑与演变。本章将聚焦中美科技竞争的深层逻辑与战略差异，深入解析杭州模式在全球科技博弈中的战略地位与"护城河"建设。通过分析中美在算力、算法与数据资源上的竞争态势，揭示杭州如何通过新型生产关系的构建，即有效市场、有为政府与有机社会的互动，形成独特的科技竞争优势。在科技全球化的浪潮中，杭州模式所构建的信息效率与价值共识的双支柱体系，不仅为中国在中美科技博弈中提供了差异化竞争路径，更为全球其他发展中国家提供了可借鉴的发展模式。本章还将探讨杭州模式在全球化扩展与发展中国家中的借鉴价值，分析其如何通过科技自立支撑国家战略，逐步揭示杭州模式的全球化潜力与理论价值。

一、中美科技竞争的深层逻辑与战略差异

中美科技竞争已从单一领域的技术较量，逐步演变为综合国力、制度模式与价值理念的全方位博弈。在这场博弈中，双方不仅在关键技术与战略资源上进行竞争，更在生产关系与制度安排上展开深层次的较量。本节将深入解析中美科技竞争的深层逻辑与战略差异，重点分析中美在算力、算法与数据资源上的竞争态势，探讨杭州模式如何通过信息效率与价值共识的双支柱模式，构建自己的科技"护城河"与差异化竞争优势。

（一）算力、算法与数据资源的竞争态势

在人工智能时代，算力、算法与数据资源构成了科技竞争的三大核心要素（见图7-1）。中美两国在这三大要素上的竞争态

势，既体现了双方的资源禀赋差异，也反映出各自的战略布局与制度优势。

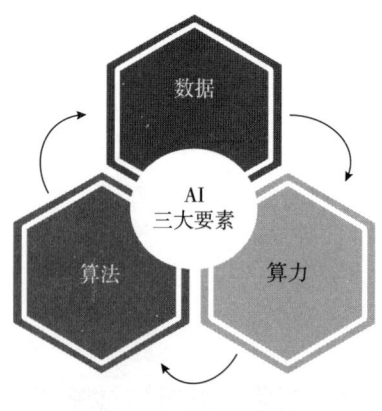

图 7-1　AI 三大要素

算力作为人工智能与数字经济的基础设施，已成为中美科技竞争的首要战场。美国在高端芯片设计与制造领域保持领先优势，拥有英特尔、英伟达、AMD（超威半导体公司）等全球领先的芯片设计企业，在高端算力芯片领域占据主导地位。瑞穗证券估计，英伟达控制着 70%~95% 的 AI 芯片市场。[①]

相比之下，中国在高端芯片领域存在明显短板，但在大规模算力基础设施建设方面展现出独特优势。据国家互联网信息办公室发布的《国家信息化发展报告（2023年）》，中国算力基础设施综合水平跃居全球第二位，算力总规模超过 230 百亿亿次浮

---

① FARRAJ Y A. Nvidia reports record-breaking earnings: How the chip maker is revolutionizing the AI market [EB/OL]. (2024-11-22) [2025-03-14]. https://economymiddleeast.com/news/nvidia-earnings-ai-market-revolution/.

点运算/秒（EFLOPS）。工业互联网基础设施全面建成，服务企业数量40余万家。① 杭州作为中国数字经济的先行区，在算力基础设施建设方面走在全国前列。中国（杭州）算力小镇已落地启用，以算力企业为支撑、算力赋能为特色的数字科技产业体系正在加快形成。此外，杭州还拥有全球排名第三的云厂商阿里云。② 杭州模式通过政企协同、产业集群与效率提升，在算力领域构建了"规模+效率"的竞争优势，一方面大力推进算力基础设施建设，另一方面注重提升算力使用效率，实现了对资源禀赋劣势的有效弥补。

算法是人工智能与大数据应用的核心，对科技创新与产业升级具有关键作用。在算法研发领域，美国拥有完善的研发生态与丰富的人才资源，其高校、研究机构与科技企业形成了强大的创新网络。从顶会论文引用量来看，中国虽然高产，但引用量与美国相比较低：美国顶会论文引用量为23.90%，中国为22.02%。③ 从这里可以看出，虽然中国AI论文发表数量最多，但质量总体不如美国高。中国在算法研发方面整体上与美国尚有差距，但在应用创新与场景落地方面展现出了显著优势。2022年，中国以

---

① 国家互联网信息办公室.国家信息化发展报告（2023年）[EB/OL].（2024-09-08）[2025-03-14]. https://www.gov.cn/lianbo/bumen/202409/content_6973030.htm.
② 杭州日报.进阶之路——"数字之城"，奔赴未来[EB/OL].（2024-01-30）[2025-03-14]. https://www.hangzhou.gov.cn/art/2024/1/30/art_812262_59093159.html.
③ 赵广立.中国AI论文数量世界居首，美国AI系统遥遥领先[EB/OL].（2023-04-05）[2025-03-14]. https://news.sciencenet.cn/htmlnews/2023/4/497845.shtm.

61.1% 的比例领先全球 AI 专利，超过美国的 20.9%。[①] 杭州模式在算法创新方面的特点在于构建了"政产学研用"协同创新体系，通过有效市场机制促进算法创新与应用场景的深度融合。以 DeepSeek 为代表的杭州 AI 企业，充分发挥"以市场需求为导向、以场景应用为驱动"的创新优势，在算法研发过程中注重信息效率与价值共识的融合实践，推动算法从实验室走向市场、从理论研究转化为产业应用。在中美算法竞争中，这种特殊的算法创新路径为中国提供了差异化的竞争策略。

数据作为"新型生产要素"，已成为科技竞争的战略制高点。在数据资源竞争方面，美国拥有全球领先的互联网平台与数字服务企业，掌握着海量的全球用户数据。谷歌、Meta、亚马逊等美国科技巨头的全球化布局，使其建立了强大的数据收集与分析体系。中国作为全球最大的数字经济体之一，也拥有巨大的数据生产与应用规模。根据《数字中国发展报告（2022 年）》，截至 2022 年底，我国数据存储量达 724.5EB（艾字节），同比增长 21.1%，全球占比达 14.4%。[②] 中国在政务数据、产业数据与消费数据等方面具有显著的规模优势，但在数据质量、标准化与安全治理等方面仍面临挑战。

[①] Stanford HAI. Artificial Intelligence Index Report 2024 [R/OL]. [2025-03-14]. https://hai.stanford.edu/ai-index.

[②] 央视网. 国家网信办：去年我国数字经济规模 50.2 万亿元 总量居世界第二［EB/OL］.（2023-05-23）［2025-03-14］. https://jres2023.xhby.net/index/202305/t20230523_7949142.shtml.

杭州模式在数据资源竞争中的独特之处，在于构建了数据价值化、价值数据化的创新体系。通过政府引导与市场化运作相结合的方式，杭州实现了政务数据、企业数据与社会数据的高效整合以及价值挖掘。杭州通过数据资源管理局的建立与城市大脑的持续迭代，打造了全国领先的数据要素市场化配置机制。

"算力是基础，算法是关键，数据是未来。"在中美科技竞争的三大核心要素之争中，中国与美国各有优劣势。美国在基础科技研发与高端技术领域保持领先，而中国在应用创新、市场规模与政策协同方面具有独特优势。杭州模式通过信息效率革命与数据资源的高效配置，逐步弥补资源禀赋上的劣势，构建出独特的竞争优势。正如杭州模式的核心理念所强调的："资源的差距，可以用效率来弥补。"

笔者于2025年2月19日在浙江省科学技术协会调研，协会相关负责人表示："杭州模式说到最后，我觉得其实指向的都是效率问题。当然最重要的是政企关系。大家最近一段时间在讨论各地为什么不能诞生'六小龙'，而杭州能诞生，大家指向的主要是政企关系。'最多跑一次'其实解决的就是'如果我谈一天，甚至我在网上一秒就解决这个事情，而你要用半个月'，导致时间的差别，从而影响创新的效率。审批'卡一卡'并不是一种心理上的感受，而是实质上影响效率的一个核心决定。"地区创新型企业的发展与高效的政企关系密切相关。杭州实施的"最多跑一次"政策，显著简化了行政审批流程，缩短了企业从概念到运营的时间。这种高效的政务服务机制，不仅提升了企业的运营效率，还为创新提供了坚实的制度保障。

通过对中美在算力、算法与数据资源上的竞争态势分析，可以知道杭州模式的核心优势在于，通过信息效率与价值共识的双支柱模式，构建起资源配置的高效路径与创新发展的可持续动力。这种优势不是建立在资源禀赋的绝对优势上，而是建立在制度创新与效率提升的相对优势上，这也是杭州模式在全球科技竞争中的核心差异化战略。

（二）政策导向与科技战略的差异

中美科技竞争不仅体现在技术层面，更深刻反映在政策导向与科技战略的差异上。两国基于各自的政策制度特点与发展阶段，形成了截然不同的科技政策体系与战略布局，这些差异在很大程度上决定了双方在科技竞争中的路径选择与优势构建。

美国科技政策的战略定位具有明显的国家安全导向，特别是在特朗普政府和拜登政府时期，美国将科技竞争上升为国家安全战略的核心议题。2024年12月，美国商务部发布的最新对华半导体出口管制措施相较前两次制裁集中于头部芯片设计公司和关键晶圆制造商，此次管制新规不仅阻止中国进口先进的HBM（高带宽存储器）、设备和软件，更限制中国自主生产高端设备的各条通路。①相比之下，中国科技政策的战略定位更加聚焦于产业发展与科技自立。中国科技政策更注重从国家发展全局出发，将科技创新与产业升级、区域协调发展紧密结合，形成了独特的"创新驱动发展"战略体系。杭州在执行国家科技政策的过程中，形成了"信息效率＋价值共识"的双支柱模式。杭州模式的政策导向既服务于国家战略，又立足于产业发展，形成了政策实施的高效协同机制。

美国科技政策的治理模式主要以市场机制为主导，政府扮演规则制定者与基础研发支持者的角色。美国联邦政府主要通过国家科学基金会、国防高级研究计划局等机构支持基础研究与前沿技术突破，而技术商业化与产业应用则主要依靠市场力量推动。根据美国国家科学与工程统计中心发布的统计报告，2022年美国国内研发资金达到8 856亿美元，资金主要来源于企业、政府、高校和非营利组织，2002年联邦政府资助了59%的基础研究，到2022年，资助基础研究的份额下降至39.6%。②中国科技政策的治理模式则强调政府引导与市场机制相结合，形成了"举国体制＋市场机制"的双轮驱动模式。

战略的高度，取决于政策的稳定性。在关键核心技术攻关方面，中国通过"国家重大科技专项""科技创新2030重大项目"

---

① 纳爱斯．中美新闻一周说No.539［EB/OL］．(2024-12-11)［2025-03-15］．https://fddi.fudan.edu.cn/c6/f0/c21253a706288/page.htm.
② 张耘．美国基础研究经费的现状和趋势［EB/OL］．(2024-11-29)［2025-03-15］．https://www.istis.sh.cn/cms/news/article/92/27155.

等方式集中优势资源；在技术应用与产业发展方面，则更多发挥市场机制的作用。杭州模式在科技政策治理上的创新之处在于，杭州建立了"政策透明、执行有力"的高效实施机制。杭州市政府通过"最多跑一次"制度改革、"亲清在线"平台等创新举措，实现了科技政策从制定到执行的全流程透明化与高效化。这种高效的政策执行力，为杭州构建科技竞争力提供了制度保障。杭州通过持续稳定的政策环境与高效的执行机制，为企业创新提供了可预期的制度环境。

就杭州市政府"最多跑一次"的制度理念而言，杭州市滨江区政务服务中心相关负责人员表示："'最多跑一次'的这种理念是很好提出的，但是关键在于如何落实。浙江省政府不会一直宣传百姓该怎么做，企业该怎么做，只是用这一理念来推动自己的内部改变。以前哪怕是政府内部之间的审批协调，工作对接起来也难免有一些扯皮的事情发生，但是在'最多跑一次'的改革下，政府内部之间的往来也开始变得顺畅了，大家都尽量为对方着想。进行'最多跑一次'改革的时候还设立过一个窗口，就是各级领导干部都必须在这个窗口为企业服务一天，通过自己切身的体会来发现制度哪里需要修改，哪里需要完善。"

通过对中美科技政策与战略差异的深入分析（见图7-2），可以看出杭州模式的核心优势在于通过政策透明与执行高效，为构建科技竞争力提供制度保障与发展动力。这种优势不是建立在资源投入的绝对规模上，而是建立在制度效率与协同创新的相对优势上，这也是杭州模式在全球科技竞争中的战略定位与发展路径。

图 7-2 中美科技政策对比

（三）杭州模式的科技"护城河"

在全球科技竞争日益激烈的背景下，构建科技"护城河"已成为区域与国家提升竞争力的核心战略。"护城河"的宽度，取决于资源的深度、效率的高度。杭州模式通过信息效率、价值共识与新型生产关系的有机结合，逐步构建起独特的科技"护城河"与竞争优势。这种科技"护城河"不仅体现在技术与产业上，更深入制度与文化的深层次结构中，最终形成了一种以制度稳态为土壤、以平台驱动为主干、以生态演化为枝叶的"温室型"创新系统。

杭州模式的第一道"护城河"来自政企协同的高效机制。通过"亲""清"新型政商关系的构建与数字化治理的推进，杭州形成了政府与企业间的高效信息流通与资源配置机制（见图 7-3）。杭州积极申报创建省重点企业研究院、省企业研究院、省企业研发中心与市企业研发中心，进一步推动企业创新能级提升。截至2024年，杭州拥有省重点企业研究院149家、省企业研究院695家、省企业研发中心2 234家、市企业研发中心4 266家。[①] 这种协同机制不仅提高了政策执行的效率，更优化了资源配置的精准度，为企业创新提供了制度保障与环境支持。

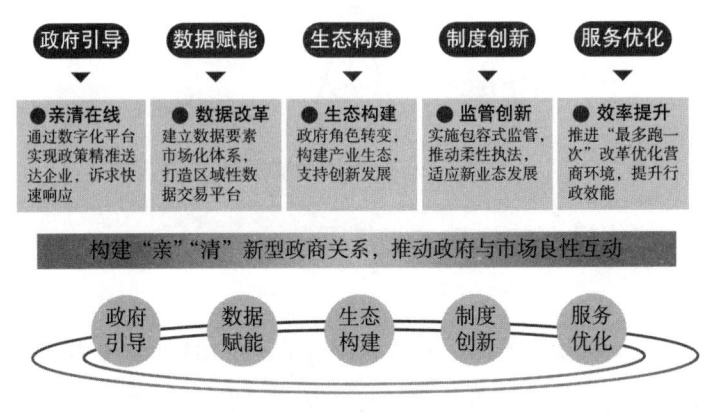

图7-3　杭州的新型政商关系

在产业集群方面，杭州通过数字经济与传统产业的深度融合，构建了科技创新的第二道"护城河"。杭州围绕五大产业生态圈，着力培育创新创业载体，构建"众创空间—孵化器—成果转化园（加速器）—科技园区"的全链条孵化体系，建设"科技大脑＋天堂e创"数字化平台，夯实"热带雨林式"孵化土壤。2024年，杭州已培育市级以上孵化器（众创空间）613家。国家

---

① 杭州市科学技术局.推动杭州科技企业高质量发展！杭州举行新闻发布会［EB/OL］.（2024–12–23）［2025–03–15］.https://kj.hangzhou.gov.cn/art/2024/12/23/art_1228922127_58927888.html.

级孵化器数量达 65 家，连续 12 年居全国副省级城市第一位。[①]这些企业通过协同创新与资源共享，形成了从基础研究到应用转化的完整创新链条，显著提升了区域创新的整体效能与持续动力。

数据资源的高效配置与价值释放，构成了杭州模式的第三道"护城河"。通过政府主导的数据开放共享机制与企业主导的数据价值挖掘平台，杭州构建了数据要素市场的高效运行与价值创造机制。根据 2024 年的《中国地方公共数据开放利用报告（城市）》，杭州在全国城市公共数据开放利用中排名第一。[②]这种数据资源的高效配置，为杭州的人工智能与大数据产业提供了持续的创新动力与广阔的发展空间。

社会信任与价值共识构成了杭州模式的第四道，也是最深层次的"护城河"。通过构建透明的规则体系与包容的创新文化，杭州获得了社会各方对科技创新与数字经济的广泛认同与支持。这种社会信任与价值共识，为杭州的科技创新提供了稳定的社会环境与文化基础，是其他地区难以短期复制的深层次竞争优势。

政企协同、产业集群、数据资源、社会信任这四道"护城河"的有机结合与协同作用，构成了杭州模式区别于传统发展模式的核心竞争优势（见图 7-4）。与传统发展模式依赖资源禀赋

---

① 杭州市科学技术局. 推动杭州科技企业高质量发展！杭州举行新闻发布会［EB/OL］.（2024-12-23）［2025-03-15］. https://kj.hangzhou.gov.cn/art/2024/12/23/art_1228922127_58927888.html.

② 复旦大学，国家信息中心数字中国研究院. 中国地方公共数据开放利用报告 城市（2024）［R/OL］.［2025-03-15］. http://ifopendata.fudan.edu.cn/report.

与资本投入不同，杭州模式更注重制度创新与效率提升，通过信息效率与价值共识的双轮驱动，构建起可持续的发展动力与竞争优势。因此，真正的"护城河"，不是资源优势，而是制度优势。这才是杭州模式的本质特征与竞争逻辑。

政企协同
政府与企业高效协同机制

产业集群
数字经济与传统产业深度融合

数据资源
数据资源高效配置与价值释放

社会信任
社会信任与价值共识

杭州模式的"护城河"

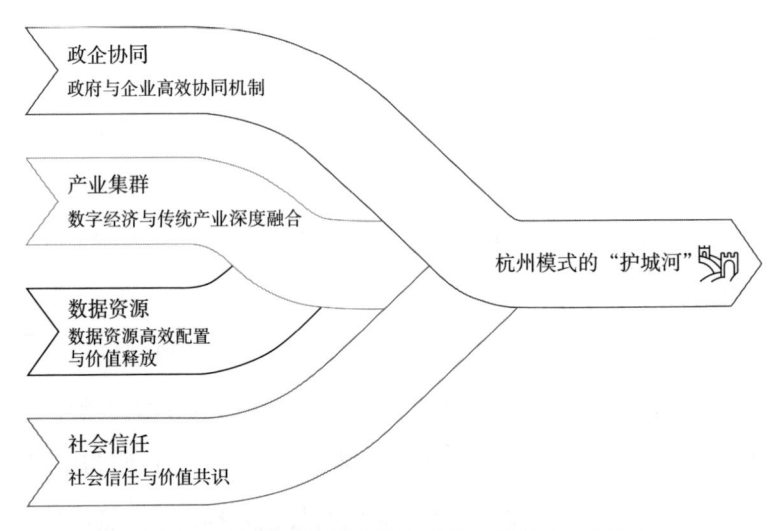

图 7-4　杭州模式区别于传统发展模式的核心竞争优势

在全球科技竞争的背景下，杭州模式的科技"护城河"不仅提升了区域的创新能力与产业竞争力，更在中美科技博弈中为中国提供了差异化的竞争路径与战略选择。通过构建基于信息效率与制度创新的竞争优势，杭州模式为中国在全球科技竞争中探索出一条"弯道超车"的可能路径，并为其他发展中国家和地区提供了宝贵的经验参考。

从杭州模式的科技"护城河"可以看出，在新一轮科技革命和产业变革中，竞争优势的核心已从传统的资源禀赋与资本积累转向制度效率与创新能力。那些能够构建高效、透明、包容的制度环境，并通过数字技术提升信息流通与资源配置效率的地区，将在未来的全球科技竞争中占据先机。这也是杭州模式对全球科技发展的核心启示与战略价值。

二、新型生产关系的全球适用性

杭州模式通过有效市场、有为政府与有机社会的协同互动，构建了适应智能时代的新型生产关系，为全球尤其是发展中国家和地区的经济转型与创新发展提供了可资借鉴的模式与路径。本节将深入探讨杭州模式的新型生产关系在全球范围内的适用性，重点解析信息效率与价值共识如何通过数据公开、政策透明与社会信任，推动资源配置与市场协调，揭示杭州模式的全球化潜力与借鉴价值。

（一）有效市场、有为政府与有机社会的全球借鉴

生产关系的重塑，是生产力解放的全球路径。在全球经济格局深刻调整的背景下，如何构建适应数字时代的新型生产关系，已成为各国经济发展的核心挑战。有效市场作为新型生产关系的第一支柱，其核心在于通过信息透明与规则公平，降低交易成本，提高资源配置效率。杭州通过数字化改革与开放创新，构建了高度透明与高效运行的市场环境。到 2024 年，杭州已连续

两年进入国家营商环境评价第一方阵，连续4年获得全国工商联"万家民营企业评营商环境"城市榜单冠军。①这种市场环境不仅降低了企业的交易成本与创新门槛，更提高了资源的流动效率与配置精准度。

对于其他发展中国家而言，杭州的有效市场建设提供了三个方面的借鉴：一是通过数字技术提升市场信息透明度，减少信息不对称，降低交易成本；二是通过规则公平与程序透明，减少寻租空间与制度摩擦；三是通过数据开放与资源共享，提高要素流动效率与配置精准度。2024年，我国信息传输软件和信息技术服务业增加值增长10.9%；规模以上计算机、通信和其他电子设备制造业增加值增长11.8%；我国数据总量和算力总规模稳居全球第二位。②这一数据充分说明了有效市场对发展中国家经济转型的重要价值。

有为政府作为新型生产关系的第二支柱，其核心在于通过精准施策与服务创新，弥补市场失灵，促进创新发展。杭州的政府改革强调"放管服"结合与数字化转型，通过"最多跑一次"的制度改革与构建"亲""清"新型政商关系，形成了服务高效、边界清晰的政府治理模式。杭州还深化政务服务增值化改革，全覆盖建成"一站式"企业综合服务中心，升级"企呼我应"服务

---

① 杭州市投资促进局.浙报头版长篇报道杭州营商环境：阳光雨露，万物生长［EB/OL］.（2024-07-16）［2025-03-15］.http://tzcj.hangzhou.gov.cn/art/2024/7/16/art_1621408_58893813.html.

② 郭倩，周颖，魏一骏.两会观察·数说中国经济丨从"10%左右"看数字经济焕发新活力［EB/OL］.（2025-03-10）［2025-03-15］.https://cn.chinadaily.com.cn/a/202503/10/WS67ce2283a310510f19eea950.html.

平台，全年受理涉企问题111.7万件，办结率99.89%，满意率97.38%，"办不成事"兜底服务、信用修复"一件事"等经验在全国推广，迭代的"亲清在线·政策超市"被世界银行作为中国优化营商环境典型案例向全球推介。[①] 这种政府模式既避免了过度干预市场的低效率，又克服了政府失位导致的市场失灵，形成了市场与政府的良性互动。

对于其他发展中国家而言，杭州的有为政府建设提供了三个方面的借鉴：一是通过权力清单与责任清单，厘清政府与市场的边界，避免权力越位与责任缺位；二是通过数字化治理与流程再造，提高政府服务效率与政策执行力；三是通过产业规划与创新引导，为市场发展提供方向指引与制度保障。因此，市场的有效性，离不开政府的适度作为。

有机社会作为新型生产关系的第三支柱，其核心在于通过价值共识与社会信任，构建包容创新的社会生态与可持续发展的制度基础。杭州通过数据开放、社会参与文化创新，形成了政府、企业和社会的良性互动与协同发展。这种社会环境不仅降低了制度变革的阻力与成本，更为创新发展提供了持续的动力与支持。

对于其他发展中国家而言，杭州的有机社会建设提供了三个方面的借鉴：一是通过数据公开与社会参与，提高制度变革的透明度与包容性；二是通过价值共识与文化创新，降低变革阻力与

---

① 杭州市人民政府.杭州市人民政府关于杭州市2024年法治政府建设年度报告［R/OL］.（2025-03-12）［2025-03-15］.https://www.hangzhou.gov.cn/art/2025/3/12/art_1229000789_59110276.html.

协调成本；三是通过社会信任与公共参与，构建可持续的发展动力与制度基础。

笔者于 2025 年 2 月 21 日在浙江工业大学调研期间，浙江工业大学的老师曾指出："杭州市政府在提供服务的过程中，积极推进数字化转型，通过线上平台和大数据分析，提高了服务的效率和精准度，为创业者提供了更加便捷的服务体验。例如，杭州通过数字化平台，简化了企业注册和审批流程，提高了政府服务的透明度和效率。政府官员在推动数字化转型的过程中，注重创新和实效，致力于为市场主体创造良好的发展环境。"

有效市场、有为政府与有机社会这三大支柱的有机结合与协同作用，构成了杭州模式新型生产关系的核心特征与全球借鉴价值（见图 7-5）。与传统生产关系模式相比，杭州模式更注重信息效率与价值共识，通过数字技术与制度创新，构建起适应智能时代的新型生产关系。

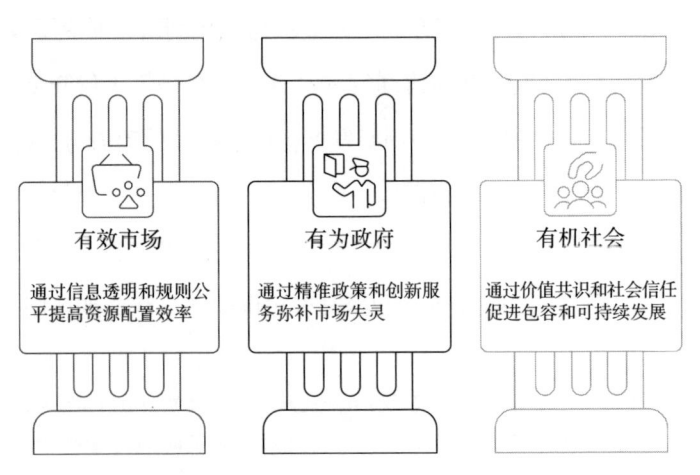

图 7-5　杭州模式新型生产关系的三大支柱

（二）信息效率与价值共识的全球化潜力

在全球经济深度数字化的背景下，信息效率与价值共识作为杭州模式的双支柱，不仅在区域发展中发挥了关键作用，更展现出巨大的全球化潜力与借鉴价值。这一模式通过数据透明、社会信任与政策稳定，构建了资源配置的高效机制，提供了发展方向的价值引导，为全球尤其是发展中国家的经济转型提供了可资借鉴的路径选择。

信息效率作为杭州模式的第一支柱，其核心在于通过数据开放与流程再造，降低信息获取成本，提高资源配置精准度。杭州通过城市大脑、数据开放平台与流程再造工程，构建了高度透明与高效流通的信息环境。这种信息环境不仅降低了市场交易的信息成本，更提高了资源配置的精准度与时效性。

杭州的信息效率模式为全球尤其是发展中国家的改革提供了四个方面的借鉴：一是通过政府数据开放，提高市场信息透明度与资源配置效率；二是通过流程数字化改革，降低制度性交易成本，减少行政摩擦；三是通过数据要素市场建设，促进数据资源的高效流通与价值释放；四是通过数据共享与协同创新，提高区域创新的整体效能与持续动力。

价值共识作为杭州模式的第二支柱，其核心在于通过社会信任与文化包容，降低制度变革的协调成本，减少创新发展的社会阻力。杭州通过透明参与、文化创新与社会协商，构建了高度认同与包容创新的价值环境。全国城市信用状况监测平台的数据显示，2020年杭州在全国36个省会及副省级以上城市综合信用指数排名中位居第二。①

这种价值环境不仅降低了制度变革的社会成本，更为创新发展提供了持续的动力与支持。世界知识产权组织公布《2024年全球创新指数报告》百强科技集群榜单，杭州不断加强海外知识产权布局、抢占海外市场，凭借国际专利申请量（PCT）领先优势，以单个城市作为独立科技集群连续3年排名全球百强科技创新集群第十四位，位列全球十五大GII（全球创新指数）科技集群之一（见表7-1）。②

表7-1 全球十五大GII科技集群

排名	集群名称	所属经济体
1	东京–横滨	日本
2	深圳–香港–广州	中国
3	北京	中国
4	首尔	韩国
5	上海–苏州	中国
6	加利福尼亚州，圣何塞–旧金山	美国
7	大阪–神户–京都	日本

① 杭州数字经济联合会.国家发改委官宣！这件事，杭州全国排名创历史最好成绩！[EB/OL].（2020-07-10）[2025-03-15]. https://mp.weixin.qq.com/s?__biz=MzU5MDc0NjU4Mg==&mid=2247494258&idx=2&sn=1c7971cb2bac03e65dc4118a2926b27a&chksm=fe3b2ccbc94ca5dd0a78d9647b800866ec1389291d7f648903062ea50ce94bde4abc0533339d#rd.

② 胡榴燕.2024年全球创新指数排名公布，杭州连续三年位列全球15大GII科技集群之一[EB/OL].（2024-08-30）[2025-03-15]. https://news.qq.com/rain/a/20240830A05JQ300.

续表

排名	集群名称	所属经济体
8	马萨诸塞州，波士顿-剑桥	美国
9	南京	中国
10	加利福尼亚州，圣迭戈	美国
11	纽约	美国
12	巴黎	法国
13	武汉	中国
14	杭州	中国
15	名古屋	日本

资料来源：《2024年全球创新指数报告》。

效率决定速度，价值决定方向。对于全球尤其是发展中国家而言，杭州的价值共识模式提供了三个方面的借鉴：一是通过政策透明与公众参与，提高制度变革的认同度与执行效率；二是通过文化创新与价值引导，构建支持创新的社会氛围与文化基础；三是通过社会协商与利益平衡，减少变革阻力与调整成本。

有透明的规则，才能有稳定的预期。这两大支柱的有机结合与协同作用，构成了杭州模式的全球化潜力与借鉴价值。与传统发展模式相比，杭州模式更注重信息流通与价值引导，通过数字技术与制度创新，构建起适应智能时代的发展路径。

（三）杭州模式的可复制性与全球价值

在全球经济深度转型的背景下，杭州模式的可复制性与全球价值已成为国际社会关注的焦点。与传统发展模式不同，杭州模式通过信息效率与价值共识的双轮驱动，构建了可持续的发展路径与制度创新，为全球尤其是发展中国家提供了可资借鉴的经验与启示。

模式的可复制性，取决于规律的普适性。从模式可复制性来看，杭州模式具有三个层次的复制路径：制度复制、技术复制与文化复制。

在制度复制层面，杭州有效市场、有为政府与有机社会的三元协同模式，为其他地区提供了明确的制度框架与政策路径。但这种制度复制不是简单地照搬照抄，而是基于当地情境的创造性转化与创新性发展。

在技术复制层面，杭州的数字化治理与智能化服务模式，为其他地区提供了可落地的技术解决方案与应用路径。这些技术解决方案不仅具有高度适应性与可扩展性，更能根据当地需求进行灵活调整与持续优化，显著降低了技术引进与应用的门槛和成本。

在文化复制层面，杭州的创新包容、开放共享与价值共识，为其他地区提供了软环境建设与文化塑造的可行路径。从全球价值来看，杭州模式对不同发展阶段的国家和地区具有差异化的借鉴价值与应用路径。对于工业化后期的发展中国家，杭州模式提供了数字化转型与创新驱动的加速路径，尤其是在产业升级、服务创新与社会治理方面具有显著借鉴价值。

从区域现象到全球范式，关键在于制度的普适性。对于工业化初期的发展中国家，杭州模式提供了制度创新与能力建设的基本路径，尤其是在政府效能、市场培育与社会信任方面具有基础性借鉴价值。对于工业化中期的发展中国家，杭州模式提供了跨越式发展与结构优化的可行路径，尤其是在体制改革、产业融合与效率提升方面具有重要借鉴价值。

不同于以往西方的发展模式，杭州模式有着较为明显的差异性特征。也正是这种差异化的全球价值与应用路径，使杭州模式具有广泛的适用性与扩展潜力。与传统发展模式相比，杭州模式更注重规律普适性与本土适应性的有机结合，既有共同规律的普遍指导，又有本土情境的具体应用，这也是其全球价值的核心所在。

三、杭州样本的科技自立与国家战略

在全球科技格局重塑与国际竞争加剧的背景下，科技自立已成为国家战略安全与可持续发展的核心支撑。杭州作为中国数字经济的先行区与创新高地，其发展模式不仅具有区域价值，更承载着国家战略与全球意义。本节将深入解析杭州模式如何通过科技自立支撑国家战略，重点分析从区域创新到国家战略的扩展路径，探讨杭州如何通过信息效率、价值共识与新型生产关系，推动科技自立与国家安全，逐步揭示其在国家战略中的支撑作用与历史意义。

（一）从区域创新到国家战略的扩展路径

区域创新到国家战略的有机衔接，是科技自立的核心路径与制度基础。区域创新的高度，决定国家战略的深度。杭州通过区域创新示范与经验扩散，逐步将地方实践转化为国家战略，为中国的科技自立探索出一条自下而上与自上而下相结合的发展路径。

从区域创新来看，杭州已构建起完整的创新生态与产业体系。2024年杭州数字经济核心产业增加值总量已超6 000亿元，占全市GDP比重达28.8%，远高于全国10%的平均水平。为了保证产业发展的强度，杭州已经组建了科创基金、创新基金和并购基金，2024年三大基金总规模达到2 500亿元，2025年计划达到3 000亿元。① 这些数据充分说明了杭州在区域创新上的领先地位与示范作用。更重要的是，杭州通过产学研协同、大中小企业融通与技术攻关协作，构建了从基础研究到产业应用的完整创新链条，为科技自立提供了坚实的区域支撑与实践基础。

在国家战略层面，杭州的区域创新经验已通过三条路径实现了全国扩展与战略转化：一是通过政策复制与制度推广，将杭州的创新政策与制度经验扩展到全国；二是通过标准制定与规则引领，将杭州的创新实践转化为国家标准与行业规范；三是通过

---

① 马富春. 两会现场丨政府工作报告单列数字经济，杭州提速建设全球创新策源地［EB/OL］.（2025-03-09）［2025-03-15］. https://finance.sina.com.cn/jjxw/2025-03-09/doc-inenzyan0679989.shtml.

人才流动与经验分享，将杭州的创新文化与实践方法扩散到全国各地。

这种从区域创新到国家战略的扩展路径，具有三个层次的战略价值：首先，通过区域先行先试，降低了制度创新的风险与成本，为国家层面的战略调整提供了实践检验与经验积累；其次，通过区域示范引领，提高了资源配置的效率与精准度，为国家战略的落地实施提供了现实路径与操作方法；最后，通过区域创新扩散，加速了经验复制与技术传播，为国家战略的全面推进提供了方法论支持与实践案例。

在具体技术领域，杭州的区域创新已成为国家科技自立的重要支撑。在人工智能领域，杭州通过城市大脑项目与企业创新，构建了从基础算法到行业应用的自主创新体系，其技术路线与应用模式已成为国家人工智能战略的重要组成部分；在大数据领域，杭州通过数据要素市场建设与应用场景开发，形成了政企通力合作有序使用的平台方法，为国家大数据战略提供了实践路径与制度框架；在云计算领域，杭州通过产业生态构建与技术协同创新，探索出云计算产业发展的中国道路，为国家云计算战略提供了经验参考与技术支撑。

自立的本质，是制度的自主与技术的自主。站在国家战略角度来看，杭州模式对科技自立的支撑作用主要体现在三个方面：一是通过自主创新体系构建，为关键核心技术突破提供了组织模式与制度保障；二是通过产业生态培育与集群发展，为技术产业化与规模应用提供了市场环境与产业支撑；三是通过创新文化塑造与人才培养，为持续创新与长期发展提供了人才储备和文化基础。

从实践来看，杭州模式的区域创新已在多个国家重大科技项目中发挥了关键作用。在新一代人工智能发展规划中，杭州的城市大脑项目与算法创新成为重要的实践案例与技术路线；在数字中国建设中，杭州的数据开放共享机制与数字化治理模式也成为重要的参考方案之一；在智能制造发展规划中，杭州的工业互联网平台与数字化转型路径成为重要的技术支撑与实践指南。这些实践案例充分说明了杭州模式从区域创新到国家战略的扩展路径与支撑作用。

（二）科技自立与新型生产关系的互动

科技自立作为国家战略的重要支柱，其实现路径与杭州模式的新型生产关系之间存在深刻的互动关系。在全球科技竞争日益加剧的背景下，科技自立不再局限于技术层面的突破，而是延伸至制度创新与生产关系重塑的系统工程。杭州模式通过有效市场与有为政府的协同互动，不仅构建了科技创新的良性生态，更为科技自立提供了制度性保障与环境支撑。

自立的力量，不在于资源的多少，而在于制度的先进性。这种先进制度下的新型生产关系对科技自立的支撑作用，主要体现在三个维度：首先，有效市场通过减少信息不对称，提升了资源配置效率，为企业技术创新提供了更加透明的市场环境；其次，有为政府通过精准政策引导与服务，为科技企业提供了稳定的政策预期；最后，有机社会通过价值共识的凝聚，为科技创新营造了良好的社会氛围与文化环境。

在杭州模式中，信息效率与价值共识这一双支柱结构对科技自立的促进作用尤为突出。信息效率通过数据共享平台与政策透明化，有效降低了企业创新的不确定性与风险；价值共识则通过产业生态圈的构建与创新文化的培育，形成了企业与政府、社会的价值认同。这一双支柱结构为科技自立提供了坚实的制度基础。以杭州云栖小镇为例，通过构建"政府主导、名企引领、创业者为主体"的运行机制，实现了从基础研究到产业化的全链条布局，成功孵化了一批具有自主知识产权的创新型公司。

值得注意的是，新型生产关系对科技自立的支撑作用不仅体现在技术层面，更深入产业体系与价值链的构建。杭州模式通过产业集群的培育与完善，推动了从技术创新到产业自主的系统性转变。生产关系的重塑，决定生产力的自主。面对现有的成就，杭州主动发挥自身在数字经济产业的优势，围绕五大产业生态圈建设，优先推动通用人工智能、低空经济、人形机器人、类脑智能、合成生物五大风口潜力产业快速成长，积极谋划布局前沿领域产业。杭州计划到 2026 年底，培育建成未来产业创新联合体 10 个左右，打造企业技术中心 100 家左右，攻关关键技术、核心部件和高端产品 100 个左右；争创若干个国家级、省级未来产业先导区，建成市级未来产业先导区 10 个以上；发展生态主导型企业 10 家左右，培育高新技术企业 500 家左右。[①]

在全球科技竞争格局下，杭州模式通过科技自立与新型生产关系的互动（见图 7-6），形成了独特的竞争优势。一方面，新型生产关系为科技自立提供了制度保障与环境支撑；另一方面，科技自立又反过来促进了生产关系的进一步优化与升级。因此，杭州的核心竞争力不仅来自技术积累，更源于政企协同的创新机制与高效的资源配置体系。

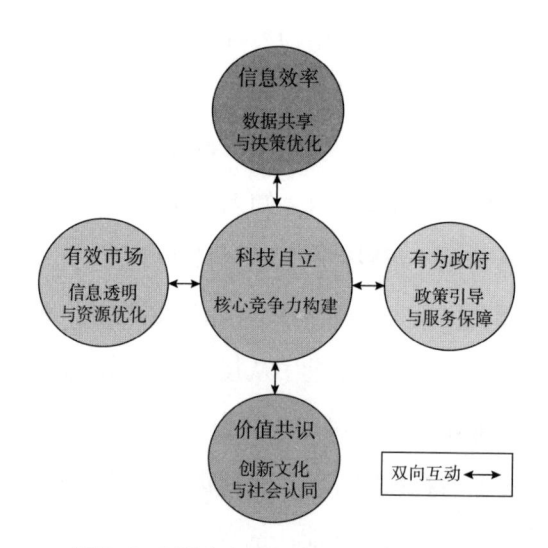

图 7-6　科技自立与新型生产关系互动模型

综上所述，科技自立自强的本质，是生产关系与生产力的协同进化。杭州模式通过新型生产关系的构建，为科技自立提

[①] 杭州市人民政府. 杭州市人民政府关于印发杭州市未来产业培育行动计划（2025—2026 年）的通知［EB/OL］.（2025-02-07）［2025-03-15］. https://www.hangzhou.gov.cn/art/2025/2/7/art_1229823728_7972.html.

供了制度性保障与环境支撑。信息效率与价值共识的双支柱结构，通过降低创新成本、优化资源配置、凝聚价值认同，构建了科技自立的制度基础。在全球科技竞争加剧的背景下，杭州模式通过科技自立与新型生产关系的良性互动，不仅形成了独特的竞争优势，更为我国的科技发展提供了可复制、可推广的制度创新范式。

（三）杭州模式的国家战略价值与未来路径

杭州模式作为中国科技创新的重要样本，其国家战略价值已经超越了区域发展的传统边界，成为国家科技自立与全球战略竞争的关键支点。在当今复杂的国际科技竞争格局中，杭州模式展现出独特的制度创新优势和战略潜能，通过信息效率与价值共识的双支柱结构，重构了科技创新的生产关系。

杭州模式的国家战略价值体现在三个核心维度：科技赋能国家安全、制度创新驱动发展以及生产关系重塑推动生产力解放（见图7-7）。这一模式并非简单的区域创新经验，而是中国应对全球科技竞争的战略性制度创新。在科技赋能国家安全方面，杭州模式通过培育具有自主知识产权的核心技术，为国家科技安全提供了关键支撑。

制度创新是杭州模式的核心竞争力。通过"政产学研用"的协同创新机制，杭州有效整合了各类创新资源，形成了创新要素高效流动的制度环境。数据显示，杭州科技成果转化能力始终保持全省第一，居全国前列。2017—2021年，全社会研究与试验发展经费投入增长68%，达667亿元，投入强度3.68%，位居全国第六；全市技术交易额增长279%，达771.6亿元；技术输出合同金额排名从全国第十三上升至第八。[①] 这一成绩得益于杭州在产权保护、人才激励、风险投资等制度建设方面的创新探索，体现了新型生产关系的独特优势。

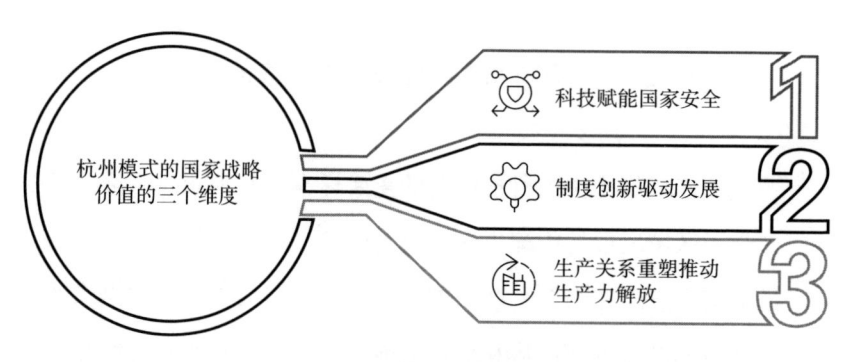

图 7-7　杭州模式的国家战略价值

生产关系的重塑是杭州模式最为深刻的制度创新。以杭州未来科技城为例，其通过产业链、创新链、资金链、人才链"四链融合"，形成了从基础研究到产业化的全链条布局。这种通过有效市场与有为政府协同互动的创新模式，有效释放了科技创新的内在活力。

展望未来，杭州模式的国家战略价值将进一步拓展。首先，

---

① 杭州日报.杭州昂首阔步迈向科技成果转移转化首选地［EB/OL］.（2023-02-03）［2025-03-15］. https://www.hangzhou.gov.cn/art/2023/2/3/art_812262_59073072.html.

通过开放合作，将杭州模式的创新机制向全球科技创新网络延伸，构建更加开放、包容的创新生态系统。其次，将杭州模式的制度创新经验向其他地区和发展中国家推广，形成具有中国特色的科技创新范式。同时，持续推进核心技术的自主创新，特别是在人工智能、集成电路等关键领域，不断突破技术瓶颈。最后，深化"政产学研用"的协同创新机制，推动产业链上中下游的深度融合与创新。

杭州模式的战略意义在于，它不仅是一种区域创新模式，更是中国应对全球科技竞争的战略性制度创新。这一模式通过信息效率与价值共识的双支柱结构，重构了科技创新的生产关系，为国家科技自立提供了可复制、可推广的制度样本。在中美科技竞争加剧的背景下，杭州模式展现出独特的制度创新优势，正在为中国构建更加开放、高效、创新的科技生态系统。

四、小结：杭州模式的全球潜力与国家战略

杭州模式的核心本质在于，通过信息效率与价值共识双支柱模式构建新型生产关系，推动科技自立与国家战略的可持续发展。这一模式超越了传统的区域创新范式，为中国科技创新提供了全新的制度性解决方案。在信息效率的支撑下，杭州模式建立了一种更加透明、高效的创新资源配置机制，而价值共识则凝聚了市场、政府和社会的创新合力。

中美科技竞争的加剧为杭州模式的战略价值提供了更为凸显

的背景。通过信息透明、政策稳定与市场协调，杭州模式成功构建了一道独特的科技"护城河"。这一"护城河"不仅依靠技术积累，更重要的是依靠制度创新。在全球科技竞争日益激烈的今天，信息的高效流动、政策的稳定预期以及市场的协调机制，成为杭州模式的核心竞争力。

本章为后续章节中全球化扩展与科技自立的战略路径奠定了重要的理论基础。通过深入解析杭州模式的内在逻辑，我们揭示了其超越区域的全球价值与国家战略意义。这一模式并非简单的地方性创新样本，而是中国应对全球科技竞争的战略性制度创新。它为发展中国家提供了一种可借鉴的科技创新路径，展现了中国在全球科技治理中的制度性创新潜力。

杭州模式的全球价值在于其制度创新的普适性。通过重塑生产关系，建立基于信息效率和价值共识的新型创新生态，这一模式为全球科技创新提供了一种全新的范式。它不仅回应了中国特色社会主义市场经济的内在要求，还为全球科技创新提供了一种具有中国特色的制度性解决方案。

在未来的发展中，杭州模式将继续发挥其在国家科技战略中的关键作用。通过持续的制度创新、技术自主和开放合作，这一模式将为中国的科技自立和全球科技治理贡献独特的中国智慧。它标志着中国正在从全球科技创新的跟随者，转变为引领者和创新者。

第八章

预见未来

杭州模式重塑全球创新版图

面对全球算力和算法格局的挑战，杭州选择了一条"非对称竞争"路径，以开源生态、垂直应用和边缘计算为突破口，构建差异化竞争优势。通过积极推动开源技术发展，杭州在全球 AI 开源社区占据重要地位，并在安防、工业智造等垂直场景中持续深耕，巩固产业领先地位。同时，在边缘计算领域不断创新，提升端侧 AI 模型的效率和适用性。依托"数字丝绸之路"，杭州的技术正在加速出海，覆盖全球电商网络，并通过跨境数据合作，拓展国际影响力。面对外部技术壁垒，杭州推动国产技术自主可控，系统性布局关键技术替代方案与自主芯片生态，逐步提升战略自主能力，为科技创新的长期发展奠定坚实基础。

全球创新版图正在经历前所未有的重构，而杭州模式正成为这一进程中的关键变量。在当今急剧变化的全球技术生态系统中，杭州不仅是一个区域性科技创新中心，更是逐步成为连接东西方创新生态的战略枢纽。这一模式的独特之处在于，它超越了传统的技术创新范式，开始在全球创新版图中重新定义技术、制度与价值的关系。

全球化进程中的创新竞争，已经从单一的技术优势转向更为复杂的生态系统竞争。杭州模式清晰地展现了这一转变：通过对标全球顶级创新中心，构建多边创新网络，并在"一带一路"倡议的支持下，逐步拓展其全球影响力。本章将深入解析杭州如何在技术输出、国际合作与制度借鉴中开辟独特的国际化路径，揭示其在全球创新版图重构中的战略价值。

一、杭州的全球对标与扩展路径

在全球创新版图的重构进程中，杭州正在成为一个令世界瞩目的战略节点。当传统的创新模式已难以应对复杂多变的全球技术生态时，杭州模式应运而生，为全球创新提供了一种全新范式。这一模式的核心，不仅在于技术本身的突破，而且在于它重构全球创新的基本逻辑：通过高效的信息传递、深度的价值共识和系统性的制度创新，重新定义技术创新的边界。

全球创新中心的对标，从来都不是简单的模仿，而是要在深入理解与批判性借鉴中实现超越。在这一过程中，杭州正以其独特的战略智慧，在全球创新版图中逐步建立自身的坐标系。对标硅谷、特拉维夫等全球顶级创新中心，既是一种策略性的比较，也是一种战略性的思考。它不仅关注技术的先进性，而且在深入地审视创新生态系统的构建逻辑、政策执行机制以及创新文化的内在动力。

（一）对标硅谷、特拉维夫等全球创新中心

在全球创新版图中，杭州正以"数字经济第一城"的定位，成为继硅谷、特拉维夫之后备受关注的创新中心。杭州的发展路径，印证了"成功的模式，往往是借鉴后的重构"这一规律。杭州通过系统性吸收硅谷的技术驱动型生态、特拉维夫的风险投资文化与全球资源整合能力，同时结合自身禀赋进行本土化重构：以阿里巴巴、之江实验室等企业与机构为支点，构建了"产学研用"协同的创新体系；依托跨境电子商务综合试验区等政策红利，打造了全球数字贸易枢纽；通过城市大脑等的实践，将技术创新深度融入城市治理。本章通过对比杭州与硅谷、特拉维夫等全球创新中心在技术创新、政策执行与创新文化方面的差异化路径，揭示其国际化战略的演进逻辑，为新兴创新中心的可持续发展提供理论参考。

硅谷和特拉维夫作为全球创新的"双子星"，各自形成了独特的创新生态系统。硅谷以其极致的资本－技术匹配机制和开放的创新生态而闻名，并依托斯坦福大学和风险投资的强大生态，构建了全球最为活跃的技术创新高地。其创新模式的核心在于：超高效的资源配置，极低的创新试错成本，全球最为开放的人才流动机制。

相比之下，特拉维夫的创新模式则带着以色列独特的地缘政治和安全环境的烙印。军事技术的快速转化、高风险创新的制度性容忍，以及在国家安全方面持续性的技术投入，使特拉维夫

成为别具风格的全球创新中心。其创新生态的关键在于：强大的国家战略支持，军民融合的技术转化机制，面向全球市场的创新思维。

杭州的创新模式与这两个全球创新中心既有相似之处，又有显著不同（见图8-1）。不同于硅谷的资本驱动模式和特拉维夫的安全驱动模式，杭州构建了一个更具系统性和整体性的创新逻辑，其核心优势在于：高效的信息传递机制，强大的产业协同能力，快速响应的政策环境，对价值共识的深刻理解。

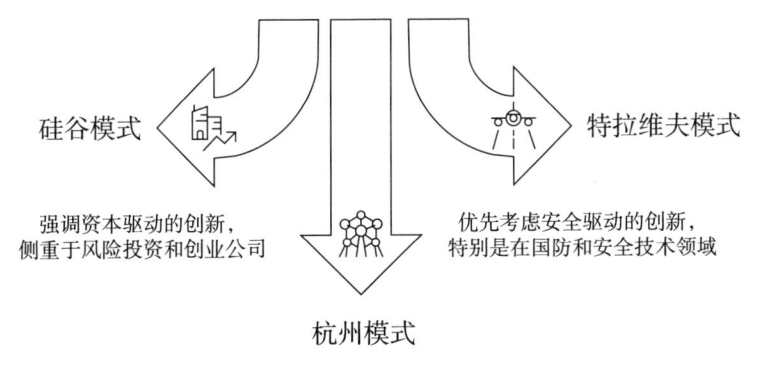

硅谷模式
强调资本驱动的创新，
侧重于风险投资和创业公司

特拉维夫模式
优先考虑安全驱动的创新，
特别是在国防和安全技术领域

杭州模式
强调系统性和整体性，
专注于高效的信息传递和产业协同

图8-1　杭州模式与其他模式的区别

"对标不是复制，而是超越。"这一金句精准地诠释了杭州的创新战略。通过深入剖析硅谷、特拉维夫的创新机制，杭州并非简单模仿，而是在借鉴中重构，找到最符合自身发展的创新路径。这种路径的独特之处在于，它不仅关注技术本身，而且重视技术背后的制度创新和生产关系重构。

对标全球创新中心的实践表明,"超越"的本质在于构建"本土化优势+全球化要素"的协同机制。杭州通过技术创新领域的赛道选择、政策工具的精准适配与创新文化的生态包容,实现了从"追随者"到"特色引领者"的转变。其经验启示新兴创新中心:国际化战略不应是简单的要素拼凑,而应以"问题导向"重构创新逻辑——不仅要借鉴硅谷的前沿技术突破能力,而且要吸收特拉维夫的风险容忍文化,还需立足本土产业基础与制度优势,最终形成具有全球竞争力的创新范式。在数字经济与全球化深度交织的今天,杭州模式为破解"创新同质化"困局提供了重要参考。

(二)杭州模式的技术输出与国际化路径

技术输出的本质,从来都不是简单的技术传播,而是一种更为复杂的生态系统输出。杭州模式在这一过程中,展现出与传统技术输出截然不同的战略智慧。"技术的价值,不在于先进,而在于可复制。"这一理念已成为杭州国际化的核心驱动力。

杭州的技术输出路径的核心在于,构建一个可持续、可复制的创新生态系统。不同于传统的单一技术输出模式,杭州提出了一种基于信息效率、价值共识和新型生产关系的全新国际化战略模式。这一战略模式的关键在于:通过技术标准的输出、数据共享机制的构建,以及产业链的深度协同,实现技术创新的系统性输出。

笔者于 2025 年 2 月 23 日在阿里巴巴调研期间，公司一位高管表示："阿里、蚂蚁等科技巨头对技术外溢也起到了重要的协助作用，因为这属于技术消耗。前两年阿里裁员了五六万人，这些人的离开从短时间来看，企业当然会有阵痛；如果从中长期来看，这种外溢对于杭州这座城市其实非常重要。硅谷的某些企业员工在就职时是不签竞业协议的，其中最大的好处就是有助于技术蔓延，这样技术的开枝散叶就没有障碍了。"

在技术标准制定方面，杭州正在积极推动包括人工智能、大数据、数字经济等领域的国际标准构建。2018 年 1 月 29 日，阿里巴巴集团与马来西亚数字经济发展机构、吉隆坡市政厅达成合作，将阿里云 ET 城市大脑与马来西亚本地化相结合，共建"马来西亚城市大脑"。[①] 这不仅是技术输出，而且是制度创新的重要体现，有助于中国在云计算、物联网、人工智能等领域主导或参与国际标准制定。这也体现了杭州在技术标准输出中具备三大优势：一是头部企业的全球化技术积累高，如阿里云全球市场份额排名第三；二是政府主导的"标准+场景"输出机制经验丰富；三是开源生态的开放治理模式。但是，同时也要警惕国际标准竞争，需通过"标准互认"机制降低壁垒。

数据共享是杭州模式技术输出的另一个关键维度。杭州在数据共享领域的国际化路径，通过信息效率的优化与信任机制的

---

① 林芮.中企助力马来西亚打造智慧城市 将惠及马来西亚民众生活［EB/OL］.（2018-02-24）［2025-03-18］. https://www.yidaiyilu.gov.cn/p/48654.html.

创新，正在一定程度上重构数据跨境流动的生产关系和全球数据治理的边界。杭州企业积极参与国际数据共享规则的制定和讨论，如蚂蚁金服在跨境支付领域与国际金融机构合作，制定数据共享和风险防控机制等，[①]通过合作形成了对数据共享价值的共识。这一案例就是杭州企业在数据隐私保护、数据安全等方面遵循国际通用标准和规范，与国际企业共同探索数据共享的最佳实践。

产业链协同是杭州模式技术输出的第三个重要维度。与传统的单一技术输出不同，杭州正在构建一个"端到端"的产业生态系统输出模式。以海康威视为例，其在全球安防技术输出中，不仅输出核心技术，还输出了包括技术标准、应用解决方案和生态伙伴协同机制在内的一套完整的产业生态。如海康威视与国际芯片企业合作研发高性能芯片等，[②]这种合作模式促进了产业链技术的输出和国际化，也推高了杭州模式在全球范围内的知名度。海康威视通过与国外产业链上下游企业建立战略合作伙伴关系，共同开展技术研发、市场拓展和项目实施，实现了技术输出的全球化。

"输出的不只是技术，更是制度与规则。"这一理念贯穿了杭州模式的技术输出与国际化全过程。在技术标准方面，杭州企业

---

① 蚂蚁集团.蚂蚁创新跨境支付技术方案,一周新覆盖4国7万多商户［EB/OL］.（2022-04-07）［2025-03-18］. https://www.antgroup.com/news-media/press-releases/1649315643000.

② 英特尔.英特尔与海康威视：十年合作深耕 人工智能全面布局安防监控［EB/OL］.（2017-09-22）［2025-03-18］. https://www.prnasia.com/story/189056-1.shtml.

通过制定高效、兼容的技术标准,积极参与国际标准化组织的活动,与国际同行共同制定和优化技术标准,推动了技术标准的国际化推广。在数据共享方面,杭州企业通过构建高效的数据共享平台,积极参与国际数据共享规则的制定,与国际企业共同探索数据共享的最佳实践,促进了数据共享技术的输出与国际化。在产业链合作方面,杭州企业通过数字化手段优化产业链合作流程,与产业链上下游企业共同制定合作规则和标准,与国外企业建立了战略合作伙伴关系,推动了产业链技术的输出和国际化。杭州模式的技术输出与国际化,为全球科技产业的发展提供了新的思路和范例,也为其他地区的企业提供了宝贵的经验和借鉴。

(三)制度借鉴与国际标准的制定

今天,全球化竞争已从商品贸易扩展至制度规则的话语权博弈。一国制度体系的国际影响力,不仅取决于经济规模与技术优势,还在于能否将本土治理经验升华为全球治理的公共物品。中国的"一带一路"倡议与人类命运共同体理念被写入联合国决议,这正是制度输出与国际化融合的典范。这种输出并非单向移植,而是通过制度共性与个性的辩证统一,形成"规则共识—标准协同—治理互鉴"的递进路径。例如,杭州模式以数字化政务平台实现政策透明与市场高效协同,其"服务型政府"经验已被东南亚国家借鉴以优化营商环境。标准的背后,是规则的竞争。唯有将本土实践转化为普适性制度供给,才能在深层次上参与全球治理体系重构。

制度借鉴的核心在于政策透明、市场协调与社会信任。杭州通过数字化政务平台（如"浙里办"）实现审批流程填报信息从12项减少到3项，将企业开办时间从22天大幅压缩至3天，[①]政策补贴直达企业。这种"无事不扰，有事必应"的政务机制，降低了企业合规成本，提升了政策执行的确定性。杭州政府担保基金于7天内完成了2 000万元放款，体现了透明高效的行政风格。其他国家在发展本国产业之时，可借鉴此类"数字赋能＋服务导向"的治理模式，以增强政策可预期性。

欧盟国家在数字经济发展中，也可参考杭州对新技术、新业态实行"包容审慎监管"，允许试错并建立创业失败保障机制，通过动态调整政策框架激发企业活力。这种弹性监管模式平衡了创新风险与市场秩序，尤其适用于人工智能、绿色科技等前沿领域，可为数字监管先行的欧洲提供借鉴。

市场协调是一个国家或地区培育本地产业发展的重要策略。对于需要促进自身产业升级的东南亚国家而言，可以借鉴杭州此类资本生态建设，破解初创企业融资壁垒。宇树科技正是通过多轮融资实现了技术的商业化。在宇树科技背后，则是杭州科创基金、杭州创新基金所投资的子基金等多元资本的接力支持，这些基金共参与了宇树科技4轮融资，保障其在各个发展阶段都有充

[①] 施力维，王黎婧. 机器替代"人工审""浙里办"106个服务事项实现"智能秒办"［EB/OL］.（2021-11-05）［2025-03-18］. https://zjnews.zjol.com.cn/zjnews/202111/t20211105_23317661.shtml.

足的资金。[1]可以看到，杭州的"竹林效应"资本生态也是通过整合国有、产业和风险投资，形成覆盖企业全生命周期的融资支持。

社会信任机制的构建是制度借鉴的核心要义。杭州正在探索一种基于数据可信、制度透明的新型社会治理模式。杭州通过"杭网议事厅""市民之家"等平台，将企业、市民纳入政策制定流程，形成了"输入—输出"双向反馈闭环。这一模式类似于欧盟"输入性合法—流程性合法—输出性合法"的政策制定模式，成功地探索出一条社会各界与政府之间"自下而上式"的信息传导渠道和社会公众参与公共政策的路径，为推动地方政府自身改革和积极回应人民群众对美好生活的新需求提供了有益经验。[2]具体案例就是杭州在修订营商环境条例时吸纳企业家建议，[3]强化了条款的可操作性。某些社会矛盾尖锐的拉美国家可参考此类社会复合体模式，以缓和政策执行中的社会冲突。

---

[1] 杭州市国资委."杭州六小龙"爆火出圈：杭州资本"接力投"助力创新杭州打造［EB/OL］.（2025-02-08）［2025-03-18］. http://gzw.hangzhou.gov.cn/art/2025/2/8/art_1689495_58902947.html.

[2] 浙江大学公共政策研究院."社会复合体"：杭州公民参与式公共治理的有力支撑［EB/OL］.（2018-11-08）［2025-03-18］. http://www.ggzc.zju.edu.cn/2018/1108/c54163a2200328/page.htm.

[3] 浙江日报.浙江杭州公布实施《杭州市优化营商环境条例》［EB/OL］.（2023-02-27）［2025-03-18］. https://www.ndrc.gov.cn/fggz/fgfg/dfxx/202302/t20230227_1349931_ext.html?eqid=bf70555e00047a98000000046486a3be.

二、国际合作与多边创新网络的构建

在全球化与数字化加速演进的时代背景下,国际合作与多边创新网络的构建已成为推动区域乃至全球创新发展的关键力量。在全球创新格局中,杭州凭借其在数字经济、科技创新等领域的独特优势,积极探索国际合作新模式,通过与共建"一带一路"国家在科技研发、人才交流、数据共享等多方面的深度合作,不仅提升了科技水平,也为全球创新生态的优化贡献了力量。本节将深入解析杭州如何通过"一带一路"倡议与国际科技合作,积极构建多边创新网络,拓展全球影响力。

在国际科技合作中,高效的信息流通与共享机制能够显著降低沟通成本,加速知识与技术的传播和扩散,而共同的价值观与合作共识则是维系多边合作稳定性的基石。本节重点探讨信息效率与价值共识在国际合作与数据共享中的重要作用,以及它们如何推动多边创新网络的可持续发展。本节还通过分析杭州在国际合作中的实践案例,如与共建"一带一路"国家共同开展的科研项目、数据平台建设等,揭示其在提升信息效率、凝聚价值共识方面的创新举措与成功经验。

通过对杭州模式的深入剖析,本节逐步揭示了杭州在全球化背景下的创新潜力与独特价值。杭州的成功经验不仅为其他城市提供了可借鉴的范例,也为推动全球创新网络的构建与发展提供了有益的启示。

（一）"一带一路"倡议与国际科技合作

"'一带一路'，不仅是经济通道，而且是技术与制度的桥梁。"这一理念在杭州的实践中得到了深刻诠释。作为"一带一路"倡议的重要枢纽城市，杭州依托其深厚的数字经济基础、开放的创新生态和多元化的国际合作网络，将技术输出、制度创新与市场拓展深度融合，构建了独特的国际科技合作模式。从"数字丝绸之路"到"创新共同体"，杭州不仅通过技术合作推动了共建"一带一路"国家的产业升级，而且通过制度创新与数据共享机制，为全球科技治理提供了新范式。这种以技术为纽带、以制度为支撑的合作模式，已成为杭州参与"一带一路"建设的核心竞争力，为全球科技合作与可持续发展注入了新动能。

杭州以"硬科技"为核心，推动中国技术标准与解决方案走向全球。在2024年国际投资与技术对接活动中，平直机器人展示了数字技术与人工智能驱动的中高端设备升级路径，建造机器人已在降低工程成本与安全风险方面形成示范效应。整数智能则通过非洲人工智能训练师项目，为发展中国家提供了本土化技术赋能，将数据处理能力与人才储备相结合。[1]这种"技术＋人才"的"双轨"输出模式，突破了传统单向援助的局限。数据表明，杭州市余杭区2024年上半年对共建"一带一路"国家出口额达

---

[1] 何泠瑶，王静. 共谋经贸合作"一带一路"国际投资与技术对接交流活动在杭州举办［EB/OL］.（2024-08-25）［2025-03-19］. https://china.zjol.com.cn/cj/202408/t20240825_30483880.shtml.

74.23亿元，同比增长16.1%，智能装备与数字服务成为主力。[①]

杭州通过境外产业园建设，将产业链合作从单一贸易拓展至全生态共建。余杭区华立集团打造的泰中罗勇工业园，已吸引300余家企业入驻，带动超过65亿美元投资，并形成"销地产"模式，即在目标市场本地化生产，降低贸易壁垒。2024年筹建的中亚工业园，进一步将中国光伏、新能源汽车等优势产业嵌入中亚供应链。[②] 这种"园区＋产业集群"的布局，与浙江省"一带一路"专项基金支持的3 000亿元投融资体系形成联动，[③] 构建了从技术研发到产能落地的闭环。

数字经济的底层支撑能力是杭州拓展"一带一路"市场的独特优势。菜鸟通过全球六大物流枢纽与100余个跨境仓库，帮助中小企业以低于市场30%的物流成本参与国际贸易，配送范围覆盖220多个国家和地区。[④] 与此同时，余杭区依托跨境电商综合试验区，建立"一带一路"电商运营中心，联合哆啦咔、梵泰珂等企业搭建中东与非洲市场的本土化服务平台。2024年上半年，该区跨境电商交易额达7.92亿美元，其中20.12%的增长

---

① 杭州市人民政府外事办公室.余杭区参与共建"一带一路"成果展示（经贸篇）[EB/OL].（2024–08–21）[2025–03–19]. http://fao.hangzhou.gov.cn/art/2024/8/28/art_1693390_58839799.html.

② 同上.

③ 国际合作司（港澳台办公室）.浙江省推进"一带一路"建设大会举行 十年成果发布[EB/OL].（2023–11–26）[2025–03–19]. http://www.nhc.gov.cn/gjhzs/lsxwbd/202311/15942a2662614638aba6b54dcd5572b5.shtml.

④ 杨云飞.菜鸟国际：构建领先的全球物流网络[EB/OL].（2021–04–21）[2025–03–19]. http://www.chinawuliu.com.cn/zixun/202104/21/546836.shtml.

源于数字化营销与支付创新的协同。[1]这种"物流+电商+金融"的生态整合，使杭州成为"数字丝绸之路"的核心节点。

　　杭州通过国际科研合作机制，推动了知识共享与创新资源的流动。2019年，全球科技精准合作交流会签署了41个国际研发项目，涵盖新能源、医疗等领域。[2]2024年，巴基斯坦青年科学家穆罕默德·尤萨夫博士在杭州展示的钠金属电池技术，则体现了"一带一路"科研网络的深度联动——其团队成果由浙江大学与巴基斯坦科研机构共同孵化。[3]浙江省设立的"丝路学院"与"鲁班工坊"，在33个国家设立了39所"丝路学院"。[4]而杭州市科学技术协会主办的"科学榜YOUNG"活动，也成为跨国青年科学家交流的前沿平台。[5]这种"顶尖学者+应用研究+人才储备"的立体化合作，正在加速破解能源转型、绿色制造等全球性

---

[1] 杭州市人民政府外事办公室.余杭区参与共建"一带一路"成果展示（经贸篇）[EB/OL].（2024-08-21）[2025-03-19]. http://fao.hangzhou.gov.cn/art/2024/8/28/art_1693390_58839799.html.

[2] 浙江省科技厅.中国（浙江）全球科技精准合作交流会在杭州召开 共建"一带一路"科技创新共同体[EB/OL].（2019-12-10）[2025-03-19]. https://www.most.gov.cn/dfkj/zj/zxdt/201912/t20191210_150400.html.

[3] 翁丹妮，江如蜜.来自共建"一带一路"国家的青年科学家分享他的科研故事，这场活动让杭州与世界共话未来能源新纪元[EB/OL].（2024-11-27）[2025-03-19]. https://china.qianlong.com/2024/1127/8385554.shtml.

[4] 教育之江.省教育厅等四部门联合发布文件推动"丝路学院"高质量发展[EB/OL].（2024-01-11）[2025-03-19]. https://zjydyl.zj.gov.cn/art/2024/1/11/art_1229691741_42077.html.

[5] 翁丹妮，江如蜜.来自共建"一带一路"国家的青年科学家分享他的科研故事，这场活动让杭州与世界共话未来能源新纪元[EB/OL].（2024-11-27）[2025-03-19]. https://china.qianlong.com/2024/1127/8385554.shtml.

课题。

合作的深度，决定了市场的广度。杭州在共建"一带一路"中的实践表明，国际科技合作绝非简单的技术交易，而是需要通过制度创新、产业链协同和文化互鉴，构建深层次的协作网络。从焊接技术的标准化输出到 AI 赋能的农业革命，从"硬联通"的基础设施建设到"软联通"的数据共享平台，杭州通过技术合作与制度创新的深度融合，不仅拓展了全球市场，而且塑造了"技术－制度－文化"三位一体的国际合作范式。未来，随着"一带一路"倡议的深化，杭州将继续以开放包容的姿态，推动全球科技资源的优化配置，为构建人类命运共同体贡献中国智慧与杭州方案。

（二）多边创新网络的构建与协同机制

在全球化竞争日益激烈的当下，协同创新已成为推动区域乃至全球经济发展的重要驱动力。在这一宏大背景下，杭州以其独特的创新生态和开放包容的合作姿态，积极构建多边创新网络，探索协同创新的新路径。杭州作为中国数字经济的领军城市，不仅在技术创新上独树一帜，还在制度创新、资源整合与市场拓展方面展现出强大的引领能力。通过多边创新网络的构建，杭州不仅实现了自身科技水平的飞跃提升，而且为全球创新生态的优化贡献了独特的智慧与方案。本部分将深入剖析杭州如何通过信息透明、政策协同与市场互动推动创新要素的流动与资源的高效配置，揭示其在多边合作中的平台作用与成功经验。

杭州通过数字化基础设施打破"信息孤岛"，构建多边网络的数据共享基座。以 DeepSeek 的分布式算力网络为例，政府发放"算力券",[①] 实现了算力需求与供给的实时匹配。该模式将杭州打造成全国算力成本洼地，这为大模型企业的轻资产运营提供了可能。这种数据穿透机制，将创新要素的流动效率从线性增长转向指数级跃升。

政策协同是杭州推动多边创新网络发展的关键抓手。杭州市政府通过制定一系列鼓励创新的政策，如税收优惠、资金扶持等，吸引国内外创新资源集聚。同时，杭州积极参与区域政策协调，如在长三角地区，通过"三级运作、统分结合"的区域合作机制，打破行政壁垒，实现科技政策的无缝对接。[②] 在国际层面，杭州与共建"一带一路"国家共同制定科技合作政策框架，为跨境创新合作提供了稳定的政策环境。[③]

杭州通过多边网络实现了市场资源的高阶配置，阿里巴巴达摩院在多边创新网络构建中发挥了关键作用。其全球研究网络覆

[①] 每日经济新闻.杭州推"算力券"欲打造全国算力成本洼地，怎么干？多家上市公司回应［EB/OL］.（2024-02-23）［2025-03-19］. https://baijiahao.baidu.com/s?id=1791664002258870449.

[②] 浙江日报.协同打造长三角科技创新共同体［EB/OL］.（2022-03-21）［2025-03-19］. https://www.zj.gov.cn/art/2022/3/21/art_1229278448_59683317.html.

[③] 李书彦，姚鸟儿，许宁.深入推进"一带一路"国际科技合作［EB/OL］.（2024-02-23）［2025-03-19］. https://www.cssn.cn/skgz/bwyc/202401/t20240126_5730932.shtml.

盖美国硅谷、纽约、新加坡等全球创新高地，通过开放式创新模式，实现了全球范围内的技术协同。"协同创新，是全球化竞争的新动能。"这一理念在阿里巴巴达摩院的全球研究网络中得到了充分体现。

网络的价值，不在于节点的数量，而在于协同的质量。杭州多边创新网络的实践表明，真正的协同创新需要突破"物理连接"的表层，转向深层的"价值共生"。通过信息透明打破"信息孤岛"，通过政策协同凝聚制度合力，通过市场互动激活创新动能，杭州不仅构建了高效的创新要素流通网络，还塑造了"技术－资本－人才"协同进化的新生态。这种质量导向的协同，避免了低效竞争，实现了"1+1>2"的创新效能。未来，随着杭州多边创新网络的进一步深化，其经验将为全球城市参与国际科技竞争提供新的范式与启示。

（三）国际化过程中的风险与挑战

风险不是阻力，而是路径选择的试金石。在全球化竞争与逆全球化思潮交织的背景下，杭州模式的国际化进程既承载着数字经济与科技创新的先发优势，也面临着技术壁垒、文化冲突与制度差异等多重挑战。作为"一带一路"枢纽城市和数字经济标杆，杭州在推动国际科技合作、数据共享与产业链协同的过程中，不断探索风险化解与路径优化的平衡点。从技术标准的全球适配到文化认同的深度构建，从数据安全的跨境治理到市场规则的协同创新，杭州的国际化实践既是对自身发展韧性的考验，也为全球城市提供了应对复杂国际环境的中国方案。这一过程表明，风险的识别与应对能力，正在成为衡量国际化路径有效性的重要标尺。

杭州硬科技企业的国际化面临"技术适配"与"标准话语权"的双重困境。以宇树科技的四足机器人为例，其核心伺服电机虽已达到国际先进水平，但欧盟要求嵌入本土伦理算法模块，导致产品改造成本增加。此外，杭州的工业互联网平台在服务跨国企业时，需协调不同国家的工业协议标准，如OPC UA（开放平台通信统一架构）与Modbus（一种串行通信协议），这要求企业投入额外资源进行系统改造。为应对这一挑战，杭州需要通过"技术标准＋本地化服务"双轨策略，推动企业建立海外研发中心。

数据安全是杭州模式国际化过程中面临的另一重大挑战。随着数字经济的蓬勃发展，数据成为核心生产要素。杭州在推动数据跨境流动和共享的同时，必须确保数据的安全性与合规性。为此，杭州数据交易所作为数据要素流通的重要平台，就需要通过建立完善的数据出境政策咨询服务中心和数据跨境流通标准体系，为数据的安全跨境流动提供制度保障。同时，杭州还需要加强数据安全技术研发，推动数据加密、隐私计算等技术应用，以应对日益复杂的数据安全形势。

杭州文化输出的"软实力"建设面临深层认知鸿沟，这需要在本地化适配与本体性表达间寻找平衡点。对此，杭州可通过利用杭州国际日、国际友城市长论坛、上合组织国际美术双年展等活动品牌，拓展友城多领域合作，积极参与国际对话交流合作。同时，以杭州国际传播中心建设为抓手，积极在外向型企业和特色社区中设立国际传播观察点，创新构建海外文化传播基地。

在制度输出与市场协调方面，杭州模式的国际化需要在尊重当地规则的基础上，实现自身制度优势的有机融入。杭州可以通过"试点先行＋标准互认"策略破局：一方面，选择与杭州制度兼容度高的国家（如新加坡），探索跨境数据流动与知识产权保护的协同机制；另一方面，推动国际标准认证互认，如支持本地企业通过 ISO/IEC（国际标准化组织／国际电工委员会）国际标准认证，降低制度输出的摩擦成本。

国际化的难度，往往在于规则的差异。杭州模式的国际化实践表明，技术标准、数据安全、文化认同与制度适配等风险，本质上是规则体系差异的具象化表现。从技术输出中的标准适配难题，到数据跨境中的主权博弈，再到文化冲突中的价值融合，杭州通过"制度创新＋技术赋能＋人文渗透"的三维策略，将规则差异转化为制度优化的契机。

三、未来 5 年的战略选择与挑战

在全球经济格局深度重构与科技革命加速迭代的背景下，杭州作为中国数字经济高地和长三角核心增长极，其未来 5 年的战略选择不仅关乎城市能级的跃升，更承载着探索新型全球化路径的使命。面对产业链安全风险、技术创新代际压力、全球治理规则适配难题等挑战，本节聚焦杭州模式如何依托其积累的信息效率革命基础、价值共识的区域协同经验，以及新型生产关系驱动的创新生态，系统分析未来5年杭州在战略选择中的路径依赖与突破方向。

通过解析产业链韧性提升、技术创新生态优化与全球治理规则适配的逻辑，可以揭示杭州如何将既有优势转化为战略主动权，为全球城市参与数字经济竞争提供中国方案。这一过程不仅关乎杭州自身发展模式的迭代升级，还将为破解全球化与逆全球化交织背景下的城市治理难题提供重要启示。

（一）产业链安全与供应链韧性

在全球产业链深度重构与地缘政治风险加剧的背景下，杭州作为中国数字经济与先进制造双轮驱动的核心城市，正以供应链韧性重构产业链安全的战略纵深发展。从2021年数字经济核心产业增加值占全市GDP比重27.1%的规模优势，[1]到2025年"杭州六小龙"突破硬科技壁垒，杭州模式的核心竞争力在于将供应链从"效率优先"转向"安全与效率并重"的范式跃迁。

杭州通过构建"核心企业＋卫星网络"的分布式供应链体

---

[1] 高瑶瑶.打造数字安全产业基地 护航数字经济高质量发展［EB/OL］.（2022-07-22）［2025-03-19］.https://hznews.hangzhou.com.cn/chengshi/content/2022-07/22/content_8312775.htm.

系，化解了过度集中风险。以传化智联为例，通过整合数十万中小物流企业及400多万运力资源，传化智联形成了覆盖钢铁、家电等40多个行业的弹性服务网络，其全链交易成本降低了15%，库存周转率提升了30%。① 在智能装备领域，宇树科技依托"数字孪生+柔性制造"平台，实现了四足机器人关键部件72小时内跨区域调配，海外市场占有率突破70%。② 通过"链长制"推动供应链多元化布局，杭州构建了"本地+区域+全球"三级协同网络。

风险预警机制是杭州保障供应链韧性的重要手段。杭州市政府通过大数据、人工智能等技术，构建了智能供应链公共服务平台，实现了对供应链风险的实时监测与预警。在区域协同方面，杭州作为长三角地区的重要城市之一，积极参与并推动了长三角一体化发展。杭州通过与上海、江苏和安徽的合作，共同构建了覆盖研发、生产、物流等多个环节的产业链协同网络。

在拥有安全产业链的前提下，才能保障可持续发展的市场。杭州的实践表明，产业链安全与供应链韧性并非静态的"防护盾"，而是动态的"进化系统"。通过供应链多元化布局筑牢抗风险底线，以数字化技术实现风险预警的精准防控，依托区域

---

① 杭州市商务局.杭州市供应链创新与应用示范工作始终走在全国、全省前列[EB/OL].(2024-01-19)[2025-03-19].https://www.hangzhou.gov.cn/art/2024/1/19/art_1229243382_59092617.html.

② 叶晓丹.宇树"觉醒"，云深处"出海"：四足机器人批量化应用有望步入"iPhone"时刻[EB/OL].(2024-12-26)[2025-03-19].https://www.mrjjxw.com/articles/2024-12-26/3700147.html.

协同构建系统韧性，杭州不仅保障了技术输出的稳定性，还在全球市场波动中抢占了先机。未来，杭州需要继续深化这些举措，持续提升产业链的安全性与供应链的韧性，以更加稳健的步伐迈向全球市场，为全球经济的稳定与发展贡献更多的智慧与力量。

（二）技术创新与核心技术的自主可控

在全球产业链深度重构与地缘政治风险叠加的背景下，技术创新的深度与核心技术的自主可控能力已成为衡量一座城市产业竞争力的核心指标。杭州作为中国数字经济的标杆城市，以"创新的厚度"为基底，通过持续的技术积累、制度创新与研发投入，将"厚度"转化为"高度"，推动了产业规模与质量的双重跃升。这一成就的背后，是其通过核心技术突破与制度保障构建的信息效率与价值共识双支柱模式。从人工智能芯片的国产化替代到工业互联网的生态构建，从城市大脑的数据治理到"链长制"的协同创新，杭州以技术创新为引擎，以自主可控为底线，为全国提供了产业高质量发展的范本。

杭州在推动技术创新与核心技术自主可控方面，采取了多维度的创新举措，成效显著。在研发投入方面，杭州市政府通过政策引导和资金支持，鼓励企业加大研发投入。例如，《杭州市人工智能全产业链高质量发展行动计划（2024—2026年）》明确提出，要加快人工智能模型算法的评测基准和评测方法研究，鼓励龙头企业、高校院所、新型研发机构等创建人工智能创新平台，提供算法支持。①2023年，杭州技术交易总额达到1588亿元，企业技术输出额占比91.9%，年增速73.7%，②显示出强劲的技术创新能力。

在技术积累方面，杭州通过建设高水平的科研平台和创新载体，加速技术成果的转化与应用。例如，之江实验室聚焦网络信息等前沿技术，以重大科技任务攻关和大型科技基础设施建设为主线，开展重大前沿基础研究和关键技术攻关项目。杭州还在物联网芯片设计领域，基于开放指令集的创新模式重塑全球半导体价值链，而这种"架构级创新"使杭州绕过了传统技术路径依赖。同时，杭州还积极推动科技成果交易中心和大数据交易市场的建设，打造面向全球的技术转移枢纽。③杭州还以"热带雨林"式创新生态加速技术沉淀，通过硬科技突破形成产业链闭环，通过建立五大产业生态圈的"5+X"产业政策体系，促进资源要素保障加快推进，不断用政策助力战略性新兴产业可持续

---

① 杭州市经济和信息化局（杭州市数字经济局）.杭州市人工智能全产业链高质量发展行动计划（2024—2026年）政策解读［EB/OL］.（2025-01-08）［2025-03-19］.https://jxj.hangzhou.gov.cn/art/2025/1/8/art_1229145720_1848838.html.

② 徐歆婷，胡珂.2023年杭州技术交易总额破1500亿 杭企担当"主力军"［EB/OL］.（2024-02-07）［2025-03-19］.https://hznews.hangzhou.com.cn/jingji/content/2024-02/07/content_8686520.htm.

③ 杭州市经济和信息化局，杭州市发展和改革委员会.杭州市经济和信息化局 杭州市发展和改革委员会关于印发杭州市人工智能产业发展"十四五"规划的通知［EB/OL］.（2021-12-23）［2025-03-19］.https://jxj.hangzhou.gov.cn/art/2021/12/23/art_1229234096_3983023.html.

发展。

杭州通过技术创新与制度创新的双轮驱动，构建了信息效率与价值共识的双支柱模式。在信息效率层面，依托城市大脑系统，杭州整合交通、物流、能源等数据资源，实现了供应链响应效率提升；在价值共识层面，通过"知识产权证券化""技术入股分红"等制度设计，推动了产学研利益共享。

核心技术的自主可控，本质是技术能力与制度能力的双重突破。杭州的实践表明，技术创新需要以高强度研发投入为基石，以长期技术积累为支撑，但更需要制度创新作为"护城河"。从"链长制"到"数据要素市场化"，从"揭榜挂帅"到"产学研利益共同体"，杭州通过制度设计将技术成果转化为市场价值，将创新活力转化为产业韧性。这种"技术－制度"双螺旋模式，不仅保障了供应链的稳定性和产业链的竞争力，而且在数字经济时代为全国提供了可复制的"杭州样本"。未来，唯有以制度创新为技术突破护航，以价值共识为产业生态赋能，才能真正实现"创新厚度"向"产业高度"的跨越。

（三）全球治理与杭州模式的国际话语权

在全球化深入发展的今天，城市治理的核心竞争力已从单纯的技术层面，转向更深层次的制度与规则构建。杭州作为中国数字经济的领军城市，始终秉持"治理的核心，不在于技术，而在于制度与规则"理念，这一理念为杭州模式的发展提供了重要的启示。通过制度与规则的创新，杭州不仅能够有效整合资源、提升治理效能，还能在复杂多变的国际环境中，构建起稳定且可持续的发展框架。这种以制度与规则为核心的治理理念，不仅为杭州的数字化转型和国际化发展奠定了坚实基础，而且为其在全球治理中的话语权提升提供了有力支撑。

杭州在全球治理中的话语权提升，关键在于制度输出、国际标准制定与多边合作的协同推进。在制度输出方面，杭州通过构建科学的治理体系，将自身的治理经验和模式推广至其他地区。例如，杭州在城市大脑建设中，通过数据共享和协同治理，实现了交通、环保、公共服务等多领域的智能化管理，并将这一模式向其他城市输出，为全球城市治理提供了"杭州方案"。[1]

在国际标准制定方面，杭州积极参与国际标准化组织的活动，推动本地企业和科研机构将技术创新成果转化为国际标准。例如，阿里巴巴在跨境电商领域，通过制定和推广世界电子贸易平台（eWTP）的相关标准，为全球跨境电商的发展提供了规范和指引。[2] 多边合作是杭州提升全球治理话语权的重要途径。杭州通过参与国际组织和多边机制，与各国开展广泛的合作。例如，在"世界市长对话·杭州"论坛上，杭州与来自15个国家和地区

---

[1] 杭州市规划和自然资源局.杭州的"城市治理"[EB/OL].(2021-07-05)[2025-03-19].http://ghzy.hangzhou.gov.cn/art/2021/7/5/art_1228962609_58928930.html.

[2] 杭州日报.跨境电商 供给侧结构性改革的新通道[EB/OL].(2016-04-14)[2025-03-19].https://sime.sufe.edu.cn/55/d9/c10225a153049/page.htm.

的城市代表分享了其治理经验,探讨城市可持续发展的新路径。[①]

在全球创新版图持续重构的历史大背景下,杭州模式正在重塑其全球战略定位与发展路径。杭州在全球治理中的话语权提升,本质是制度创新、技术标准与多边合作的协同结果。其"治理核心在于制度与规则"的理念,通过数字贸易规则输出等实践,将本土治理经验转化为国际规则。未来,杭州需进一步深化"制度型开放",在数据治理、绿色金融等领域主导国际标准制定,并依托"一带一路"倡议与区域合作机制,强化发展中国家的集体话语权。这种以制度为根基、以技术为支撑、以合作为纽带的路径,不仅为杭州模式提供了可持续的全球竞争力,还为中国参与全球治理贡献了具有普适性的"城市范式"。

四、小结:杭州模式的全球化价值与未来路径

杭州模式的成功在于其通过信息效率与价值共识这两大支柱,构建了一种新型的生产关系。首先,信息效率体现在利用大数据、云计算等先进技术手段,实现资源的有效配置和流程优化。例如,城市大脑项目不仅提升了城市管理的智能化水平,还显著提高了公共服务的响应速度和精准度。其次,价值共识则是通过制度设计和政策引导,确保各方利益得到合理分配,激发了

[①] 楼子璇,沈达.分享城市治理新理念"世界市长对话·杭州"暨第九届杭州国际友城市长论坛在杭举行[EB/OL].(2024-09-26)[2025-03-19]. https://ori.hangzhou.com.cn/ornews/content/2024-09/26/content_8792976.htm.

全社会的创新活力。例如，知识产权保护机制的完善，使技术成果能够更好地转化为市场价值，同时促进了技术创新的持续性。通过这两者的结合，杭州模式不仅在国内取得了显著成效，还为全球其他城市提供了可借鉴的经验。

在全球创新版图重构的大背景下，杭州模式凭借其独特的优势逐步拓展其国际影响力。一方面，杭州通过技术输出，将先进的技术和管理经验推广到其他国家和地区。另一方面，杭州积极倡导并参与多边合作，通过"一带一路"倡议和其他国际合作框架，促进知识共享和技术交流。此外，杭州模式中的制度借鉴也成为吸引国际关注的重要因素。例如，杭州在数字经济治理方面的成功实践，为其他国家提供了宝贵的参考案例。这些努力不仅增强了杭州在全球治理中的地位，而且为其赢得了更多的话语权。

通过系统性分析，我们看到杭州模式并非一个封闭的区域创新模式，而是一个具有全球视野和开放品格的创新生态系统。它不仅有力回应了全球挑战，还致力于为全球创新提供中国方案。

展望未来，杭州模式的全球化价值将持续彰显。以信息效率为核心，以价值共识为导向，杭州正在构建一个具有开放性、韧性和创新性的全球化战略体系。这一模式的意义，不仅在于技术创新，而且在于重塑全球创新的制度想象与合作范式。

结　语

创新无界
杭州模式的未来与世界的选择

在全球科技竞争日益白热化的今天，创新与发展的范式正经历前所未有的变革。杭州模式作为中国数字经济发展的标杆案例，不仅代表着一种区域性的成功实践，还展现出一种具有普遍意义的发展哲学和治理智慧。它通过构建新型生产关系，为全球城市创新发展提供了宝贵的启示和可资借鉴的经验。

杭州模式的核心在于对传统生产关系的突破与重构。在传统工业经济框架下，生产关系主要围绕物质资本和劳动力展开，资源配置以线性价值链为主导，组织结构以科层制为基础。而杭州模式则基于数字经济的内在逻辑，将数据、算法和网络作为关键生产要素，以平台生态为核心组织形态，通过数字技术实现资源的网络化配置和价值的协同创造。这一新型生产关系的构建，不是对传统模式的简单修补或优化，而是一种范式性的转变。它超越了传统政治经济学中市场与政府二元对立的简化框架，构建了一个由有效市场、有为政府与有机社会三元互动的复合结构。有效市场提供基础性的激励和资源配置机制，有为政府提供必要的制度保障和战略引导，有机社会则提供多元化的关系网络和自组织能力。三者相互支撑、相互制约、相互促进，形成了一个动态平衡的协同系统。

这种新型生产关系的建构对于全球科技竞争具有关键的战略意义。在当前的世界格局下，科技创新正成为国家实力和国际竞争力的决定性因素。谁能够建立起更加高效、更具活力的创新体系，谁就能在全球竞争中占据主动地位。杭州模式通过重构生产关系，不仅提升了区域创新能力，还为中国参与全球科技竞争提供了独特的制度优势和组织模式。

杭州模式的第一支柱是信息效率革命。信息效率是数字经济时代最为关键的竞争优势，它决定了资源配置的速度和精准度，也影响着创新的频率和成功率。杭州通过系统性的制度创新和技术应用，实现了信息流动效率的全面提升，为创新活动创造了有利环境。信息效率革命的核心在于破解信息不对称和信息过载的双重难题。在传统经济中，信息不对称会导致市场失灵和资源错配；而在数字时代，信息过载则会导致决策困难和注意力稀缺。杭州通过数字技术的深度应用和制度流程的系统性重构，实现了信息获取、处理、传递和利用全链条的效率提升。

政府数据的开放共享是这一革命的基础环节。杭州率先推动政府数据资源的开放利用，通过构建统一的数据开放平台和数据共享机制，打破了政府部门间的"信息孤岛"，也为企业创新提供了丰富的数据资源。进一步来看，杭州探索建立了数据要素市场化配置的制度框架，确立了数据的产权定义和价值评估体系，使数据这一关键生产要素能够在明确产权保护的前提下高效流动，激发了数据价值的释放。流程再造是信息效率革命的关键一环。杭州通过"最多跑一次"的制度改革，对政务服务和市场监管流程进行了全面梳理和优化，将原本分散在不同部门的审批事项整合为标准化流程，并通过数字化手段实现流程再造。这种流程标准化不仅大幅提升了政府服务效率，也降低了企业制度性交易成本，营造了良好的营商环境。同时，这种流程优化理念和实践还扩展到了产业链协同和社会服务领域，形成了全社会的效率提升。决策智能化则是信息效率革命的高级形态。杭州通过城市大脑等数字平台，构建了数据驱动的智能决策支持系统，实现了从经验决策到数据决策、从被动响应到主动预测的转变。在交通管理、城市治理、产业发展等多个领域，这种智能化决策系统显著提升了决策的科学性和时效性，为城市高质量发展提供了有力支撑。

信息效率革命不仅是技术层面的变革，而且是一场涉及制度、组织和文化的系统性变革。它需要政府理念的转变、组织结构的重塑和工作方式的创新，也需要企业和社会各界的积极参与和适应。杭州在这一革命中的成功实践，为其他城市和地区提供了宝贵的经验和路径参考。

与信息效率革命并行的第二支柱是价值共识的形成与巩固。在多元化社会背景下，如何在多样化的价值取向中凝聚发展共识，是现代城市治理的核心挑战。杭州通过有意识的价值引导和制度设计，在创新驱动、绿色发展、包容共享和长期主义等方面形成了广泛的社会共识，为城市发展提供了稳定的价值基础。

创新驱动共识是杭州发展的精神内核。杭州将创新视为城市发展的第一动力，通过多种渠道和方式培育创新文化，营造尊重知识、崇尚创新、宽容失败的社会氛围。从政策制定到教育体系，从企业文化到社区活动，创新理念得到全方位渗透和强化，使创新逐渐得到全社会的普遍认同，并成为一种自觉行动。

绿色发展共识是杭州可持续发展的价值支撑。杭州将"绿水青山就是金山银山"的理念贯穿城市规划、产业发展和社会治理的各个环节。在数字经济的发展中，杭州特别强调绿色技术路线和低碳发展模式，推动形成了技术创新与生态保护良性互动的发展格局。这种绿色发展共识不仅影响着政府决策和企业行为，还深入普通民众的日常生活和消费选择中。

包容共享共识则是杭州应对数字鸿沟和经济分化的价值导向。随着数字经济的发展，如何保证全体社会成员共享发展成果、避免数字鸿沟扩大，将成为一个重要的社会议题。杭州通过政策引导和项目实施，积极推动数字普惠和包容性增长，保障不同群体平等参与数字经济的权利和机会。这种包容共享理念为社会和谐稳定提供了重要保障，也为数字经济的可持续发展创造了良好的社会环境。

长期主义共识是杭州发展的时间维度价值观。不同于短期主义和急功近利行为，杭州强调长期价值创造和可持续发展。这种长期主义理念不仅体现在政府的战略规划和政策稳定性上，也影响了企业的经营理念和个人的职业选择。长期主义使杭州能够在技术变革和市场波动中保持战略定力，持续投入关键领域和核心技术，为城市的长远发展奠定坚实基础。

这四种价值共识的形成并非一朝一夕之功，而是在长期实践探索中逐步凝结和强化的结果。它既是政府有意识引导的产物，也是市场主体和社会力量共同参与构建的成果。这种价值共识一旦形成，就会对社会行为产生持久的影响和约束，成为推动城市可持续发展的内生动力。

信息效率与价值共识这两大支柱并非孤立运行，而是形成了相互支撑、相互强化的有机整体。这种双支柱模式的运行机制，是杭州模式最为独特和值得借鉴的方面。

首先，两大支柱在功能上相互补充。信息效率支柱解决了"如何发展"的问题，提供发展的动力和速度；价值共识支柱则回答了"为什么发展"和"向何处发展"的问题，提供发展的方向和边界。前者强调的是效率和速度，后者注重的是价值和方向。两者相结合，确保了发展既快速高效，又不偏离正确方向。

其次，两大支柱在运行中相互促进。信息效率的提升为价值共识的形成创造了技术条件和实践基础。通过数字平台和网络媒体，价值理念能够更加广泛地传播和深入人心；通过数据分析和可视化技术，价值实现的程度和效果能够得到客观评估和展示。同时，价值共识的形成也为信息效率的提升提供了方向指引和文化土壤。共同的价值取向使不同主体更容易就发展目标达成一致，减少因价值分歧而导致的沟通成本和协调阻力；价值共识也促进了信任关系的建立，降低了信息交换和知识共享的心理障碍。

最后，两大支柱在结构上相互嵌入。信息效率提升不仅是一种技术过程，也是一种价值选择和制度变革；价值共识形成不仅依赖于理念宣传，也离不开制度保障和技术支持。两者在实践中交织融合，形成了一个不可分割的有机整体。例如，政府数据开放既是提升信息效率的技术手段，也是实现政府透明和公众参与的价值体现；城市大脑建设既是提高城市运行效率的系统工程，也是体现以人为本和科学决策价值理念的具体实践。

这种双支柱模式的运行，不是简单的线性过程，而是一种复杂的系统演化。它需要多元主体的协同参与，需要技术、制度和文化的有机融合，也需要在实践中不断调整和优化。杭州模式的成功，正是源于其在这一复杂系统管理上的独特智慧和实践创新。

双支柱模式的有效运行，离不开有效市场、有为政府与有机社会三者的协同互动。这三者共同构成了杭州模式的制度基础和组织框架，是新型生产关系的核心要素。

有效市场是杭州模式的基础层面。与传统的完全市场理论不同，杭州强调的是市场的有效性而非完全性。杭州通过制度设计和规则引导，营造了一个既充满竞争活力又具有秩序规范的市场环境。低准入门槛、公平竞争环境、完善的知识产权保护，以及高效的市场监管和争议解决机制，共同构成了有效市场的制度框架。这种有效市场既发挥了市场在资源配置中的决定性作用，又避免了完全市场理论忽视的外部性和社会公平问题。

有为政府是杭州模式的引导层面。有为政府的核心是，在保持市场主体性的同时，发挥政府在战略规划、制度创新和公共服务等方面的积极作用。杭州市政府通过前瞻性规划引领发展方向，通过制度创新优化营商环境，通过公共服务支持企业成长，构建了一种既有所为又有所不为的政府角色定位。特别是在数字经济领域，杭州市政府通过数据开放、政务服务改革和创新资源整合，既为企业创新提供了有力支持，同时又避免了直接干预市场和替代企业决策的倾向。

有机社会是杭州模式的协同层面。有机社会指的是具有自组织能力、网络化结构和协同创新特性的社会形态。杭州通过培育多元社会组织、构建开放社会网络和营造包容创新文化，激发了社会力量在创新发展中的积极作用。行业协会、创新联盟、社区组织等社会主体，在知识传播、资源整合和风险分担等方面发挥着重要作用。同时，非正式的社会网络如创业者社群、技术社区和学术圈层，也在创新过程中提供了关系资本和知识溢出的重要渠道。

三者协同互动形成了一个动态平衡的系统。市场提供基础性激励机制和资源配置效率，政府提供制度保障和战略引导，社会网络则提供关系资源和知识共享渠道。三者之间既有明确的功能分工，又有紧密的互动关系。市场需要政府提供制度环境和规则保障，政府需要了解市场需求和反馈优化政策，社会力量则在市场与政府之间起到桥梁和缓冲作用。这种三元协同结构，既避免了市场失灵的缺陷，也规避了政府失灵的风险，同时激发了社会创新的活力，构成了杭州模式的制度优势和组织特色。

杭州模式的意义已远超一座城市的创新实践，正逐步显现其全球价值和世界意义。在全球科技竞争日趋激烈、创新模式多元化的背景下，杭州提供了一种既不同于硅谷自由市场模式，也不同于传统计划经济模式的发展范式，为全球城市创新发展提供了新的思路和启示。杭州模式对全球城市创新的启示主要体现在三个方面。

第一，杭州模式展示了数字技术与城市治理深度融合的潜力和路径。杭州通过城市大脑等数字平台，实现了城市运行的智能化和决策的科学化，大幅提升了城市治理效能和公共服务水平。这一实践为全球城市，特别是发展中国家的城市提供了数字化转型的参考模式，展示了如何利用数字技术解决城市发展中的实际问题。

第二，杭州模式提供了政府与市场协同创新的制度样本。在全球创新竞争中，如何平衡政府引导与市场活力，是各国面临的共同挑战。杭州通过构建有为政府与有效市场的良性互动机制，找到了两者之间的平衡点，既发挥了市场在资源配置中的决定性作用，又体现了政府在战略引导和制度创新方面的积极作用。这种协同模式对于寻求发展新路径的国家和地区具有重要参考价值。

第三，杭州模式展现了包容性增长与可持续发展的实现路径。在数字经济发展过程中，如何防止数字鸿沟扩大、确保发展成果广泛共享，是全球性的重要议题。杭州通过数字普惠政策和包容共享理念，积极应对这一挑战，为数字经济的可持续发展提供了有益探索。同时，杭州在绿色发展方面的实践，也为全球城市应对气候变化和环境挑战提供了借鉴。

如果说杭州以其独特路径登上了中国创新版图的核心舞台，那么问题也随之浮现：这种模式能否持续？它是昙花一现的路径偶然，还是具备制度自洽性与历史惯性的深层逻辑？我们尝试从创新的内在张力与外部结构演化的双重维度，对杭州模式的可持续性进行系统的解读。

杭州模式的核心优势，在于其长期以来所构建的"制度－平台－生态"三位一体的创新体系。这一体系以高制度确定性为前提，以平台型企业为枢纽，以多元协同机制为支撑，成功实现了从电商兴起到数字经济，再到科技创新的多阶段跃迁。它不同于北京、上海、深圳的要素集聚型增长模型，也不同于合肥的政府投资引导式路线，更不同于硅谷那种极端自由市场下的自然演化。杭州路径是一种以制度稳态为土壤、以平台驱动为主干、以生态演化为枝叶的"温室型"创新系统。正是这种以制度护航而非以制度干预的系统性结构，使杭州能够在历次技术浪潮中及时适配、稳定进化。

任何模式的可持续性，既取决于当前系统的内在逻辑是否形成闭环，也取决于系统能否对外部变化保持动态适应。在技术周期越来越短、平台边界不断扩展、全球治理日益复杂的大背景下，杭州模式是否仍具有足够的开放性、弹性与再组织能力，是一个更具挑战性的问题。

一方面，制度的连续性是杭州模式得以构建的基础。但连续不等于僵化，制度的生命力在于"适时调整而非频繁干预"，在于"基于共识而非源于指令"。杭州的成功源于"八八战略"与"数字浙江"的高度延续性。这种制度的"长期主义"提供了清晰的预期与政策信号，从而保障了市场主体的稳定投资逻辑。然而，可持续性需要制度具有"自更新"能力。面对新兴技术带来的治理难题，例如人工智能伦理、数据产权、跨境算法监管等，杭州的制度机制能否如过去一样快速反应并形成共识，是其实现长期可持续发展的关键挑战。

另一方面，平台作为杭州创新体系的核心支柱，其优势也构成可持续性的"双刃剑"。平台企业如阿里巴巴、蚂蚁集团、网易、海康威视等，在推动数字经济发展中起到了举足轻重的作用。然而，平台的规模化成功往往伴随着边界扩张与结构固化，当平台逐步成为规则制定者而非规则遵守者时，其"协同性"就可能转化为"垄断性"。杭州的挑战在于如何防止平台对生态的反向控制，确保创新生态中的中小企业、科研机构、行业组织等能够保持活力与话语权，真正形成"多元共生"的生态网络，而非"平台中心化"的路径依赖。

从产业结构看，杭州的产业更新逻辑呈现出明显的"场景驱动"特征，这种模式具有极高的市场适应性与技术转化率；同时也存在某种"中技术陷阱"的风险，即创新主要集中在中低层次的应用侧而非高端基础科研上。杭州在 AI、算力、芯片、脑机接口等关键前沿领域,虽然已有一定布局,但与北京、深圳、合肥等城市相比,在国家级科研机构、顶尖实验室、战略性原始创新平台上的资源仍较为薄弱。要实现长期可持续发展,必须打破"应用强、基础弱"的结构性困境,这既需要制度上的导向性调整,也需要科研评价机制、企业研发动力、人才激励结构的系统性重构。

在全球层面,杭州模式的可持续性还受到数字主权与全球数字秩序重塑的影响。以"数据要素市场"为代表的杭州制度创新,目前已成为国内多地复制的对象,其影响力正超出区域范围。但如何将这种制度优势转化为"规则输出力"仍面临较大的挑战。一方面,数字规则的国际传播不仅取决于技术标准,还依赖政治信任与经济互嵌程度;另一方面,在全球数据治理秩序尚未建立前,杭州构建的数据确权、隐私合规、智能合约机制等新型制度,还难以获得跨国认可。因此,杭州模式的全球化不仅需要输出制度样板,还需要打造开放式的制度接口与国际协同路径,从而使其制度优势具备真正的外溢能力。

不过,杭州真正的底层优势,并不只是平台,也不只是政策制度,而是一种被广泛共享的价值观与文化系统,包括对稳定预期的追求、对制度公信的信任、对长期积累的认同。这种深层次的文化特征,决定了杭州不太会走向冒进与失速,而倾向于稳健演化。它鼓励创业者做长期投入,鼓励政府保持规则一致性,鼓励企业之间建立互信协同。这种文化所构建的制度氛围,正是杭州在持续孕育创新能力方面重要的"看不见的制度"。

当今世界创新的竞争，不仅是科技与资本的竞速，而且是制度与文化的博弈。杭州所代表的创新范式为我们提供了一种不同于硅谷的可能：它证明了在强制度治理与柔性市场机制之间，并非只有冲突，也可以有协同；它证明了平台可以是产品的聚合体，也可以是制度的操作系统；它更证明了技术不必总是"颠覆性"的，它也可以是"嵌入性"的，可以在无声处润物，在协同中发酵。

因此，杭州模式的可持续性，不仅在于它能否继续培育独角兽企业，还在于它能否成为一种制度性创新方法论的代表，能否在全球技术秩序重构时代成为来自中国城市治理经验的一种范式性回应。它不是终局，而是一种不断进行自我定义的过程。

在时间的维度里，创新不是一场短跑，而是一次系统性的演化。杭州仍在路上，而它走出的这条路，或许正是未来世界创新型城市的一种方向参照。

跋

杭州未来发展的战略选择

仇保兴

本文为国际欧亚科学院院士、住房和城乡建设部原副部长仇保兴于25年前担任中共杭州市委副书记、杭州市市长期间,在《中共杭州市委党校学报》(2000年第6期)上发表的一篇文章。文章认为,杭州未来发展须确立人力资本密集型发展战略,要加快引进潜在的人力资源,集聚主导产业的人力资源,激活现有的人力资源,善用企业内部的人力资源,促进人力资本自我优化。杭州具有明显的自身优势,为实施这个战略奠定了良好的基础。文中提出的观点与理念至今仍具有重要的现实意义。

杭州的未来发展要确立人力资本密集型发展战略,这是经济发展的必然。实施这个战略,杭州要认识到自身发展的限制,这些限制包括以下几点。

一是没有宁波、大连等地的天然良港。杭州没有发展港口经济的优势。

二是没有苏州那样的新加坡工业园区。苏州因为有一个新区和新加坡工业园区，形成了大规模引进外资的优势。杭州和苏州同为"天堂"城市，但杭州利用外资的数量仅为苏州的1/5。利用外资是我们的短腿，在第一轮、第二轮引进外资的高潮中，我们已经丧失了机遇。

三是没有温州、台州、绍兴等地民营经济蓬勃发展的优势。在温州、台州、绍兴，国有企业仅占其经济总量的6%，而杭州却占40%左右，全浙江省一半左右的退离休职工、下岗工人在杭州。

四是没有上海作为全国经济、金融、商贸三大中心的优势来集聚全国大企业。

五是没有深圳、苏州土地辽阔、区位条件优越的优势。深圳每平方千米的人口密度低，土地资源较多，征地价格低。而杭州的土地资源是非常稀缺的，2000年市区面积只有683平方千米，包括了80平方千米的西湖风景名胜区。就整个杭州而言，山区面积占到80%左右，多为丘陵群山，为保护良好的生态环境，不能进行开发。因此，杭州能够有效利用的土地是非常少的，要引进占地面积较大的工业项目，受到很大限制。

六是没有北方大城市环境容量大，以及可设立大型化工、炼油等工业基地的优势。所谓环境容量，就工业而言，就是在该地建设一个带有废水、废气、废渣的工业项目后环境所能承受的能力。由于杭州是国际旅游城市，所以在这方面受到的限制颇多。1983年，国务院批准的《杭州市城市总体规划》明确了杭州的发展方向，杭州不可能作为一个工业基地来发展。《杭州市城市总体规划》确定杭州城市的性质是旅游性城市，比这更早时是确定为旅游疗养性城市，这种定位借鉴了苏联的模式。也就是说，自20世纪50年代以来，杭州的环境容量就一直受到严格的限制。

一、杭州现有的自身优势

一是现有科技人才数量的优势。根据浙江省统计局发布的1998年度各市地科技进步统计评价报告，在全省11个地市中，杭州从事科技活动的人数达2.6万人，约占全省的49.7%；每万人中科技人员占43.33人，比位居第二的绍兴高出3倍。

二是宜人居住的环境优势。杭州森林覆盖率达到60%，山、河、湖、海、江等景观样样俱备，自然风光秀丽。2000年"五一"假期，来杭游客达300万人，远远超过苏州。苏州园林名闻天下，为什么接待的游客比杭州少呢？主要是因为苏州没有山景和大的水景，景观尺度比较小，无法形成大地景观。而杭州有良好的大地景观，既有宏观尺度上的美，又有微观尺度上的美，两者融合所形成的优美的自然人文景观，造就了杭州房地产业持续上升的好势头。当全国各大城市房地产商都为商品房滞销着急时，杭州的房产却畅销。户型合适的现房已全部售罄，即使是期房，楼盘一经推出，也基本上销售出去了。而且更重要的是，杭州的房地产发展前景非常好，上涨的空间大，因为"买涨不买落"是购房者的普遍心理。杭州曾制订一个计划，要使杭州房地产的价格逐年上升，每年上涨3.5%。这样就使杭州的购房者都可以达到投资保值增值的目的，同时也使土地的供应与房地产的开发相匹配。

三是休闲旅游的优势。杭州有中国的水景之冠——西湖。"天下西湖三十六"，无论是扬州的瘦西湖，还是福州的小西湖，都取材于杭州西湖，包括已列入世界文化遗产名单的北京颐和园的昆明湖，也是以杭州西湖的造园模式为蓝本的。一切水景的"老祖宗"，都应归于西湖。从人文景观来说，杭州是中国的七大古都之一，有着无数历史文化、传说神话的积淀。杭州年接待国内游客2 250万人次，接待境外游客60万人次，居全国第五位，这些成绩还是在航空"卡脖子"的情况下取得的。2000年底，萧山机场投入使用后，杭州将与世界上许多城市直接通航，杭州的对外交通大为改善，海外来杭游客将大幅度上升，这是可以预料到的。杭州的景观具有东方古典之美，意大利旅行家称杭州为"世界上最美丽的华贵之城"。

四是吸引未来人才求知就学的优势。杭州有以浙江大学为代表的大学群体，教学、科研和学科建设能力都非常强。1999年，杭州在校大学生已达12万人，此后每年还会有大幅度的增长。

五是杭州地处中国经济最发达的长江三角洲，紧邻大上海，根据铁道部（现交通运输部）的工作安排，2000年10月1日，上海到杭州火车行驶时间只需1.5小时，也就是上下班的时间。同时，长江三角洲地区是我国最富饶的地区，任何产品要进入中国市场，必须先占领上海市场。这就意味着杭州靠近中国的消费中心，紧邻中国消费品市场的制高点，这为产品的销售提供了便利。杭州如果发展得好，可以吸引上海的人才来杭工作。

六是传统产业较为发达，杭州年工业产值2 000亿元，加工工业门类较为齐全。

上述六个方面的优势都与人有关，但如果按照常规的思路发展，那么杭州可能仅仅会成为住人养老的天堂，成为上海人工作之余休闲的后花园，成为吃在杭州、穿在杭州的天堂。历史上杭州曾是有钱人的"销金窝"，在市区建设工程施工开挖地基时，常发现有金块、银锭，这说明历史上有许多人带着财富来杭州。现在，杭州如果没有全新的发展战略，不充分利用自己的优势，仍按照常规的发展思路，那么有可能只会成为一般打工者的天堂，发展就会停滞。历史上有许多繁荣的城市，就是因为没有选对发展战略，而从兴旺走向衰退。这样的例子比比皆是。杭州的全部希望就在于人力资本密集型发展战略，而且必须是适应未来发展的、再造杭州新优势的人力资本密集型发展战略。

从另一个角度来看，杭州应该是，而且必须是浙江省在知识经济时代发展的"火车头"，其辐射的范围应更广阔。位于美国圣何塞市的硅谷，不仅是美国经济发展的"火车头"，而且影响着全球。当今世界，许多政府首脑都在做着硅谷梦。我国著名的经济学家吴敬琏先生在评论中国最有希望成为硅谷的地区时，首先排除了被大家一致看好的中关村。为什么？他认为，中关村很像早期的美国波士顿128号公路地区。波士顿128号公路地区大企业集中，大学集中，有著名的麻省理工学院、哈佛大学，政府财政也给予较大的倾斜，当时这一科技园区与硅谷同为美国科技的亮点。但是"吃偏饭"的政策，使波士顿地区养成了眼睛向上的习惯，导致园区发展活力减弱，被后来居上的硅谷远远甩在后面。硅谷的崛起，靠的是一种文化精神，是经济体制的创新。硅谷人有一种勇于创新、乐于创业、允许失败的精神，还有一种"活着就是为了工作，工作就为了活着"的工作狂精神，这形成了工作、创新、创业本身就是生活的乐趣的硅谷文化。任何新体制都不可能在旧体制重重叠叠的土壤中萌发出来。硅谷为什么没有在超大城市，如纽约或政治中心华盛顿出现，而在远离经济和政治中心的圣何塞市诞生，就是因为在那些大城市中，往往行政干预过多，观念陈旧。只有在自由的"气候"下，人的灵感才会被启发，萌发新的创意，适合于技术创新。

第二个被排除的是同样被人们所看好的、成长迅速的深圳。深圳存在着技术源过小的劣势。深圳大学拥有的科技人才仅为浙江大学的1/5，当地许多卓有成效的创新者都是浙江大学毕业的，所以深圳大学不可能像硅谷地区的斯坦福大学那样衍生出众多高科技小企业。

第三个被排除的是西安。西安虽然有许多高等院校，但气候和生态环境稍逊一点，这样的生活环境对人才的吸引力比江南地区要弱一些。

综合各方面的因素分析后，吴敬琏认为，成为或争取成为中国硅谷的历史重任有可能落在杭州身上。

二、杭州人力资本密集型发展战略的基本策略

（一）引进潜在的人力资源

杭州正推行大学城计划。按照大学城建设规划，将在下沙开发区的12平方千米、滨江区的8平方千米、小和山的8平方千米以及萧山市的8平方千米的区域中发展高教园区，最后的目标就是使杭州在校大学生达到30万~40万人的规模。这样一座大学城，实质就是一座科技城，就是要成为"天堂硅谷"。"天堂硅谷"是中国工程院院长宋健同志当时给杭州高新技术产业开发区的题词。

我们要发展人力资本密集型的产业，就要发展过渡性的产业，发展服务业、商贸业，都需要大学城来配套。如果我们有30万大学生，以每个学生在杭州一年消费2万元计，一年就是60多亿元的经济总量，这仅是学生的直接消费。而且三个大学生能带动一个就业岗位，包括众多后勤岗位，大约可以解决10万人的就业，于是大量的下岗工人可以得到安置。但这一切都应该建立在人力资本密集型发展战略的基础上，也需要年轻人具有新时代的创业精神。大学生如果要成为一个企业家，就不能在象牙塔里瞎琢磨，必须进行创业实践。

我们还要创造"住在杭州"的理念。杭州具有湖边、江边、河边、海边、山边的"五边"自然景观优势，在实施规划中，这五个组团的特色优势是非常明显的。湖边，就是杭州拥有位列中

国第一水景的西湖。河边，杭州拥有京杭大运河，同时杭州市区有115条河道，这些河道条条都要进行整治，河道两边的违章建筑要全部拆除，两岸进行绿化，河道进行清淤，通过从钱塘江翻水使河道里的水流动起来，沿河绿化、形成公园，使这115条河道的每一条都潺潺流水、游鱼可数，成为人间美景。因为人的天性就是亲水，水景是城市中最亮丽的景观。我们还要创造一流的自然景观、一流的人造景观、一流的物业管理、一流的服务设施、一流的社会秩序，使"住在杭州"的品牌越来越响亮，并运用这个品牌集聚大量的人才到杭州创业。

（二）集聚主导产业的人力资源

在网络经济时代，产业布局将出现两极分化的趋势，即高科技产业将集聚在某一区域，而低科技的传统产业则因为远距离实时控制传输成本下降，从而在全球进行扩散。为什么高智力人力资本有集聚的趋向呢？就是因为潜在的知识、非编码知识的共振、交流、共享的需要，所以必须集聚；而传统产业因为许多产品和零部件都可以"外包"出去，没有必要在"住在杭州"这个宝贵地盘上进行生产，可以在全球进行扩散，这也是一个必然趋势。

要加速形成集聚机制，第一是制定杭州市高科技产业发展规划、战略和模式。贯彻"有进有退"的原则，加快全行业的战略性改组，调整产业布局，形成重点突出、协调发展的产业发展格局。经过仔细选择，我们将两大新兴产业作为优先集聚的产业：一是IT（信息技术）产业，二是生物制药、中药提纯产业。这两大产业作为杭州的新兴产业，政府要着力加以扶持。当然，我们还要大力扶持纺织业、食品加工业，以及包括机械工业在内的一般加工业，要使这些传统工业插上网络经济的翅膀，在杭州起飞。因为将来IT产业门类会越来越广，成为大IT产业，甚至如电饭煲这样的家用电器也可以上网，到那时我们还能区分什么是电饭煲，什么是网络接收器吗？

第二是建立两大类专业孵化器。目前，杭州的软件产业孵化器已经产生，然后我们还提供生物制药和中药提纯产业孵化器，全面为这些企业提供场所、信息、资金、环境、秘书式服务。也就是说，你只要把主意带来，我们就为你提供一切服务，使你的主意在杭州变成生产力，变成个人的财富，也变成杭州的财富。

第三是建立创业联合协作投资网络，帮助高科技小企业导入创业板。建立创业联合协作投资网络，在国内是杭州市政府首先提出来的。因为我国现在合格的风险投资家非常稀缺，美国有600多家风险投资企业，这些企业个个都是由优秀创业者分化出来的。比如原来做半导体设计做得很成功的创业者，现在分出一部分资金成立一家风险投资公司，专门捕捉那些比他更优秀但没有钱的人才，将自己的风险资本与别人的人力资本组合起来。风险投资家还利用自己丰富的经验，在占领市场、经营企业、集聚人才、打通销路、寻找中间商等方面指导创业者，组成战略同盟，然后共同闯市场。特别是风险投资家还有一套完整的资本运作经验，一旦产品有了市场之后就尽快进行包装上市，在美国的纳斯达克、中国的创业板、中国香港的二板市场上市，企业的市值大大提升，然后他就可以成功地退出，自己投资一万元可能就会得到几千万元的回报，放大了几千倍。当然，进行风险投资，有可能十次投资有九次失败，但有一次成功就会赚钱。

现在，我们就缺乏拥有这三种本领整合的风险投资家。怎么办？我们有资本的企业比比皆是，但高素质的风险投资家非常稀缺，所以我们提出成立创业联合协作投资网络，一家企业看不准的项目，但在创业联合协作投资网络中可能就有人慧眼识珠，其他企业可以跟进。比如我们有家企业叫UT斯达康，是三个留学生从美国的贝尔实验室带回来搞的，他们在5年前吸引了20万美元的风险投资，又贷了50万元人民币建立了这个企业，2000年3月在美国纳斯达克上市，现在公司市值达到86亿美元，1999年的销售额是20亿美元，利润1.5亿美元。像他们这些人在通信软件、通信技术方面都是"领头羊"，他们可以组建自己的风险投资公司，他们认为哪个项目可以投，其他资本就可以跟进。但领头资本与跟进的资本报酬是不一样的，领头资本进去，不仅是资本本身的风险损耗，还有它的市场经验、技术开发能力、资本运作技巧可以共享，这与跟进资本的作用是不一样的。领头资本投100万元可能折100股，跟进资本投100万元可能只折30股或50股，也就是同股不同利。我们这个风险投资网络体系里面有"领头羊"，也有跟进者，这样组成一个网络。现在，已有40多家企业加入了创业联合协作投资网络，网络已经正式开始运转。

第四是支持浙江大学、浙江工业大学、杭州电子工业学院（现杭州电子科技大学）、浙江中医学院（现浙江中医药大学）等高校建立大学科技园区。因为大学是最好的孵化器，浙江大学提出"蒲公英"计划，浙江工业大学也为学校内的创业者提供创业资金，谁创业就扶持谁，这样就使许多年轻人的创意可以变成新的技术。1999年获得全国大学生科技发明成果一等奖的就是浙江工业大学的一名学生，他发明了化工管道的检测技术，也是一项网络技术，价值7 000万元。这些人都是出类拔萃的年轻创业者。因此，在大学里投入少量的种子基金，就可以萌发出巨大的生产能力。

第五是加快杭州经济技术开发区和杭州高新技术产业开发区的发展，以吸引国内外企业加盟杭州的高新技术产业。境外企业进入以后，就把它们的高新技术、人力资本、物质资本和销售渠道全部带进来了，整合到我们的产业发展范围中，使城市新兴产业和传统产业都焕发出新的生机。

第六是进一步加快网络基础设施建设，突破制约瓶颈，实现本地三网合一。要把我们的通信网、有线电视网和计算机网合为一体，同时打通互联网出口，这样传输速度就可以提高1 000倍以上。上海现在的互联网出口带宽已经在1 000兆以上，杭州也可以与上海的区域网合为一体，共享一个信息平台。还要加快建立全国互联网交换中心，扩大本地网国际出入口的带宽，增加传输容量，提高速度和效率。我们的目标就是要在杭州建立区域性数字化特区。现在数字化的虚拟空间已经成为人力资本密集型发展战略中非常重要的概念，是网络经济的一个特区，完全可以与现实的特区环境相提并论，而且未来价值更大。

第七是要运用网络技术改造传统产业，加速形成大IT企业，使我们所有的企业都能通过网络化改造焕发青春活力，形成大IT企业群体。现在我们的电冰箱、洗衣机滞销，为什么？因为传统技术创新已经穷尽了。如果这些电冰箱、洗衣机都能够实现网络化、智能化、多功能化，我们就可以大大扩展市场空间。把奔腾处理器嵌入一个芯片中，再把这个芯片放到任何一个家电产品里，使这个家电产品成为智能化家电，成为可以上网的家电产品，这种技术杭州就可以做到，这样就能使传统的产业搭上网络经济的快车。当然，我们的大IT企业也并不是嵌入一个PC（个人计算机）那么简单，重要的是建立电子商务，这些电子商务可以使传统产业找到与网络产业的理想结合部，使企业内部的区域网与外部网能够顺利结合，一方面大幅度降低自身的制造成本，另一方面可以使企业为客户提供最便捷的信息交流，使客户与企业融为一体。这样企业就能非常顺利地在网络经济海洋中遨游，在竞争中实现以快吃慢、以小吃大。

（三）激活现有的人力资源

在中国，传统儒家文化的根基非常深。传统儒家文化的核心就是"序"，即讲究长幼尊卑，年轻人不敢出格出位。过去我们经常讲的传统文化，就集中体现在"四书五经"中。历代许多人围绕"四书五经"进行注解，而不敢越出其一步。历代杰出的思想家都试图在"四书五经"中找出其本义来，这就造成了先人留下了一块田地，后人就不敢越过这块田地一步，这是我们文化观念创新面临的一个非常大的思想障碍。国学大师南怀瑾先生是浙江人，他精通诸子百家的学问，十几岁时就云游四方，到峨眉山等许多地方学道，20多岁成为黄埔军校文化教员，1948年又到西藏去学密宗，后来到美国、东南亚讲学，是好几所大学的教授。他就在思索，博大精深的中国传统文化为什么会抑制我们的发展，毛病出在什么地方？不在"四书五经"本身，而是为"四书五经"注解的那些文人，首先就是宋朝的朱熹，他为"四书五经"做的注解，实际上是他理解的所谓本义。按照南怀瑾先生的研究，是朱熹曲解了古人的思想，却有利于当时的统治者，所以使儒家文化再次勃兴，宋朝之后的历代皇帝都推崇朱熹注解的"四书五经"。从那个时候起，中国几乎所有的优秀分子都在古人留下来的，后来又经朱熹强化了的"田园"里进行耕作，不敢离开这个田园一步，这就导致了我们创新精神的湮灭。南怀瑾先生就有一种雄心壮志，要重注"四书五经"，他写了一系列书，题目非常古怪，如《论语别裁》，《论语》是四书之首，号称半部《论语》可治天下，南怀瑾先生就从别的方面对其进行仲裁；有《老子他说》，从其他角度对《老子》进行评说；有《原本大学微言》，对《大学》发"微言"讨论；还有《孟子旁通》，从旁边进行通判。儒家文化的承袭再加上传统计划经济"大锅饭"的影响，造成一部分人乐于"搭便车""懒得出格"，这都是与知识经济所需要的创业精神相悖的。

要激活现有的人力资源，第一是鼓励大学生创业，鼓励科技人员创业。因为网络经济是对旧经济模式的突破，今天涌现的创意，就可能是明天的财富。大学生、研究生（杭州在校研究生可以达到2万人），如果有10%的人创业，每年就会产生2000家高科技小企业。创业经历可以培养学生所缺乏的创新能力和实践能力。

第二是鼓励企事业单位科技人员创业。传统的企事业单位，往往成为人才的牢笼，部门所有制的意识非常强烈，单位往往把人才当成是"我"所有的，不能越出"我"单位一步。过去有些企业的工程师要下海创业、跳槽，企业就把他的房子收回来。现在政府出台了政策，个人的房产都可以上市，这就有助于加强人才的流动。因为人才流动对单位来说可能是损失，但对整个城市、整个国家来说，合理配置人力资本是提高人力资本效用最好的途径。

第三是鼓励人才流动和人才引进。杭州市政府颁布的《关于进一步鼓励科技人员在杭创办高新技术企业若干意见的通知》（杭政〔2000〕1号）就写得很清楚，只要具有学士学位的人来杭州自主创业，就可以直接到工商局办理执照，工商局是并联审批，一般几天时间就可以拿到执照。凭执照到公安局办蓝印户口，有了这个蓝印户口就可以享受市民的一切待遇，两年以后证明其有创业能力，就可以转成杭州的正式户口。有硕士学位的就不要走这条路了，直接就可办理入户手续，而且其配偶和子女也可以直接入户杭州。有博士学位的人其父母也可以直接入户。

第四是将现有的国有科技型企业、研究所改革成为产权清晰、自负盈亏、自主经营的真正企业。这些企业过去的功劳很大，人才济济，但员工的积极性都没有发挥出来，应该进行大力改造。现在许多发展势头很好的民营企业，都是原来从研究所里跳槽出来的人创办的。前段时间我看了一家叫兰格公司的半导体制造企业，是七个大学生从一家国有半导体器件公司离职，租了一层楼办起来的，用自己的人力资本，再吸引了一位客户 50 万美元的投资，组建了这家半导体制造企业，这几个人完全是凭自己的头脑，搞的就是大规模半导体集成电路的设计和销售，把中间的生产过程全部放开了，设计的图纸送到英特尔公司、上海的华虹公司去生产，生产出来的产品部分自己封装、部分由别人封装，然后自己负责销售。这么搞了几年时间，1999 年产值就达到几亿元，利润达到 2 000 万元，利润率在 30% 以上，客户最开始投的 50 万美元早就收回了 200 万美元。他们下一步还准备重新成立一家公司，让该客户持有新公司 25% 的股份，自己占 75%，客户也同意了，原来的老企业继续保留，新企业又重新设立，分配关系重新调整，企业就这样蓬勃发展起来了。他们还有这样的雄心壮志：把我国四大半导体制造企业至少吃下一家！这就说明机制不同，人的积极性就不同，人的潜力和智力发挥也就完全不同，所以要把现有的国有企业、国有研究所全部进行改革。

第五是保护知识产权，确保公平竞争和优胜劣汰的市场环境。因为知识、创意就是产权，在被人共享之前是个人所拥有的，政府要提供一系列保护，使个人创造不被别人剽窃或挪用。

第六是要倡导创业型就业。要尽快将政府主导的"下岗分流再就业"转为个人主导的"创业型再就业"。为什么我们要提倡创业精神？浙江省在1985年GDP总量还只排在全国第十二位，过了10年上升到了第四位，靠的就是我们的老百姓在党的基本路线指导下的闯劲。"浙江精神"就是"睡睡地板，当当老板"。许多浙江人在睡地板的时候就想到要当老板，于是奋力拼搏、敢于创新，这是一种非常强大的精神动力。我们的下岗工人如果能够充分吸收"浙江精神"的内核，自主创业、奋力拼搏，哪怕失败，也隐含着成功。如果没有个人主导型的创业，一个城市的创业精神就无法培育。如果一个人创业，别人讥笑他不知天高地厚，我们就不可能出现马云，也不能出现七个大学生创立全国最大的集成电路设计公司。因此，倡导创业精神对一个地方尤为重要。另外，我们还将出台支持政策，兴建创业大厦，要为创业者提供场所。要完善社会保障制度，对下岗职工进行创业保障和再培训。还要实施"都市工业"计划，因为在都市中有许多工业可以发展，如软件设计、服装设计、出版印刷等都是都市工业，都是劳动密集型产业，技术和文化附加值较高，但是占地较少，在一个创业大厦的一个楼层或几间房中就可以设立自己的公司，而把一般的加工业扩展到外地。这样可以集聚大量的人力资本、物质资本在城市中心进行创业,这就是都市工业的内涵。

(四) 善用企业内部的人力资源

网络时代的潜力资本只存在于人们的头脑之中,是一种有思想、有灵魂的资源和主动性资本,是用脚投票的资本。如果仍然按照100年来适用的"泰勒制"进行管理、占有、控制人力资本,就如同管理机器设备、货币资本、卷宗、文件等有形资产那样,会使人力资本丧失创造性和活力,反而降低了企业的效率和活力。新的时代对我们的企业管理者是一种挑战,我们有许多企业家感觉到过去自己的经验是管用的,但现在为什么就管不住这些人了?这些人的积极性为什么发挥不出来?我们的企业为什么没有了过去那种活力?这里面很重要的是我们的观念要创新。我们要迎接网络经济、迎接人力资本密集型发展战略给我们带来的挑战,必须走好几步棋。

1. 企业组织变革

企业组织变革的核心问题有三点。首先,要保持和发展核心竞争力。每个企业都应该有自己的核心竞争力,而将其他的次要业务外延出去。企业核心竞争力的基本要素就是:一要有用户价值;二要有独特性;三要有延展性,从这个核心技术里可以推延出一系列产品,有了第一代就可以再有第二代、第三代产品。也就是说要"人无我有,人有我优",而且是建立在不断能够以比别人更快的速度推陈出新的能力上。比方说可口可乐公司，它拥有一个产品配方，这是一种秘诀，它不可能在产品上推陈出新，所以可口可乐公司真正的核心竞争力是它的市场销售网，是它的品牌而不是它的秘方，它的核心竞争力已经改变了，就是它的销售方法是以比别人更快的速度推陈出新。新产品的开发能力要基于网络的管理能力，只有广泛地利用网络，才能做到新产品的开发成本最低、速度最快。

其次，企业组织要做到扁平化、弹性化、原子化，使企业以网络速度前进。这也是非常重要的。我们有许多企业还是采用庞大的层级制管理体系，信息的传递严重受阻，等级制的观念严重，青年人创新创造的能力受到压制；这种企业组织结构与网络经济是相悖的，使企业无法以更快的速度占领市场。企业组织扁平化、弹性化、原子化的核心就是以客户为中心。一流的企业是满足客户，超一流的企业是创造客户，要超越客户的期待。客户想到了的还要超越它，这就可以创造新的客户、创造新的需求；要提供更加个性化的服务，更加周到地针对某个企业、某一个体提供特殊服务。组织变革必须朝这个方面前进，要实现互动式交流。在产品生产的任何一个过程中，都需要有客户的融入。1986年麻省理工学院接受美国政府的建议，研究20世纪60年代以后美国制造业为什么会一路滑坡。麻省理工学院召集了全世界100多位专家，对全世界制造业的发展进行分析，最后在报告中提出了一个重振美国制造业雄风的计划，其中很重要的一项内容就是把美国制造业与日本制造业进行比较，发现美国制造业企业只注意制造什么，而不注意怎样去制造，制造过程的组织方式非常陈旧，制造产品的成本非常高，质量欠佳。根据这份报告，同时为了适应网络经济时代，美国制造业企业的组织结构进行了变革，使它们能够重振雄风，美国产品又卷土重来。在网络经济时代，个人的信用、企业的信用比什么都重要。

最后，企业不仅要向客户提供产品，而且要提供知识。只有提供知识，才能与人分享知识，才能抓住客户。

思科总裁约翰·钱伯斯成功运用了"外部资源生产法"，他通过改革组织结构把制造的整个系统委托设计、委托制造、委托销售，利用网络使设计者、配货商、零部件制造商、装配商看起来就像是自己公司的一个部门，这样无须建立新的工厂，就可以将生产能力扩大4倍，将新产品推向市场的时间缩短2/3，员工数只是传统企业的1/4，每年节省的开支可以达到5亿美元。"外部资源生产法"就是新的企业组织形式，使生产成本大幅下降。巴西的汽车制造业近几年发展非常迅速，在上海生产的桑塔纳2000型轿车就是巴西开发的，但向巴西汽车制造商订一种变型卡车的货，整个生产周期要6个月以上。而在美国，一般的卡车公司利用网络技术，只要45天就可以供货。这正是因为美国企业采纳了麻省理工学院专家的意见，采用了新的生产方式，进行了新的制造业革命，对企业的组织结构进行了调整。

2. 管理方法变革

一是要改变管理方式，放弃指导、命令、现场与过程的操作控制、人治等办法。要改变等级制，建立目标管理、组织协调、授权自治、产权制度制衡、平等交流、支持服务。只有这样做，人的积极性才可以充分地发挥出来，人只有在感到"平等"时才会有创新。

二是承认高级人力资本的价值。最好的办法就是期权——以约定的价格购进未来公司股份的权利。这样的股份包含了自己全部的劳动创造和其他人的劳动创造。比如某企业现在的股价是每股 1.5 元，一个员工被允许以这样的约定价格购入 5 年以后该企业股票的 10 万股，出价就是 15 万元。如果这个企业引进新的技术，发展一系列新产品，使股价上升了 100 倍，这在网络经济时代是易如反掌的，将来一股的价值就是 150 元，拥有这 10 万股就是千万富翁，这样员工还会不拼命为该企业贡献自己全部的智力和心血吗？同时，期权又是面向未来高级人力资本的定价资格。人力资本在公司里值多少钱，就给多少比例的认股权，有的人值 2%，有的人值 5%，还有的人值 10%。联想集团在中央有关部门的指导下进行了改革，企业的主要核心人员就持有 10% 的认股权，部门经理就只有百分之零点几的认股权，分公司的人员则更少，这说明员工在公司里的贡献、人力资本的价值通过认股比例得以体现。这种新的定价机制，无论是对老企业改革还是对新企业创新，都是必要的。

分红、参股、股票、期权等手段能使员工分享剩余价值，从而更大限度地调动人力资本，更好地留住人才。温州的个体户根本不懂得期权，但实际上他们早在十几年前就运用了期权的概念。温州的柳市镇是生产低压电器的，上海有5 000多个高级人才在那儿工作，这些高级工程师、教授什么活都干，积极性非常高，而工资每个月只有一两千元。为什么这么一点薪金，他们就如此卖力？因为这些人持有企业10%的股份。有形资本如果投入1 000万元，10%就是100万元，5年以后100万元的股份就有可能变成1 000万元，个人就成了千万富翁。因此，这些人对现在拿多少工资是无所谓的，关键是他把自己与老板捆在一起，共享未来的企业收益。

三是要帮助每位高级人才设计个人职业生涯发展计划，使其专业能力的提高、职务的提升与企业人力资源战略相吻合，助力其实现个人梦想，并与公司目标相契合。万向集团的创始人鲁冠球是一个绝顶聪明的人，他说，过去他们企业是发展十万富翁，现在是百万富翁，近期又提出要在万向集团造就千万富翁，为什么？他就是给员工期权，使他们成为千万富翁。只有可以造就千万富翁的企业，才能吸收千万级能量的人才来加盟，使万向集团焕发出千万级人才富集的能量，这样的企业当然就能搭上知识经济的快车。马云就说过阿里巴巴创立5年之后要淘汰所有人，为什么？因为每个人都想自己创业，阿里巴巴就帮助他创业，使每个人都实现自己的梦想，让阿里巴巴成为高科技小企业的孵化器。在阿里巴巴工作一段时间就可以实现其个人梦想，要成为亿万富翁可以实现，要成为高级管理者也可以实现，这样5年之后所有人都创业去了，梦想就实现了。这就是个人职业生涯发展设计。

（五）促进人力资本自我优化

未来最成功的企业将是一种新型的组织，能够使企业所有的成员全身心投入。因为人力资本与其他资本不一样，在一个环境中可以增值，但在另外的环境中可能会贬值。增值的环境就是学习型组织，帮助人力资本增值，它可以使人力资本持续地自我优化，这就是要建立全球化、弹性组合、永不休止、高效能的人才团队。

学习型组织与个体学习最大的区别有两点。第一，对个人而言，认识到知识只有在互相学习中才能得到发展，也只有通过使用知识才能派生出更多的新知识。知识交流范围越广，学习的效果就越好，共享知识越多，知识拥有者获得的效益就越大。第二，对组织而言，必须将学习化为组织的日常行动，以主动学习代替被动学习，以团队学习代替个人学习，以系统学习代替零星学习。学习型组织的运行要点如下。

一是要营造有利于员工生成、交流、验证知识的宽松环境。营造有利于知识流通的环境，提供员工友好交流的机会，如专题研讨会、茶会、内部咖啡馆、集体旅游等，许多科研生产中的问题都是通过这种非正式的联系解决的。在这种合作学习的过程中，一切都有可能发生，因为灵感只能在宽松的环境中萌发，只能在心灵激荡的时候、在非编码知识相互碰撞的时候萌发。

二是要建立一个内部信息网，便于员工进行知识交流，使每个员工通过网络来填充知识和信息，每个员工的知识都成为企业系统知识平台的组成部分，这样就将分散在各个员工头脑中的零星知识资源整合成强有力的知识体系。这就是企业在网络经济时代的核心能力。

三是要制定各种激励政策，鼓励员工进行知识交流。如果员工为了保证自己在企业中的地位而隐瞒知识，或者企业文化中的等级观念对知识共享形成障碍（这在中国许多企业中大量存在），这对企业的发展是极为不利的。因为这不是学习型企业，不能提供相互学习的机会。因此，我们的期权激励、认股证就是对企业的知识创新进行有效的激励。比方说一个员工持有企业未来百分之几的认股证，这个认股证可以使他在几年以后成为千万富翁，能实现个人财富的最高梦想，这个时候他就根本没有必要隐瞒自己的知识，他只有贡献自己的知识与他人共享，他的股票才能增值，这就创造了知识共享的机制，这就是期权制可以达到的目标。

四是要利用各种知识数据库、专利数据库存放知识、积累知识，而且全天候向员工开放。创新的灵感随时随地都会产生，使知识从隐性向显性转化，就便于共享。要放松对员工在知识应用方面的控制，鼓励员工在企业内部进行个人创业，促进知识应用，知识只有在运用中才能产生。美国社会学家奈斯比特有句名言：创新自下而上，风尚自上而下。学习、创业的风尚应由企业领导带头形成且自上而下扩散，而创新的成果萌发于企业职工的学习过程，能自下而上地升级。

五是要充分利用外部知识网络、专家网络、行业主管部门信息网络、供应商网络、经销商网络、合作机构网络、技术源网络等。要高度利用这些网络并进行整合，变成自己的知识。

未来的趋势是传统的物流管理将变为知识流管理，围绕知识的产生、传播和应用安排生产经营活动，这样一来就会极大地降低制造成本并缩短上市时间。这种趋势不仅适用于一个企业，也适用于一座城市。

对城市来说，一是要让不同学历、不同年龄段的市民都能获得相应的学习机会。注重为青年人和中年人提供继续学习的机会，利用杭州高等教育资源比较丰富的有利条件，使之成为培养知识型职工的主渠道。二是要更新市民学习的观念，从单一的学校学习走向终身学习。罗马俱乐部曾经提出终身学习是21世纪的生存概念：从少数人学扩展到所有人学，从被动学发展到主动学，从"学会"转向"会学"。爱因斯坦在回答什么是教育时说，当把学校里的东西都忘光了的时候，留下来的就是教育。留下来的是什么东西？就是会学。三是要建设以信息技术为基础的现代教育平台，形成灵活学习的环境和广泛的学习机会。我们所讲的"三网合一"计划，就是便于广泛推行远程教育，让市民随时、随地、随心所欲地以多种方式进行学习。四是要营造有利于终身学习的政策环境，形成全社会学习激励机制。政府制定的创新政策核心，就进一步体现在对学习的鼓励和支持上，我们将大力支持对学习的鼓励和对学习成果的应用。

总之，网络经济的到来，必将推动一国经济发展战略的转型，同样也会引发城市转型、企业转型、个人学习方式转型。谁能适时地实现转型，谁就能把握更多的成功机遇。聪明的人能够把握机遇，更聪明的人能够创造机遇。

后　记

我运即国运

　　那是一次调研的尾声。黄昏将近，我们刚结束对杭州几家人工智能企业的集中走访，在郊区的一个科技园中与企业家们围坐畅谈。几番交流之后，我们聊到了全球格局的变化。我们当时提到了 2025 年 2 月来杭州调研的一个重要背景：不仅是因为这里正在形成全国最有活力的创新生态，也因为我们预判——杭州很可能将成为未来中美科技博弈的关键前沿阵地。

　　这个判断背后的逻辑，是一份清醒而复杂的现实认知：我国的技术能力与产业实力越是在全球获得突破，越可能成为非市场化竞争的集中打击对象。我们正在进入一个战略相持的新阶段：技术和制度的双重角力不断上演，而产业和城市正在成为博弈结构中的重要节点。杭州，正是其中一个样本。

　　它不是凭空而起的奇迹。数十年积淀出的制度柔性、文化包容和治理效率，使它能够在经济周期转换和技术浪潮演进中保持灵活而稳定的推进力。从"56789"的民营经济结构，到"创业新四军"的产业集群；从公务员体系的服务意识，到基层治理的敏感与响应机制；从对数字产业的系统化政策，到新兴技术企业对全球市场的精准把握——杭州之所以值得书写，不是因为它完美无瑕，而是因为它真实地给出了一条可能通往未来的路径。

在调研中，我们深切感受到当地企业家对政府的信任，那种"有人护你前行"的温度感，似乎已成为杭州创新生态不可或缺的一部分。在一次交流中，一位政府工作人员聊起辖区内企业的发展时如数家珍，她深切感受到企业发展的不容易，谈到动情处眼含热泪，就像把企业当作自己亲生的孩子一样，含辛茹苦地喂养大，我们调研团的每一位成员都深受触动。这种情感不是作秀，而是长期信任积累下来的制度文化成果。也正是在这种制度土壤中，一批又一批"六小龙"般的企业破土而出，构成了这座城市创新的基因链条。

杭州的优势并不在于传统意义上的港口、资源或规模，而在于它在人力资本密集型战略中的深度自觉。正如多年前时任杭州市市长仇保兴老师所提出的那样，杭州应将"天堂"与"硅谷"结合，走出一条适合中国式创新城市的路径。今天，这一判断已逐渐被现实所验证。从高教资源到孵化平台，从海归人才到本地创客，杭州正以人为核心构建技术文明的城市新版图。

与此同时，我们也不能忽视那些更复杂的挑战。随着创新领域的全球竞争日趋激烈，中国的企业在出海过程中面临前所未有的法律、技术、政治与意识形态障碍。在调研中，一位人工智能初创公司的创始人坦言，他从来不想把公司迁出中国，但为了防止不可测的国际政策风险，他不得不从合规的角度在业务上进行部分剥离。这种"两头受气"的困境，正是当前全球科技分裂背景下最真实的产业写照。

这两年在和各界朋友，尤其是和企业家群体的交流中，我们能感受到大家对于宏观环境的变化有很多不理解。尤其是对于政策，很多企业家明显看到，在全球形势风云变幻中，国家不得不频繁调整应对策略——统筹发展和安全落到实际的政策中并不是一件容易的事。

面对这些问题，我们经常会聊起中国古人的智慧。中国古代有个成语叫"刻舟求剑"，讲的是用过去的方法解决新的问题，看不到环境的变化。故事里，楚国有个人乘船时佩剑落入水中，他却不慌不忙地在船舷刻下记号，待船靠岸后，便从刻记号的地方跳下水去捞剑，全然无视船已前行、水流奔涌，一心想用静止的标记捕捉动态的现实。

今人读来，往往会哑然失笑，笑主角的迂腐与僵化——船行水动，他却执着于船上的刻痕，何其荒谬！然而，这则寓言的深刻之处，正在于它以夸张的笔触勾勒出一种普遍的认知"风险"：当环境悄然变迁时，我们却依然依赖旧有的方法论去理解新问题、解决新挑战，如同那位楚国人，对周围世界的变化视若无睹。

更值得玩味的是寓言中主角的后续反应：当发现刻舟终究求不到剑时，他先是愤怒地质疑"河水为何流动"，仿佛河水就该静止不动以配合他的计划；继而抱怨无人提醒他水流的变化，将责任推给旁观者；甚至幻想着人为干预水流，让上游停止开闸，妄图让环境适应自己的固有认知；最后看到河边告示，仍固执地认为"未通知到个人"，将管理缺陷作为自己失败的借口。这一系列反应，层层递进地暴露了人类面对变化时的认知盲区：从拒绝承认变化，到归咎于外界，再到试图扭曲现实，最终仍不愿反思自身的认知体系。

讲到这里，我们会发现，我们对于环境变化的不理解，本质上是对于现实变化的认知体系出了问题。过去几十年是在全球发展史上非常特殊的历史时期，我们既长期置身于全球化时代的洪流中，又很幸运地乘坐在中国这个过去 40 年增长速度最快的时代超级"电梯"中。国运上升与时代红利成为很多人成功的重要注脚，因此很多人身在其中容易产生一种错觉，容易高估自己的能力，低估外部环境的影响，把外部环境的影响过多地甚至不成比例地归因于自己，并为自己未来的错误判断"埋下陷阱"。

现实是会教育人的。自 2018 年起，时代风格发生了重大的显性变化，到了 2025 年，这种变化不断积累，甚至普通老百姓都能清晰地看到产生质变的某些现象和标志性事件。2025 年 4 月，美国政府推出对等关税政策，全球哗然。该政策对相关行业影响深远，浙江某上市公司的一位高管在此次全球关税战如火如荼之时给笔者发来信息："刘老师，我们公司的股票受关税政策影响连续跌停了，这时我一下子就理解了您来杭州调研时讲的'此刻即战时'，您的洞见太有穿透力了。"

"此刻即战时，我运即国运。"这句话是我们在杭州调研期间与一些企业界的朋友交流时讲的。怎么看待发展与安全的平衡，企业如何去做，很多业界的朋友对此非常困惑。

我们讲"此刻即战时"，并非鼓吹紧张或危机，而是强调历史节奏的转变。"战时"是打着引号的，主要是形容全球系统变革的前沿状态，只有深刻认识到时代环境的变化，我们才能全面客观地分析自己成功的历史，进而进行更加准确的复盘、归因，尤其要认识到，不能再依靠旧认知和老方法来解决新问题。

应对的策略不是孤立的状态，而是多元共建的协同状态。就像我们在杭州调研时，预判一轮新的冲击即将到来，杭州只是这波时代浪潮下最先听到"炮火声"的前沿阵地。面对这种结构性挑战，杭州的创新型企业受到影响，光靠杭州一城之力是远远不够的。它需要国家的战略护航，需要市场的敏锐判断，需要企业的长期投入，也需要社会的共同承担。

这也是我们讲"我运即国运"的原因。它不是一种情绪，而是一种联动逻辑。就像我们在杭州调研时看到的，杭州的成功并不是凭空来的"国运"，而是千千万万人民汇聚在一起形成的一股力量，既有高层决策者20多年"一张蓝图绘到底"的战略定力，也有从公共服务到各行各业一线从业者的努力拼搏……我们在调研的过程中看到的杭州，展现出来的是一个生机勃勃的社会有机体，借由科技创新的力量点燃了这个社会有机体内生的激情与动能。

有机社会是我们"五六七八九"调研团在讨论过程中提炼出来的，因为我们深切地感受到了杭州发展背后的社会力量。我们将杭州发展的经验提炼为"科技创新×（有效市场＋有为政府＋有机社会）"。有机社会的背后是社会价值体系的变化与价值共识的重组，在未来的城市与国家关系中，越来越多的地方将成为国家命运的结构支点。个体的命运、地方的战略、国家的路径，正在以前所未有的速度耦合在一起，正深刻地影响并改变着历史的进程。

DeepSeek 爆火之后，很多人在思考和发问：为什么是杭州？我们在经过深度思考与探索之后，得出的答案是：杭州既是一个地方经验，也是一种中国路径。它不是孤例，而是预示着一类未来城市的可能性：在中国文化历史与制度体系下，以创新为底色，以服务为能力，以信任为根基，以全球化为方向。而这一切的实现，终究还是要落在人上。

正因如此，我们衷心希望本书所描绘的不只是城市地理意义上的杭州，而是一个面向未来、技术变迁与制度演化深度交织下的"未来城市样本"。它是中国式现代化的一个隐喻，是复杂时代里关于发展、治理与人的系统思考。

写作本书的发心，在于我们团队一直在"深度求索"的元问题，我们看到了一个巨变时代的到来。其中一条关键线索是，作为世界上最重要的两个国家，中国和美国即将在经贸、科技与产业等领域展开全方位激烈的大国博弈。在这一重要的历史时刻，我们希望到能听到"炮火声"的前沿阵地去，到能引发时代巨变的技术变革前沿一线去，看到从国家、地方到具体企业发展所面临的实际问题，从实践中发掘问题，在巨变中寻求答案，不做时代的旁观者。

杭州的调研之行，只是一个开始，未来我们还将沿着自己的发心，继续"深度求索"。我们要感谢杭州市与浙江省相关部门的专家和工作人员，包括浙江省科学技术协会、浙江大学等政府、事业单位以及企业界的很多朋友，在调研对接、材料提供、实地访问等方面给予的大力支持。

感谢"五六七八九"调研团的每一位成员。

团长杨志教授（"50后"）是中国人民大学风险资本与网络经济研究中心主任，也是中国东方文化研究会红色文化传承发展专业委员会主任、中国老教授协会社会科学专业委员会主任，她在本次调研、成书等方面提供了大力支持。最重要的是，本书是在杨老师的理论指导下完成的，我们作为杨老师的学生，在理论提炼和升华部分汲取了她的很多智慧，本书是我们共同的成果。

中信出版集团首席专家乔卫兵老师是一位资深的"60后"出版人。他以敏锐的洞察力，精准捕捉到这一时代的关键问题，率先提出了选题策划方向，并积极推动我们组建了"五六七八九"调研团，深入杭州社会各界展开调研，获得了大量鲜活的一手信息。没有乔老师的引领与付出，可能就不会有这本书的面世。

调研团还包括中关村互联网金融研究院院长刘勇老师和九坤投资战略发展部执行董事孙晓霞老师，他们在调研过程中贡献了非常多的精彩问题与深刻思考，这对于本书而言是不可或缺的精神财富。

我们要感谢在前期调研策划过程中给予很多支持的朋友，以及在研究、采访、讨论和文稿成书过程中帮助良多的团队成员：刘文娟、康洪源、于永添、臧珮瑜、朱凯泽、刘孟曦、艾龙飞、贾添喻、吴则村、刘懿阳、赵杨博、乐杨子、李森、姜瑞。你们的视角、批评与鼓励让我不断修正自身的观察立场。还要感谢前期在选题、成书讨论过程中贡献很多创意的朋友，包括协助调研并贡献宝贵经验的杜雨、刘海涛、李长江、陈灿、陈国环、张剑锋、芦宇峰等杭州优秀企业家。还有很多可能不方便具名感谢的小伙伴，本书的出版，是大家共同的智慧结晶。

最后特别感谢我的家人与同行者，是你们给予我精神的支撑与现实的托举，使这项工作得以完整收束。

愿本书成为一次开放性的记录，也为后来者留下一个注脚：未来未必会更简单，但注视未来的我们必须更坚强。